JN232105

機械学習のエッセンス

Essence of Machine Learning 1st Edition

実装しながら学ぶ
Python、数学、アルゴリズム

加藤公一［著］

はじめに

近年は人工知能ブームと言われており、ビジネス系の書籍・雑誌でもさまざまなアプリケーションが紹介されています。一方エンジニアの側からは人工知能の実現手段としての機械学習が興味の対象として人気があり、多くの人が機械学習ライブラリ等を使って実験した経験があるのではないでしょうか。

本書は、ライブラリを使うだけでは満足できずその中身を理解したいという人に向けて書かれました。アルゴリズムの動作原理を示した上で、実装例で実験できるようにしています。まずは機械学習の分野でデファクトで使われているプログラミング言語であるPythonの説明をします。

筆者の周りでは、機械学習の中身を理解しようとするときの一番のボトルネックが数学の知識であるという話をよく聞くので、数学的な解説も初歩的なところから説明するようにしました。抽象的な数学の知識は重要なのですが、それだけでは実際の数値を求める実装ができることとのギャップがあると考えるため、数値計算を解説する章を純粋な数学とは別に作りました。

この本だけで学習できるように完結型の説明をしているつもりですが、漏れがあったり説明が不十分でわかりづらいところもあるかもしれません。巻末に参考文献を載せましたので適宜他の本で知識を補っていただければと思います。この本が機械学習の仕組みについて、より深い理解につながることを願っています。

謝辞

この本の企画を持ちかけて来ていただいたのはSBクリエイティブの平山直克さんです。すばらしい企画について、また数々の執筆の支援について感謝いたします。株式会社CMSコミュニケーションズの寺田学さん、東京大学の辻真吾さん、雑食系エンジニアとしてYouTube等で活躍されている勝又健太さんには、この本の初期バージョンからレビュアーとして参加していただきました。様々な貴重な意見に感謝いたします。また、この本の執筆作業で吉祥寺のカフェUNISON TAILORには多数回に及びお世話になりました。安定したWifiと電源、おいしいコーヒーの提供に感謝いたします。

CONTENTS

第01章 学習を始める前に

第02章 Pythonの基本

第03章 機械学習に必要な数学

第05章 機械学習アルゴリズム

第01章

学習を始める前に

本章では、本書の特徴をご理解いただくとともに、機械学習の概要、および本書で紹介するサンプルプログラムを実行するための環境構築について解説します。

01-01 本書の目的

機械学習を使った実験をするためのプログラミング言語として、Pythonはとても人気があり、ほぼデファクトといっていい状況だと思います。それには機械学習の主要なアルゴリズムが実装されているライブラリであるscikit-learnの貢献が大きいかと思います。他にも、主要なディープラーニングのライブラリのTensorFlow、Chainer、Caffeなどは、Pythonから実行しやすいインターフェースを備えていてドキュメントも充実しています。また自然言語処理の分野では、NTLKとGensimがPythonのライブラリとしてよく使われています。

データサイエンティストが短時間で成果を出すためには、そのような既存のライブラリを使うのが正しい選択でしょう。しかし一方で、既存のライブラリの中身を深く理解することにも意味があります。例えば、アルゴリズムを提供するクラスの内部状況を理解することで、より高度なチューニングができるようになることもあります。あるアルゴリズムに訓練データを入力したが思うような精度が出なかったとすると、そのアルゴリズムをブラックボックスとみなす限りは闇雲にハイパーパラメータの値を変化させてよいものを探すことしかできません。それ以外にも、自分でオリジナルのアルゴリズムを開発したいという場合に、既存のアルゴリズムの中身を理解しておくことには価値があります。

本書では、機械学習のいくつかの有名なアルゴリズムを、自分でゼロからPythonで実装することを目標としています。それらはすでにscikit-learnに実装されていますし、しかもその実装は高速化についても十分に考察が加えられているので、実用的な価値という意味ではわざわざ実装する意味はないかもしれません。しかし、機械学習アルゴリズムの中身を理解したいという学習者の役に立つことを目標とし、あえて実装済みで利用可能な機能の再実装を行うことにします。また、内容の理解を第1の目標とするため、単純で見やすいコードにすることを重視し、そのために計算速度は犠牲にすることもあります。

初心者が機械学習を勉強するためのハードルとして、数学的知識がボトルネックになるケースも多いかと思います。本書では数学についても基本的な解説を行います。

日本の教育課程で高校レベルまでの数学は学習済みと仮定しますが、線形代数の知識については特に仮定せずに基礎から説明しようと思います。もちろん網羅的な説明は数学の専門書に譲らざるを得ないですが、概略を基礎から説明します。

01-02 本書は何を含まないか

本書に何が含まれないかを以下に挙げます。

適切な機械学習アルゴリズムの選び方

本書は具体的なデータ分析のしかたを説明する意図で書かれたものではありません。各アルゴリズムがどういう場面で使われるべきかについては最低限の説明はしますが、具体的な応用事例においてどのアルゴリズムを選ぶべきかという話はしません。

最適な実装

ここで実装が最適かどうかというのは、計算速度と柔軟性の面を指していますが、その両面で本書は最適なものを提供しません。

本書で示す実装例では、読みやすく理解しやすいという点を重視しており、計算速度が犠牲になっていることもあります。また、シンプルさを優先して、必ずしも最新の研究論文ではなく一世代前の論文を元に実装しているところもあります。柔軟性の面については、外から設定できるパラメータ（ハイパーパラメータ）をいくつか固定してシンプルにしたところもあります。機械学習ライブラリをただ道具として使いたいだけならば、本書の実装を使うよりもscikit-learnを使った方がさまざまな面でよい結果を生むでしょう。

ディープラーニング（深層学習）

ディープラーニングは近年の機械学習研究ではとてもホットな分野ですが、本書ではあえて触れていません。なぜなら、本書に取り挙げられているアルゴリズムと比べると仕組みが複雑ではなく、その分野で他によい書籍が出ているからです。しかし、本書を理解することがディープラーニングのしくみを理解する上でも十分役に立つと思います。

01-03 機械学習の初歩

機械学習とは、簡単にいうと「データから自動的に学んで予測・分類などを行うしくみ」であるということができます。データに潜む法則性を自動的に学ぶ手法の総称が機械学習であり、それには多くのアルゴリズムが含まれます。機械学習は人工知能システムを実現するための1つの手段です。

機械学習が世間で注目されるきっかけとなったアプリケーションの1つに、スパムメール（迷惑メール）分類器があります。スパムメールが来たときにそれを人間が迷惑メールフォルダに入れることで、それがスパムメールであるということをシステムは知ることができます。どのメールがスパムであるかというデータが蓄積されることで、システムはそこから学んでいき、あるメールがスパムかどうかを自動で判定できるようになります。

スパムメール分類器の例では多数のメールがシステムの入力になります。そのうちいくつかは人間の手によってスパムであると分類されていて、どのメールがスパムでどのメールがスパムでないかという情報が重要になります。このように機械学習システムの入力になるデータを、一般に訓練データ（あるいは学習データ）と呼びます。スパム分類器の例では訓練データは、いくつかのメールと、そのメールのいくつかがスパムであるという情報です。訓練データを利用して学習し、未知のデータが与えられたときも賢く振る舞うことができるのが機械学習システムであるということができます。

機械学習には大きく分けて教師あり学習、教師なし学習、強化学習があります。ただし、強化学習は教師なし学習に含まれるという考え方もあり、それらの境界線はあいまいです。スパム分類器の例では、どのメールがスパムであるかという情報（ラベル）が与えられていますが、このように機械学習システムにやってほしいタスク（仕事）の正解を含むデータが入力として与えられ、それによって学習するしくみは教師あり学習と呼ばれます。分類というのは教師あり学習の典型的なタスクですが、それ以外にもラベルにあたるものが大小に意味を持つ数値であることもありえます。例えば「さまざまな人の生体情報と血圧値の組から学習し、未知の人の生体情報から血圧値を予測したい」という場合には、ラベルとしては血圧値という数値が使われます。このように教師あり学習のタスクとしては、分類と予測が考えられます。

例えば「与えられた文書群をその内容をもとに分類してほしい」などという問題はあらかじめ正解が与えられておらず、そのようなデータに基づき学習するしくみは教師なし学習と呼ばれます。このようにデータから似たような特徴を持つものを抽出するタスクはクラスタリングと呼ばれます。それ以外にも、「多次元のデータを可視化するために2次元空間にできるだけ見やすい形で射影したい」というタスクも教師なし学習の例です。このようなタスクは次元圧縮と呼ばれます。教師なし学習は正解データがないので、出力された結果の妥当性を評価することが難しいことも多いのですが、アプリケーションによっては数値的な評価手法が確立されています。

機械の制御などでは、強化学習という手法が使われることもあります。例えば、ロボットがある動作をしたときにそれがよい結果をもたらしたか、悪い結果をもたらしたかという報酬（負の値のこともある）をフィードバックとして与え学習する手法です。教師あり学習と異なるのは、報酬のフィードバックはすべての動作に対してなされるわけではなく、必要に応じて行われる点です。

以上に説明した学習手法の分類を表にまとめました。

●機械学習の手法

手法	使われるタスク
教師あり学習	分類、予測
教師なし学習	クラスタリング、次元圧縮
強化学習	制御

訓練データのそれぞれのサンプルは、通常ベクトルとして表現されます。例えば、文書は単語の出現数でベクトルとして表現することができ、画像データは各ドットのRGB値を並べればベクトルと考えることができます。そのようなベクトルは特徴量ベクトル（→P.279）と呼ばれます。教師あり学習では、その特徴量ベクトルに対応するラベルも訓練データに含まれますが、教師なし学習では与えられるのは特徴量ベクトルのみです。つまり、訓練データとして特徴量ベクトルとラベルの組みの集合が与

えられるのが教師あり学習であり、特徴量ベクトルの集合のみが与えられるのが教師なし学習であるということができます。

特徴量ベクトルを行ベクトルだと考え、それの複数のサンプルを縦に並べたものを行列※1-1とみなして特徴量を扱うこともあります。次の図は機械学習の世界では有名なあやめの花の分類のためのデータ※1-2です。

●あやめの花の分類

特徴量				ラベル
花びらの幅	花びらの長さ	がくの幅	がくの長さ	
5.8	2.8	5.1	2.4	2
6	2.2	4	1	1
5.5	4.2	1.4	0.2	0
7.3	2.9	6.3	1.8	2
5	3.4	1.5	0.2	0
6.3	3.3	6	2.5	2
5	3.5	1.3	0.3	0
6.7	3.1	4.7	1.5	1
6.8	2.8	4.8	1.4	1
6.1	2.8	4	1.3	1

特徴量行列の各行があやめの各個体を意味し、各個体について4箇所の寸法(花びらの幅、長さ、がくの幅、長さ)が与えられており、その各個体がどの種類のあやめであるかというラベルを0～2の数字で表しています。このように、複数のサンプルの特徴量を集めたものが行列で与えられ、それぞれのサンプルに対応するラベルがベクトルとして与えられるというのは、機械学習の世界では典型的なデータ構造です。行列の各行が各サンプルの特徴量ベクトルを意味し、行数がサンプル数になります。行列の行数とラベルベクトルのサイズは一致します。

分析対象の事象をどのように特徴量ベクトルに変換するかというのは多くの場合自明ではなく、その分析対象分野の知識(ドメイン知識)を駆使して変換手法を見つけ出すことになります。パラメータとして考えられる限りの数値を加工せずにそのまま利用することはうまくいかないことも多く、ドメイン知識や統計の知識を利用してその中から必要なものを絞り込むことになります。

※1-1 行列とベクトルの詳細については第03章で説明します。
※1-2 UCI Machine Learning Repository: Iris Data
https://archive.ics.uci.edu/ml/datasets/iris

01-04 実行環境の準備

何をどうインストールするか

本書ではPythonと、その科学技術計算ライブラリ群を使って、機械学習アルゴリズムの実装をします。Pythonのバージョンには2系と3系（以下それぞれPython2、Python3と書くことにします）があり、それらの間に互換性がないのが問題になっています。本書ではPython3を採用しますが、それは次のような理由によるものです。

- **Python2の文法的な不整合な点を修正したのがPython3であり、言語仕様がより直感的である。**
- **Python2のマルチバイト文字の扱いの不便さがPython3では改善されており、日本語の扱いがより簡単である。**
- **Python2の公式サポートは2020年で終了する。**

本書の執筆の時点ではPython3はかなり普及している印象ですが、一方でPython2もまだいろいろなところで現役で動いています。例えば既存プロジェクトに途中から参入するときにはPython2を使わざるを得ないことがあるかもしれません。ですが、もしPython3を学んだにもかかわらずPython2を使わなければならない場面に遭遇したとしても、習得するのは容易だと思われます。Python2とPython3の違いの詳細については、以下のURLを参照してください。

Pyhon2orPython3
https://wiki.python.org/moin/Python2orPython3

最初からPython2とPython3の両方で動くようなコードを書くことはできますし、sixというそれ専用のライブラリもありますが、そうするとコードが煩雑になりますし動作確認の手間も増えます。バージョン間の互換性にこだわるのは本書の目的からずれるので、本書ではPython3でのみ動くコードを紹介します。

本書ではNumPy、SciPy、Matplotlibなどのライブラリを扱いますが、Anaconda

という統合パッケージをインストールすることをお薦めします。Anacondaはそれらのライブラリを含んでいてしかもPython本体も含んでいるので、インストールが簡単であり、インストール後にすぐに使えるようになるメリットがあります。しかし、Anacondaはデータ分析や数値計算などの一般的なライブラリ群を含んだ巨大なパッケージであり、本書で必要な最小限のものと比べると巨大すぎるという問題もあります。後ほどAnacondaを使う以外の方法についても簡単に触れます。

Anacondaのインストール

Anacondaのインストールパッケージは、以下のURLからダウンロードできます。

Anaconda Downloads
https://www.anaconda.com/download

●Anacondaのダウンロードページ

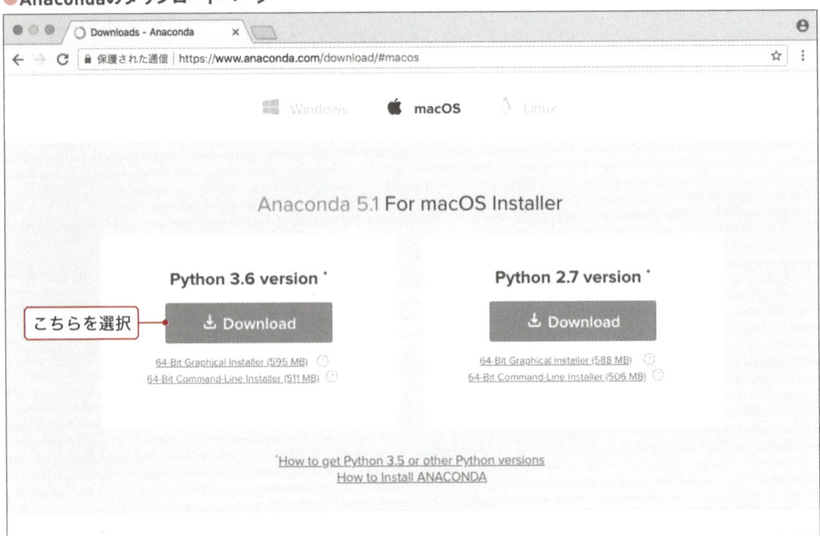

Anacondaには、Windows用、macOS用、Linux用の3種類が用意されています。上記のページを開くと、ダウンロード用のボタンが表示されますので「Python 3.X」の方の「Download」を選択してください。OSの種類や、64ビット/32ビットの違いは自動的に判別されます。すると、Windowsの場合はexeファイル、macOSの場合はpkgファイル、Linuxの場合はシェルスクリプトがダウンロードされます。

Windowsの場合

ダウンロードしたexeファイルを実行するとインストーラが起動します。

●インストーラの起動画面(Windows版)

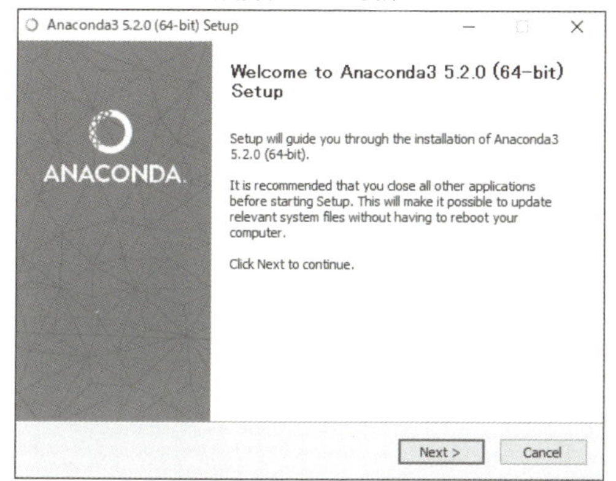

基本的に「Next>」を押しながら進みますが、「License Agreement」の画面では「I Agree」を選択してください。またインストールが始まる直前に次のようなオプションの設定画面が表示されます。

●オプションの設定

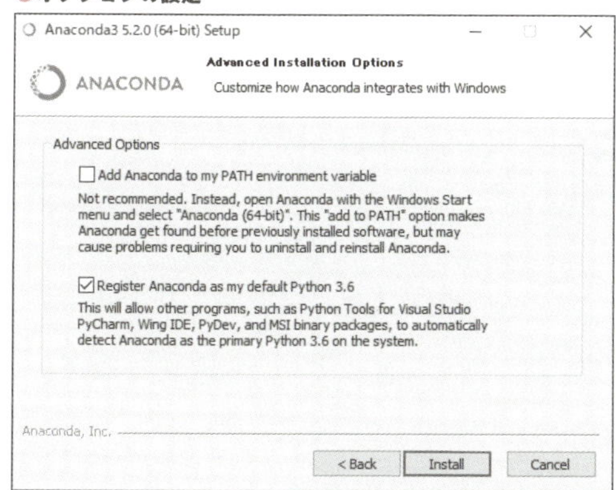

これらのチェックボックスはそのままにして、「Install」を押してください。上はAnacondaのディレクトリを環境変数PATHに追加するかどうかの設定ですが、これはチェックしないで後述するAnaconda Promptを使用することが推奨されています。

下はAnacondaに含まれるPythonをデフォルトにするかどうかの設定です。複数のバージョンのPythonを使い分けたい場合以外はチェックしておきましょう。

インストールが終了すると、Microsoft Visual Studio Codeを追加インストールするかどうかの画面が表示されますが、不要なので「Skip」を選択します。すべてが終了すると、次のような画面が表示されます。

●インストール終了後の画面

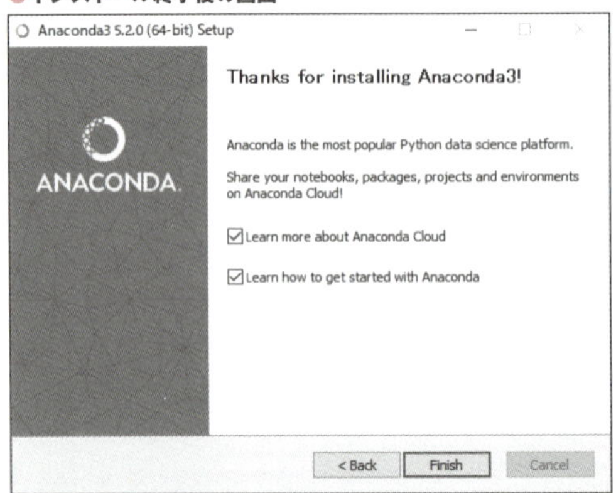

macOSの場合

ダウンロードしたpkgファイルを実行するとインストーラが起動します。

●インストーラの起動画面(macOS版)

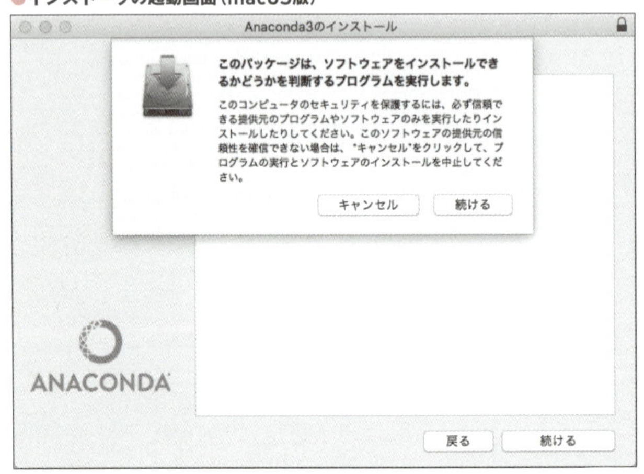

基本的には「続ける」をクリックするだけでインストールが終了しますが、ソフトウェア使用許諾契約への同意を促すダイアログでは「同意する」を選択してください。

また途中でMicrosoft Visual Studio Codeのインストールボタンが表示されますが、特にインスールルする必要はありません。以下のような画面が表示されたら、Anacondaのインストールは終了です。

●インストール終了後の画面

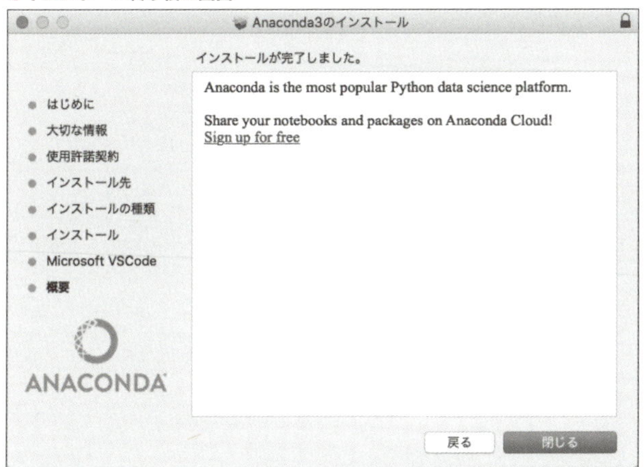

Linuxの場合

Linuxの場合は、ターミナルソフトを起動してダウンロードしたディレクトリに移動し、シェルスクリプトを実行します。以下は64ビット版Ubuntuを使った場合です。

```
$ bash ./Anaconda3-バージョン番号-Linux-x86_64.sh
```

これでテキストベースの対話型インストーラが起動しますので、適宜インストールしてください。インストールが終了したら、念のために次のパスをエクスポートしておきましょう。

```
$ export PATH=/home/ユーザ名/anaconda3/bin:$PATH
```

パスが通っているかどうかを以下で確認してください。エラーがなければ次のように表示されるはずです。

```
$ conda -V
conda 4.5.8
```

以上でインストールは終了です。これで、Python関連のファイルの他にAnaconda Navigatorというランチャーアプリがインストールされます。

その他の選択肢

Anacondaをインストールする以外にも本書で必要な環境を整備する方法があります。Python3をインストールした後にpipを使って適宜必要なライブラリをインストールしていけばよいです。Anacondaを使う選択をした人は以下の解説は無視してもかまいません。

まずPython3の最新版は各OSについて、以下のオフィシャルサイトにインストールイメージがあります。Linux系OSではapt-getなどのパッケージ管理システムでもインストール可能ですし、macOSではHomebrewでのインストールもできます。

Welcome to Python.org
https://www.python.org/

インストール後に、LinuxとmacOSではPython2と共存していることもあり、Python3を起動するには「python3」と入力しなければならないことがあります。

次にpipを使って各種ライブラリをインストールするのですが、その前にvenvを使って環境の分離をしておいた方がよいかもしれません。venvの使用は必須ではありませんが、アプリケーションによって利用するライブラリを切り替えたいときなどにメリットがあります。venvの説明は省きますが、詳細はPython公式ドキュメントのvenvの項を参照してください。

例えばpipを使ってNumPyをインストールするには、次のようにします。

```
$ pip install numpy
```

ただし、バージョンの区別のためにpython3と入力しなければならないような環境においては、pipの代わりにpip3と入力しなければいけません。pythonコマンドが

Python2を意味する環境の多くではpipコマンドはPython2版のpipを意味します。

サンプルのダウンロード

本書で紹介するPythonプログラムの一部は、SBクリエイティブのサイトからダウンロードすることができます。

サンプルのダウンロード

http://isbn.sbcr.jp/93965

ファイルはZip形式で圧縮されており、ファイル名については本文中に明記してあります。またプログラムファイルの実行方法については第02章で解説します。

Column **Pythonのバージョンについて**

本文にも書いたようにPythonのバージョンには2系と3系があります。2系から3系には大きな仕様変更があり、2系で書かれたものを変更なしで3系で動かすのは難しいことが多いです。プログラミング言語のバージョンアップにおいて、通常は既存のコードが動かなくなるような言語仕様の変更はできるだけ避けるものなのですが、なぜこのような大幅な仕様変更が行われたのでしょう。

Pythonの歴史は古く、最初のバージョンは1991年にリリースされました。この頃はユニコード（広く現在使われている多言語を計算機で扱うための標準規格）すらない時代であり、英語以外の言語の扱いについては十分に考慮されていませんでした。その後、日本語を含む多言語を扱う必要が出てきて機能拡張が行われるようになりました。しかし元の言語仕様が多言語の扱いを想定していなかったこともあり、後付けの機能拡張により仕様の不自然さが目立つようになりました。そのような不自然な言語仕様のある2系からの脱却を目指して開発されたのが、3系のバージョンです。ここでは多言語処理の例をあげましたが、それ以外にも2系はいろいろな面で建て増し工事のようになっており、仕様の一貫性のなさが問題視されていました。それらに大きく手を入れたのが3系です。

このように大幅な仕様変更があったので、3系の初期の頃には開発者の拒絶反応が大きかったようです。この本の執筆時点では、3系は開発者コミュニティに十分に受け入れられているように見えます。

第02章

Pythonの基本

本章ではPythonの基本について説明します。ここでの説明は全く網羅的ではなく、機械学習アルゴリズムの実装という目的から必要となりそうな機能についての説明に集中することとします。ある程度のプログラミング経験がある人がPythonの文法と機能を概観することを目標としています。各機能の詳細についてはPythonの公式ドキュメントを参照してください。

02-01 プログラムの実行方法

Pythonプログラムの実行環境は複数存在しますが、ここではREPLとJupyter Notebookの2種類を紹介しておきます。以降の解説はAnacondaを利用してPythonをインストールしていることを前提にしています。

REPL

REPL（Read-Eval-Print Loop）は、Pythonの対話的実行環境で、Pythonコマンドを引数なしで実行することにより起動します。macOSやLinuxの場合は、ターミナルを起動して、コマンドラインから次のように入力してください。

REPLの起動

```
$ python
```

行頭の$はシェルのプロンプトであり、これは入力しません。以下同様にシェルのコマンド実行には、プロンプトを$で表すので、それは実行する必要がありません。また環境によってはここでpython3と入力しなければならないこともあるかもしれません（第02章参照）。

Windowsではコマンドプロンプトから同じコマンドを実行しますが、Anacondaを利用してPythonをインストールした場合、pythonコマンドが配置されているフォルダにパスが通っていない可能性があります。その場合は、**スタートボタン→「Anaconda3」→「Anaconda Prompt」**で起動するAnaconda Promptを使用してください。Anaconda Promptはさまざまな環境変数があらかじめ設定されたコマンドプロンプトです。

いずれの場合も、pythonコマンドを実行すると、次のようなメッセージが出てきます（表示されるバージョン番号は実際にインストールされているバージョンによって異なります）。

```
Python 3.6.5 |Anaconda, Inc| (default, Apr 26 2018, 08:42:37)
[GCC 4.2.1 Compatible Clang 4.0.1 (tags/RELEASE_401/final)] on darwin
Type "help", "copyright", "credits" or "license" for more information.
>>>
```

ここで>>>が表示されたのがPython3の入力待ちを意味しています。ここで3 * 5と入力して**Enter**キーを押してみます。すると次のように表示されます。

プログラムの実行

```
>>> 3 * 5
15
```

実行結果が次の行に表示される

実行結果が表示された後はまた「>>>」と表示され入力待ちになります。このように、REPLを使うと入力待ち状態から命令を入力することで評価結果を表示し、また入力待ちになるということを繰り返すことができ、双方向的な操作ができます。以下では、特にREPLであることを明記しなくても「>>>」から始まるコードはREPLによるものとします。

ファイルの実行

一方でプログラムをファイルに保存してからそれを実行することもできます。例えば次のファイルをファイル名ex2_01.pyで保存して実行してみましょう。

List ex2_01.py

```
print(3 * 5)
```

これを実行するには、シェルでファイルを保存したディレクトリに移動し、次のコマンドを実行します。

ファイルの実行

```
$ python ex2_01.py
15
$
```

ex2_01.pyのコードで、printというのは次に来る括弧内の評価結果を表示せよという意味です。ファイルとして実行する場合はREPLの場合と違って、次のようにファイルに書いただけでは表示されないので注意が必要です。

```
3 * 5
```

一方でなぜREPLの場合にはprintを明記しなくても計算結果が表示されるのかというと、REPLでは入力した式の評価値を表示するという決まりになっているからです。つまり、プログラムファイルに「3 * 5」と書いただけではその評価値である「15」はどこにも出力されませんが、REPLの場合はその評価値を表示します。

以上でREPLによる実行とプログラムファイルによる実行を見てきました。まとまった長さのプログラムを実行するためにはプログラムファイルによる実行が便利です。一方で、REPLによる双方向的な実行を使えば、例えばちょっとした計算をしたいというような電卓的な使い方もできますし、プログラムを書いている途中にある命令文の挙動に自信が持てないときの確認などに便利です。

Jupyter Notebook

Jupyter Notebookはグラフィカルな REPLといえるものであり、データサイエンスや自然科学計算ではよく使われるツールです。Jupyter NotebookはPythonに標準で含まれるものではないですが、Anacondaパッケージに含まれます。Anacondaでインストールしていない場合にはpipでインストールが必要です。本書ではJupyter Notebookの使用はできるだけ控え、ファイル実行とREPLを中心に説明するつもりですが、場面によってはとても便利なツールなので、ここでは基本操作を説明します。

Jupyter Notebookを起動するには、ターミナルやコマンドプロンプト（Anaconda Prompt）から次のように入力します。

Jupyter Notebookの起動

```
$ jupyter notebook
```

多くの環境ではここでブラウザが自動的に開かれて、以下のような画面が表示されます。

●Jupyter Notebookのダッシュボード

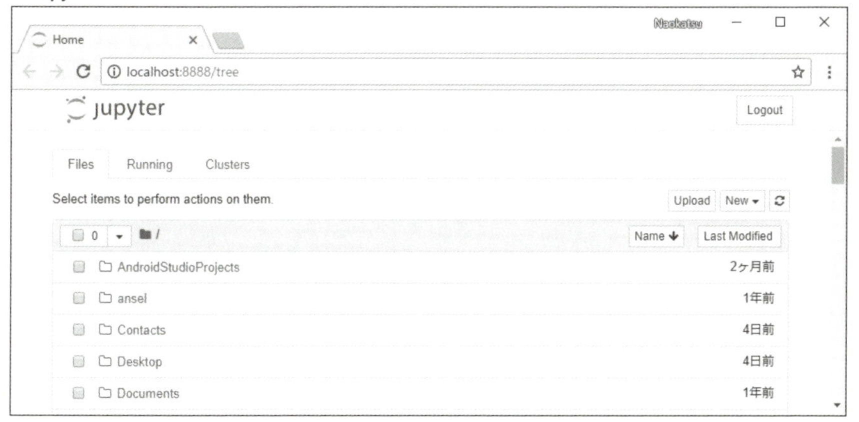

この画面はダッシュボードと呼ばれる画面で、Windowsのエクスプローラや macOSのFinderのように、フォルダの移動やファイルの作成などが実行可能です。デフォルトでは「`jupyter notebook`」を実行したときのカレントディレクトリの内容が表示されているはずです。

もしブラウザが開かれずに次のようなメッセージが表示された場合は、ブラウザを立ち上げて「http://」以下をブラウザのURL欄に入力してください。

```
Copy/paste this URL into your browser when you connect for the first
time,
    to login with a token:
        http://localhost:8888/?token=...
```

Jupyter Notebookはクライアント-サーバー方式のWebアプリケーションなので、その操作方法はキーアサインを除いて、OS間での違いはありません。ここでは Jupyter NotebookでPythonのプログラムを実行する手順を紹介します。

プログラムの実行

まずノートブックを作成しましょう。ダッシュボードの右上にある「New」ボタンから「Python3」を選択します。

●ノートブックの作成

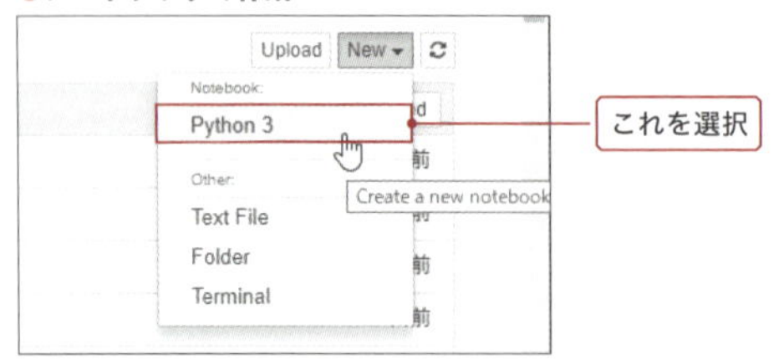

するとノートブックが作成されて、Webブラウザの別のタブに表示されます。このノートブックの実体は.ipynbという拡張子を持つファイルで、ダッシュボードに表示されているフォルダに作成されます。

●作成されたノートブック

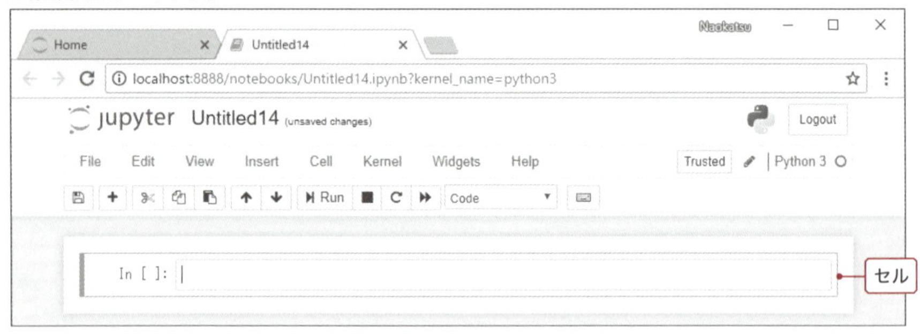

中央の入力待ち状態になっているテキストボックスのことをセルと呼び、ここに次のようなプログラムを入力してみます。

```
a = 4
b = 5
a * b
```

これを実行するには**Shift+Enter**、もしくは**Ctrl+Enter**（macOSの場合は**control+return**）を押します。2つの違いはプログラムの実行後に新しいセルが追加されるかどうかです。**Shift+Enter**の場合は、新しいセルが追加されます。

どちらかのキーを押すと、このように、セル内のプログラムが実行されて、最後の行の評価値が表示されます。

●プログラムの実行

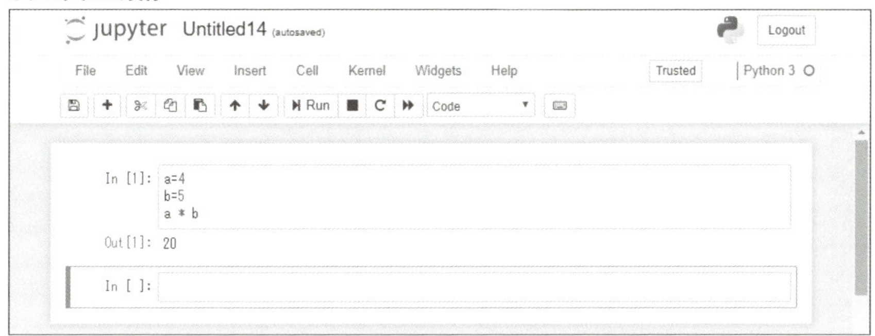

ファイルの実行

ノートブック上でファイルを実行する場合は、セル内で次のコマンドを実行します。

```
%run -i ex2_01.py
```

上記はP.17で紹介したex2_01.pyを実行する例です。先ほどと同じように実行結果が次の行に表示されます。

●ファイルの実行

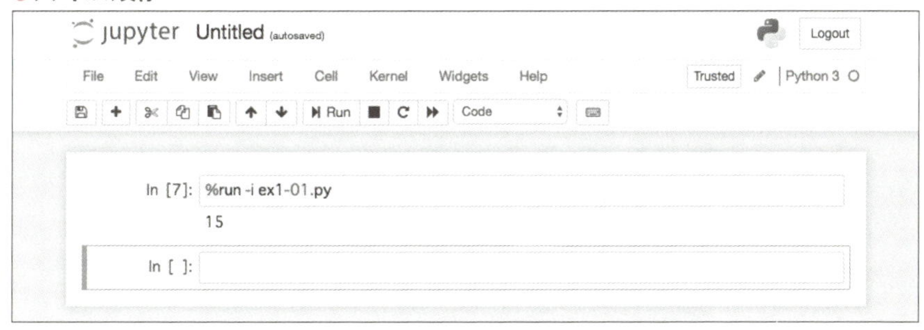

%runはマジックコマンドと呼ばれるもので、ノートブックのセル内でのみ意味を持ちます。「%run -i ファイル名」とすることで、Pythonのプログラムファイルを実行します。

なお、セル内ではこのノートブックを作成したときにダッシュボードに表示されていたフォルダがカレントフォルダになります。それを踏まえて実行するファイルのパスを指定してください。

グラフの表示

Jupyter Notebookでは、作業中にインラインで図やグラフを描画できるのが特徴的です。次のプログラムをセルに入力して実行してみましょう。

```
%matplotlib inline
import matplotlib.pyplot as plt
import numpy as np

x = np.linspace(-5, 5)
y = x**2
plt.plot(x, y)
plt.show()
```

上記はNumPyという科学技術計算用のライブラリと、Matplotlibというグラフ描画用のライブラリを使用していますが、これらについては第03章、第04章で解説します。

先頭の「`%matplotlib inline`」もマジックコマンドで、これを実行することで、グラフがノートブック内に表示されます。REPLや、コマンドラインからグラフを表示するプログラムを実行する場合、この1行は不要です。

●ノートブック上のグラフ表示

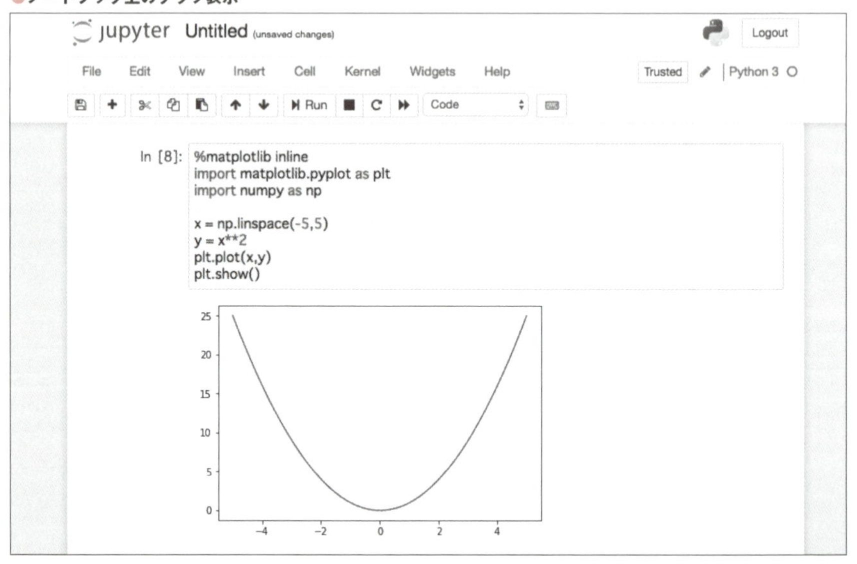

このように計算するためのコードと、計算結果の数値と、計算結果を可視化したグラフとか1つのファイルにまとめることができるので、分析レポートをまとめるときに便利です。

Jupyter Notebookの終了

ノートブックはJupyter Notebookのサーバー機能により1つのプロセスとして起動されます。このためノートブックを表示しているWebブラウザのタブを閉じてもプロセスは終了されません。

ノートブックを閉じる場合は、メニューから**「File」→「Close and Halt」**を実行してください。これでタブが閉じられるとともにプロセスも終了されます。間違ってWebブラウザのタブを閉じてしまった場合は、ダッシュボードの「Running」タブでプロセスを終了させることが可能です。

●「Running」タブ

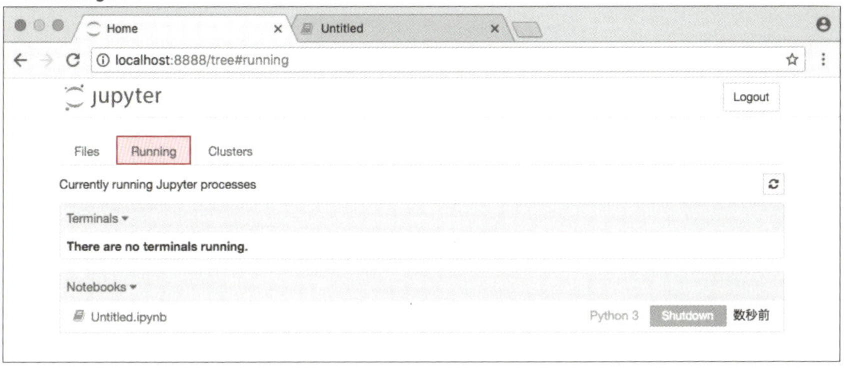

なお終了させたノートブックは、ダッシュボードで実体のファイル（.ipynbの拡張子を持つファイル）をクリックすることで、再度開くことができます。

Jupyter Notebookそのものを止めるには、コマンドラインから**Ctrl+C**を押すと、次のような確認のメッセージが出てくるので、yを押すことで終了します。

```
Shutdown this notebook server (y/[n])?
```

02-02 基本的な文法

まず注意すべきなのは、Pythonはインデント（行頭のスペース）を意識する言語だということです。例えば次のプログラムは「Hi!」と3回表示するだけのプログラムですがインデントをしないと動作しません。

forによる繰り返し

```
>>> for i in range(3):
...     print("Hi!")   ← 繰り返し処理を記述するブロックは必ずインデント
...
Hi!
Hi!
Hi!
```

実際にprintの前のインデントをすべて除去して、以下のように実行するとエラーになります。

```
>>> for i in range(3):
... print("Hi!")   ← インデントしない
  File "<stdin>", line 2
    print("Hi!")
        ^
IndentationError: expected an indented block
```

これはインデントすべきところがされていないというエラーです。また1行目の行頭にスペースを入れても次のようなエラーになります。

```
>>>  for i in range(3):   ← 行頭にスペースを入れる
  File "<stdin>", line 1
    for i in range(3):
    ^
IndentationError: unexpected indent
```

これはインデントすべきでないところがインデントされているというエラーです。printの前のインデントはスペース何文字でも動作するのですが、スペース4文字にするのがコードの見やすさの面で望ましいとされています※2-1。

コメント

プログラム中にコメントを書くには「#」を使います。#以降行末までは無視されます。複数行にわたるコメントを書く場合は、3重クォートによる文字列を使います。文字列を定義しておきながらどの変数にも入れないということは、この文字列は利用されないということなので、プログラムの動作に影響を与えないコメントと同じ意味になります。

```
# これは1行コメントの例です

"""
複数行にわたって
コメントを書きたい
場合はこのようにします。
"""
```

なお、複数行コメントに使用する3重クォートはシングルクォート(')でもダブルクォート(")でも、どちらでもかまいません。

※2-1 Pythonで見やすいコードを書くためのコーディング規約がPEP8という名称で公開されており、そこではインデントのスペースは4つが望ましいと記載されています。

02-03 数値と文字列

数値の演算には、まず四則演算として「+」(足し算)、「-」(引き算)、「*」(掛け算)、「/」(割り算)があります。また、よく使われる演算として「//」(整数範囲での割り算)、「%」(割り算のあまり)、「**」(べき乗)があります。

四則演算

```
>>> 3 + 5
8
>>> 3 - 4
-1
>>> 4 * 5
20
>>> 3 / 2
1.5
>>> 5 // 2
2
>>> 5 % 2
1
>>> 2 ** 3
8
```

数値型には主に整数型(int)と浮動小数点型(float)があります(複素数型もありますが本書では扱いません)。変数の型はtype関数で調べることができます。

型の確認

```
>>> a = 2
>>> b = 1.2
>>> type(a)
<class 'int'> ·········· 整数型
>>> type(b)
```

```
<class 'float'> ・・・・・・ 浮動小数点型
>>> c = a + b
>>> c
3.2 ・・・・・・ 整数型と浮動小数点型の和は浮動小数点型
>>> d = 3. ・・・・・・ 浮動小数点数として扱われる
>>> type(d)
<class 'float'>
>>> a + d
5.0
>>> e = 1.2e5 ・・・・・・ 1.2×10^5を表す
>>> type(e)
<class 'float'>
>>> e
120000.0
>>> f = 1e-3 ・・・・・・ 1×10^-3を表す
>>> f
0.001
```

上記の例で、2は整数型であり1.2は浮動小数点型です。整数型と浮動小数点型の和は浮動小数点型になります。整数の後にピリオドを付けて3.のように書くと、これは浮動小数点型として扱われます。また浮動小数点型の表現として指数を使う方法もあり、例えば`1.2e5`は1.2×10^5を意味し、`1e-3`は1×10^{-3}を意味します。

平方根、指数、対数、三角関数※2-2などの数学的関数は、「`import math`」によりmathモジュールをインポートして(モジュールのインポートについては後述)から「math.(関数名)」で呼び出すことができます。また、円周率はmath.piで表されます。

数学関数

```
>>> import math ・・・・・・ mathモジュールをインポート
>>> math.sqrt(2) ・・・・・・ 平方根
1.4142135623730951
>>> math.exp(3) ・・・・・・ 指数関数
20.085536923187668
```

※2-2　指数と対数の数学的な意味については第03章で説明します。

```
>>> math.log(5)          ← 自然対数関数
1.6094379124341003
>>> math.cos(math.pi)    ← 余弦
-1.0
>>> math.sin(math.pi / 2)  ← 正弦
1.0
>>> math.tan(math.pi / 4)  ← 正接
0.9999999999999999
```

Pythonの変数は、多くのスクリプト言語と同じように、あらかじめ型宣言をせずにただ代入するだけで利用することができます。

変数の扱い

```
>>> a = 3
>>> a
3
>>> b = 5
>>>
>>> b
5
>>> a + b
8
```

例えば「a += 1」は「a = a + 1」と等価であり、「a *= 2」は「a = a * 2」と等価であり、他の二項演算子についても同様です。

二項演算子

```
>>> a = 1
>>> a += 1
>>> a
2
>>> a *= 2
>>> a
4
```

文字列はダブルクォートまたはシングルクォートでくくることで表現できます。また、複数行にまたがる文字列はダブルクォート3つ、またはシングルクォート3つで表現できます。

List ex2_02.py

```
a = "Hello"
b = 'Hi'
c = """Example
of
multiple
lines"""
d = '''Another
example
of
multiple
lines'''

print(a)
print(b)
print(c)
print(d)
```

どちらも文字列として扱われる

ダブルクォート3つで複数行の文字列をくくる

シングルクォート3つで複数行の文字列をくくる

実行結果

文字列の長さ(文字数)の取得にはlen関数を使います。部分文字列を取得するには角括弧([と]、ブラケット)を使います。文字列sについて、s[i]はインデックスiにあたる文字を取り出します。s[i:j]はインデックスiからインデックスj-1までの部分文字列を取り出すことを意味します。インデックスは0から始まるので、例えばs[2]は3文字目を意味し、s[1:5]は2文字目から4文字目を意味します。また、s[i:j]においてiを省略してs[:j]としたときは「最初から」を意味し、jを省略してs[i:]としたときは「最後まで」を意味します。

このように「:」を使って部分文字列を取り出す手法はスライシングと呼ばれ、この後リストの操作や配列の操作でも同様な操作ができます。インデックスは負の値を指定することもできます。負の値を指定した場合、一番最後の文字を-1として後ろから順に数えることになります。以下に例を示します。

文字列のスライシング

```
>>> a = "abcdefghi"
>>> len(a)      ← 文字数
9
>>> a[3]        ← 4番目の文字
'd'
>>> a[2:5]      ← 3番目から5番目のまでの文字列
'cde'
>>> a[:4]       ← 4番目までの文字列
'abcd'
>>> a[3:]       ← 4番目以降の文字列
'defghi'
>>> a[-1]       ← 最後の文字列
'i'
>>> a[:-3]      ← 後ろから3文字を除いた文字列
'abcdef'
```

文字列を数値に変換するにはint関数(整数に変換する場合)とfloat関数(浮動小数点数に変換する場合)を使います。

数値型の変換

```
>>> a = "4"  ……文字列型
>>> b = 3  ……整数型
>>> a + b  ……型が違うので、これはエラーになる
Traceback (most recent call last):
  File "<stdin>", line 1, in <module>
TypeError: must be str, not int
>>> int(a) + 4  ……文字列型を整数型に変換
8
>>> c = "3.5"  ……文字列型
>>> int(c) + b  ……"3.5"は整数型に変換できないので、エラーになる
Traceback (most recent call last):
  File "<stdin>", line 1, in <module>
ValueError: invalid literal for int() with base 10: '3.5'
>>> float(c) + b  ……浮動小数点型には変換できる
6.5
```

数値を文字列に変換する場合はstr関数を使います。

文字列型の変換

```
>>> a = 6
>>> b = 7
>>> a + b  ……整数同士の加算
13
>>> str(a) + str(b)  ……文字列型に変換してから加算すると連結になる
'67'
```

文字列の中に変数の値を入れたいときは、文字列型のメソッドformatを使います。

formatメソッド

```
>>> a = 4
>>> b = 6
>>> c = a + b
>>> s = "{}と{}の和は{}です".format(a, b, c)
>>> s
```

```
'4と6の和は10です'
>>> t = "{:2d}を{:2d}で割ると{:5.3f}です".format(a, b, a / b)
>>> t
' 4を 6で割ると0.667です'
```

ここでは、{}が3つ含まれている文字列のformatメソッドに3つの引数を与えて呼び出して、その結果をsに代入しています。文字列中の{}が対応する変数の値に書き換えられます。

また、次のtに代入している例では、{と}の間にフォーマット指示が含まれています。{:2d}は整数を2文字分の長さを使って挿入するという意味で、{:5.3f}は浮動小数点数を全体で5文字分を使い、小数点以下3桁で挿入するという意味です。フォーマット指定は他にもさまざまな機能があるので、詳細についてはPythonの公式ドキュメントを参照してください。

02-04 複数行処理

Pythonでは、改行は文の終わりという意味を持ちます。しかし1行がとても長くなってしまう場合など、途中で改行をしたいことがあるかもしません。なんの工夫もなしに文の途中で改行してしまうことは、多くの場合意図どおりの動きになりません。

List ex2_03.py

```
a = 3
    + 5
```

実行結果

```
  File "ex2_03.py", line 2
    + 5
    ^
IndentationError: unexpected indent
```

これは、「a = 3」と「　+ 5」という2つの文に解釈され、「+ 5」がインデントされているので、不正なインデントというエラーになります。文の途中で改行したい場合は改行の直前にバックスラッシュ「\」を入れます。あるいは、括弧の中では改行を無視するというルールがあるので、上記の例の場合は無理やり括弧でくくってから改行するという手もあります。

List ex2_04.py

```
a = 3 \        ← \を入れてから改行する
    + 5

print(a)

b = (3         ← 括弧内は改行可
     + 5)

print(         ← 関数の括弧内も同じく改行可
    b)

l = [1, 2,     ← リストの括弧内も改行可
     3]

print(l)
```

実行結果

```
8
8
[1, 2, 3]
```

ここでは3 + 5の計算を2行に分ける方法の2通りを示していますが、それ以外にも、bに対するprintが途中で改行されていますが、これも開き括弧と綴じ括弧の間なので改行が無視されます。丸括弧だけではなく角括弧でも、開き括弧と綴じ括弧の間の改行は無視されます。ここではリスト（後述）の例を示しています。

02-05 制御構造

条件分岐にはifを使います。ここで前述のようにインデントが意味を持ちます。

ifによる分岐

```
>>> x = 100
>>> if x > 10:
...     print("Big!")
... else:
...     print("Small!")
...
Big!
```

条件ごとの処理ブロックはインデントする

この例でわかるように、REPLで、コロン「:」で終わる行を入力すると、その次の行からはインデントすべき行だということを示すためプロンプトは「...」に変わります。そこからインデントされた行を複数行入力することができますが、インデント行を終了させるのは、何も入力せずにEnterを押します。

上記ではelse句を持つ条件文を示しましたが、elseはなくてもかまいません。

elseを使わない場合

```
>>> x = 100
>>> if x > 10:
...     print("Big!")
...
Big!
```

繰り返しにはforを使います。単純に変数を1つずつ増やしながら繰り返すのにはfor ～ in range(...)の形式を使うのが便利です。

forによる繰り返し

```
>>> for i in range(5):  ←0から数えて5回繰り返す
...     print(i)
...
0
1
2
3
4
```

ここでrange関数の引数に5を与えてますが、iの値は0から4までの値をとるので注意が必要です。つまりiが5になる手前の段階でループを終了します。

range関数には最大で引数を3つまで指定することができます。引数2つの場合は始点、終点を表し、3つの場合は始点、終点、ステップを表します。終点の指定については、その値になる1つ手前でループが終了するので注意が必要です。これは引数が1つのケースと同様です。

range関数の使い方

```
>>> for i in range(2, 5):  ←2から4まで
...     print(i)
...
2
3
4
>>> for i in range(3, 13, 2):  ←3から12まで2ずつ
...     print(i)
...
3
5
7
9
11
```

ある条件を満たす間繰り返すという場合には**while**を使います。

whileによる繰り返し

```
>>> i = 0
>>> while i < 5:
...     print(i)
...     i += 1
...
0
1
2
3
4
```

制御構造のネストはインデントのネストで表現されます。次に有名なFizzBuzz問題の実装例を示します。FizzBuzz問題とは「1から順に数字を出力せよ。ただし3の倍数では数字の代わりにFizzと出力し、5の倍数ではBuzzと出力し、15の倍数ではFizzBuzzと出力せよ」という問題です。以下が実装例です。

List ex2_05.py

```
for i in range(1,21):
    if i % 15 == 0:
        print("FizzBuzz")
    elif i % 3 == 0:
        print("Fizz")
    elif i % 5 == 0:
        print("Buzz")
    else:
        print(i)
```

実行結果

```
1
2
Fizz
4
Buzz
Fizz
```

```
7
8
Fizz
Buzz
11
Fizz
13
14
FizzBuzz
16
17
Fizz
19
Buzz
```

ここで初めて出てきた**elif**はelseとifをあわせたものであり、次の2つは等価です。

```
if A:
    do_something1()
elif B:
    do_something2()
else:
    do_something3()
```

```
if A:
    do_something1()
else:
    if B:
        do_something2()
    else:
        do_something3()
```

else句の中にif文がどんどんネストされていくとPythonの文法的性質によりインデントが深くなってしまいますが、elifを使うことでそれを防ぐことができます。

02-06 リスト、辞書、集合

ここでは複数の値をまとめて扱うために用意されたPythonの機能について解説します。

リスト

値を複数並べたものを扱うには**リスト**を使います。

リストの操作

```
>>> a = [1, 2, 3, 4]          リストの作成
>>> a
[1, 2, 3, 4]
>>> a[1]                      2番目の要素を取り出す
2
>>> a[2] = 99                 3番目の要素を変更
>>> a
[1, 2, 99, 4]
>>> b = [1, "x", 3.4]         文字列や小数を含むリスト
>>> b[1]
'x'
>>> b[2]
3.4
```

ここでわかるように、リストa内の要素へのアクセスはインデックスiに対してa[i]のようにします。また、上記のbのように同じリスト内でも要素の型は統一されている必要はありません。

また文字列と同様なスライシングができます。

リストのスライシング

```
>>> a = [1, 2, 3, 4, 5]
>>> a
[1, 2, 3, 4, 5]
>>> a[2:4] •………… 3番目と4番目の要素
[3, 4]
>>> a[3:] •………… 4番目以降
[4, 5]
>>> a[:-1] •………… 最後の要素を除く
[1, 2, 3, 4]
```

リストの操作で、append（末尾に要素を追加する）、insert（指定した位置に要素を追加する）、extend（リストの連結）メソッドはよく使います。2つのリストの和を取るとリストの連結を意味します。空のリストは[ ]で表します。

リストの操作

```
>>> l = [1, 2, 3]
>>> l
[1, 2, 3]
>>> l.append(4) •………… 4を末尾に追加する
>>> l
[1, 2, 3, 4]
>>> l.insert(1, 100) •………… 2番目に100を追加する
>>> l
[1, 100, 2, 3, 4]
>>> a = [1, 2, 3]
>>> b = [] •………… 空のリストを作る
>>> b.append(4)
>>> b.append(5)
>>> b
[4, 5]
>>> a.extend(b) •………… aとbを連結
>>> a
[1, 2, 3, 4, 5] •………… aの内容が書き換えられた
>>> a = [1, 2, 3]
```

```
>>> a + b ← aとbを連結したリストを表示
[1, 2, 3, 4, 5]
```

ここでextendは破壊的な操作なのに対し、「+」は非破壊的であることに注意が必要です。つまりa.extend(b)とするとaの値が書き換わるのに対し、a+bではaの値が書き換わりません。appendとinsertも破壊的な操作です。

リストの変数への代入は参照の代入になるので注意が必要です。中身を全部コピーした新たなリストを作るにはリストlに対してl[:]のようにします。

リストの参照とコピー

```
>>> l = [1, 2, 3]
>>> m = l ← これは参照をコピーするだけ
>>> m.append(4)
>>> m
[1, 2, 3, 4]
>>> l
[1, 2, 3, 4] ← mを変更するとlも変更される
>>> l = [1, 2, 3]
>>> m = l[:] ← こうすると新しいリストが作られて値がコピーされる
>>> m.append(4)
>>> m
[1, 2, 3, 4]
>>> l
[1, 2, 3] ← mを変更してもlは変更されない
```

ここでリストlに対してm=lとすると、リストへの参照がmに渡されます。この後にはlとmは同じものを指しているので、mに値を追加するとlにも値が追加されてしまいます。それに対して、新たなリストを作ってlの要素をコピーするにはm=l[:]とします。そうすると、今度はmに要素を追加してもlは変化しません。

リストの要素はリストでもかまいません。

リストのリスト

```
>>> l = [[], [], []]        3つのリストを要素として持つリスト
>>> l[1].append(1)          2番目のリストに1を追加
>>> l
[[], [1], []]
>>> l[2].append(2)          3番目のリストに2と3を追加
>>> l[2].append(3)
>>> l
[[], [1], [2, 3]]
```

ここではまず最初に3つの空のリストで構成されるリストを作っています。それぞれの要素がリストなので`l[1]`と`l[2]`にappendするという操作が可能です。

次のように**リスト内包表記**と呼ばれる方法でリストを生成することもできます。

リスト内包表記

```
>>> l = [i**2 for i in range(5)]        ❶
>>> l
[0, 1, 4, 9, 16]
>>> m = [[i * 10 + j for j in range(5)] for i in range(5)]        ❷
>>> m
[[0, 1, 2, 3, 4], [10, 11, 12, 13, 14], [20, 21, 22, 23, 24], [30, 31,
32, 33, 34], [40, 41, 42, 43, 44]]
```

❶では、`i`が`range(5)`の値（つまり、0, 1, 2, 3, 4）を取りながら、`i**2`を計算し、それらを要素として持つようなリストを作ります。

❷で`m`に代入しているのはネストしたリスト内包表記で、外側のループに注目すると`i`が`range(5)`の値を取りながら`[i * 10 + j for j in range(5)]`を計算した結果のリストを作ります。つまりリストを要素に持つリストを作ります。

`[i * 10 + j for j in range(5)]`はそれぞれ`i`について、`j`が`range(5)`の値を取りながら`i * 10 + j`を計算した結果のリストを意味します。

タプル

リスト型と似たような型に**タプル**（tuple）型というものがあります。タプルは丸括

弧で囲まれた値の列で表現されます。タプルはリストとは異なり、不変型(Imutable)です。つまり、タプルの要素を別の値で上書きすることはできません。

タプルの操作

```
>>> t = 1, "a", 1.5 ・・・・・・ タプルの作成
>>> t
(1, 'a', 1.5)
>>> u = t, (1, 2, 3) ・・・・・・ タプルを要素として持つタプルの作成
>>> u
((1, 'a', 1.5), (1, 2, 3))
>>> t[1]
'a'
>>> t[1] = 1 ・・・・・・ タプルは内容を変更できない
Traceback (most recent call last):
  File "<stdin>", line 1, in <module>
TypeError: 'tuple' object does not support item assignment
```

ここでtにはカンマで区切った値の列を代入していますが、これはタプルの代入を意味します。実際tにはタプルが代入されます。また、タプルの要素は任意なので、タプルのタプルというものも考えることができ、uにはtと(1,2,3)というタプルを要素に持つようなタプルを代入しています。タプルの要素はリストの要素と同様に角括弧[]を使って参照できますが、タプルはリストと異なり不変型なので、要素に値を代入することはできません。ここではt[1]に1を代入しようとしてエラーになっています。

空のタプル(つまり要素数が0のタプル)と要素数1のタプルをどう表すのかが問題になるかもしれません。空のタプルは「()」により表現され、要素数1のタプルは値の後にカンマを書くことで表現されます。

空のタプルと要素1のタプルの扱い

```
>>> t = () ・・・・・・ 空のタプル
>>> t
()
>>> u = 1, ・・・・・・ 要素を1つだけ持つタプル
>>> u
(1,)
```

シーケンス型

文字列、リスト、タプルには角括弧で値の参照ができる、スライシングができる、などの共通点があります。このような特徴を持つ型は**シーケンス型**と呼ばれます。シーケンス型のオブジェクトは、for文の**in**の後に用いてその要素のスキャンができます。また、リスト内包表記のinの後にも同様に使えます。実はfor文の説明の最初に出てきたrange関数が返す値もシーケンス型だったのでした。

シーケンス型に共通の操作

```
>>> for i in range(3):          ←rangeを使った繰り返し
...     print(i)
...
0
1
2
>>> l = [2, 4, 6]
>>> for x in l:                 ←リストを使った繰り返し
...     print(x)
...
2
4
6
>>> m = [x * 2 for x in l]      ←lの内容を2倍した値を持つリスト
>>> m
[4, 8, 12]
>>> s = "abcd"
>>> for x in s:                 ←文字列sから1文字ずつ取り出す
...     print(x)
...
a
b
c
d
>>> ["*" + x + "*" for x in s]  ←リスト内包表記を使ったリストの生成
['*a*', '*b*', '*c*', '*d*']
```

```
>>> list(s)   ← list関数を使ってリストを作成
['a', 'b', 'c', 'd']
```

最初に示したのはすでに見てきたrangeを使ったループですが、それと同じように、inの後にリスト1を指定するとその要素を順番に取り出すことになります。リスト内包表記の場合のinの後にも同様にリストを指定することができて、ここではすべての要素を2倍したリストを作っています。

次に文字列もシーケンスなので、for文のinの後や、リスト内包表記のinの後に指定することができて、各文字を順に取り出すことができます。一般に`list(...)`の括弧の中にはシーケンス型を指定することができて、そのシーケンスから値を取り出しつつまとめたリストを作ります。この例では文字列を指定しているので、各文字を要素に持つようなリストが作成されます。

辞書

辞書型(ディクショナリ型)はキーと値(バリュー)の対応関係を記憶させるためのものです。

辞書の作成と要素の取得

```
>>> d = {"a": 1, "b": 2, "c": 3}   ← 辞書の作成
>>> d["a"]   ← キーを指定して値を取得
1
>>> d["d"]   ← 存在しないキーはエラー
Traceback (most recent call last):
  File "<stdin>", line 1, in <module>
KeyError: 'd'
>>> "b" in d   ← 辞書dに"b"が含まれるかどうか
True
```

ここでは、変数dに辞書型オブジェクト(辞書)を代入していて、その中では"a"、"b"、"c"というキーに対して、それぞれ1、2、3という値を割り当てています。次にd["a"]によってキー"a"に対応する値を得ています。"d"というキーはないので

d["d"]とするとエラーになります。また、あるキーが辞書に含まれているかどうかを確認するにはinを使います。ここでは"b"はdのキーに含まれているので、"b" in dはTrueになります。

次に、キーと値の対応付けを1つずつ指定する方法と、辞書に関するループを見てみます。

キーと値の操作

```
>>> d = {}                     空の辞書を作成
>>> d["x"] = 1  ┐
>>> d["y"] = 2  ├              要素の追加
>>> d["z"] = 3  ┘
>>> d
{'x': 1, 'y': 2, 'z': 3}
>>> for k in d:                すべてのキーを取り出す
...     print(k)
...
x
y
z
>>> for x in d.items():        キーと値を組みにしたタプルを取り出す
...     print(x)
...
('x', 1)
('y', 2)
('z', 3)
```

ここで{ }は要素のない辞書を示しています。つまり空の辞書にd["x"]=1などとしてキーと値の対応付けを挿入しています。 for文のinの後に辞書を指定することで、すべてのキーに関するループができます。また、**items**メソッドを利用することで、すべてのキーと値のタプルについてのループを実現できます。

集合(Set)

集合型はリストと似ていますが、要素の重複を許さず要素の順序に意味を持ちませ

ん。要素の順序に意味を持たないのでインデックスによる値の取り出しやスライシングはできません。一方で、ある値が要素に含まれているかという判定が高速であるというメリットがあります。数学の集合でいうと典型的な演算は、積集合($A \cap B$)、和集合($A \cup B$)、差集合($A - B$)※2-3がありますが、それらはそれぞれ「&」、「|」、「-」で表されます。

集合の操作

```
>>> a = set()          空の集合を作成
>>> a.add(1)
>>> a.add(2)
>>> a.add(3)           要素の追加
>>> a.add(3)
>>> a
{1, 2, 3}
>>> 2 in a
True
>>> 5 in a
False
>>> b = {2, 3, 4}      要素を3つ持つ集合を作成
>>> b
{2, 3, 4}
>>> a & b              aとbのどちらにも含まれる値の集合
{2, 3}
>>> a | b              aとbのいずれかに含まれる値の集合
{1, 2, 3, 4}
>>> a - b              集合同士の演算
{1}
>>> for x in a:        集合を使った繰り返し
...     print(x)
...
1
2
3
```

※2-3 集合の数学的操作は第03章で説明します。

最初にaには空の集合set()を代入しています。集合に要素を追加するのはaddメソッドを使います。ここでは同じ値3を2度addしていますが、重複は無視されます。ある値が要素として含まれるかどうかはinによって判定します。

また、波括弧(ブレイス){}を使って集合を定義することもでき、それをbに代入しています。波括弧を使うというのは辞書型にも共通しており、{}は空の集合ではなく空の辞書を意味することに注意が必要です。次に2つの集合a、bについて、積集合、和集合、差集合を計算しています。また、集合型もシーケンス型なので、for文のinの後に指定して全要素をスキャンすることもできます。

02-07 関数定義

関数の定義にはdefを使います。

List ex2_06.py

```
def f(a, b): ●……… 2つの引数を加算する関数
    return a + b



print(f(3, 5))
print(f(2, 1))
```

実行結果

```
8
3
```

関数の引数にはデフォルト値を設定することができます。引数が渡されない場合はデフォルト値が使われます。

List ex2_07.py

```
def g(a, b=100):        引数bにデフォルト値を設定
    return a + b



print(g(3))             引数bを省略
print(g(2, 3))
```

実行結果

```
103
5
```

関数を呼び出すときに、明示的に引数名を指定して呼び出すことができます。このような引数を名前付き引数と呼びます。

List ex2_08.py

```
def h(a, b=1, c=1):
    return a * 100 + b * 10 + c

print(h(1, 2, 3))           引数3つとも指定 => 123
print(h(2))                 引数1つだけ指定(b, cはデフォルト値) => 211
print(h(2, c=2))            1つ目の引数とcを指定、bはデフォルト値 => 212
print(h(a=2, c=3))          aの値も明示的に指定することができる => 213
print(h(b=2, a=1, c=3))     名前付きで引数を与える場合は順番は自由である => 123
```

02-08 オブジェクト指向

標準ライブラリの利用

Pythonをインストールしたときに最初から入っているライブラリは**標準ライブラリ**

と呼ばれます。標準ライブラリ内では、関連する機能のかたまりはモジュール（後述）という単位で提供されています。ここでは標準ライブラリのクラスの例として、datetimeモジュールに含まれるdateを紹介します。

dateクラスを使う

```
>>> import datetime                    # datetimeモジュールのインポート
>>> d = datetime.date(2017, 1, 1)      # dateクラスのインスタンスを生成
>>> d.year                             # データ属性year
2017
>>> d.weekday()                        # weekdayメソッド
6
```

dateクラスは日付を表現するためのクラスで、datetime.dateのように（モジュール名）.（クラス名）の形式で呼び出します。ここでは2017年1月1日に相当するインスタンスを作成しています。

インスタンスへのアクセスはすべて属性を通して行われます。属性はインスタンスを表す変数にピリオド（「.」）と属性名で指定されます。この場合d.yearはインスタンスdの中のyear属性を参照しています。このyearのような属性はデータ属性（あるいはプロパティ）と呼ばれます。d.weekday()はインスタンスdの中のweekday属性を呼び出しています。このような属性はメソッドと呼ばれます。メソッドは「()」とともに、場合によっては引数付きで呼ばれます。一方データ属性は属性名のみでアクセスされます。

クラス定義

ここまでで既存のクラスの利用のしかたを説明しましたが、自分でクラスを作成することもできます。まずはデータ属性しか持たないクラスの例を示します。

List ex2_09.py

```
class Person:                                       # Personクラスの定義
    def __init__(self, first_name="", last_name=""):
        self.first_name = first_name                # データ属性の定義
        self.last_name = last_name
```

```
person1 = Person("John", "Smith") ❶

print(person1.first_name, person1.last_name)

person2 = Person() ❷
person2.first_name = "Robert" ❸
person2.last_name = "Johnson"
print(person2.first_name, person2.last_name)
```

実行結果

```
John Smith
Robert Johnson
```

ここで__init__（メソッド名の先頭の末尾の__はアンダースコア「_」が2つ）は**コンストラクタ**で、クラスのインスタンス化時に呼ばれます。__init__の最初の引数はselfで、これは自分自身を表す変数です。メソッドを定義するときには必ず必要なおまじないのようなものだと思ってください。

Personクラスの__init__には引数が3つありますが、実質的に外から与えられるのは2つです。その2つの引数にはデフォルト値が設定してあります。このメソッドの実装の部分では、与えられた変数をデータ属性に設定しています。ここで`self.first_name`などは、クラスのインスタンスに付随するデータ属性を意味します。

❶でPersonクラスをインスタンス化して変数`person1`に代入しています。そのときの引数には`"John"`と`"Smith"`が与えられているのでインスタンス内のデータ属性には`"John"`と`"Smith"`が設定されています。そして`person1.first_name`などでデータ属性にアクセスすることができます。❷ではデフォルト値を利用してインスタンスを作成しています。その後に❸でデータ属性に直接代入することでデータ属性の値を書き換えています。

ここでPersonクラスにメソッドを追加してみましょう。

List ex2_10.py

```
class Person:
    def __init__(self, first_name="", last_name=""):
        self.first_name = first_name
```

```
        self.last_name = last_name

    def get_name(self): •………… メソッド
        return self.first_name + " " + self.last_name

    def __str__(self): •………… 特殊メソッド
        return self.last_name + ", " + self.first_name


person1 = Person("John", "Smith")
print(person1.get_name())
print(person1)
```

実行結果

```
John Smith
Smith, John
```

ここでget_nameというメソッドは、first_nameとlast_nameをスペースでつないだ文字列を返します。get_nameを呼び出すときは、インスタンスperson1に対して、person1.get_name()のように明示的にメソッドを呼び出しています。

一方で、print(person1)とすると、person1の**__str__**メソッドが呼ばれます。このように明示的に指定しなくても呼ばれるメソッドは**特殊メソッド**と呼ばれます。特殊メソッドはアンダースコア「_」2つで始まりアンダースコア2つで終わるメソッド名を持ち、どういうときにどの特殊メソッドが呼ばれるかは言語仕様で決められています。例えば、__str__という特殊メソッドは、printの引数に与えられたときなど、文字列型への暗黙的変換が行われるときに呼び出されます。

02-09 モジュール

これから**モジュール**について説明しますが、モジュールのインポートは実はすでに使ってきました。例えば、次は前述のdatetimeモジュールをインポートして利用可能にするという意味です。

```
import datetime
```

モジュールとは、関数、クラス、定数などを集めたものです。例えばdatetimeというモジュールは日付や時間に関する操作をまとめたモジュールです。「import datetime」のようにモジュールを**インポート**することで、そのモジュール内の関数、クラスなどを使えるようになります。このとき例えば、datetimeモジュール内のdateというクラスを使いたいならば、datetime.dateのように「(モジュール名).(クラス名)」として呼び出します。以下がその例です。

モジュールのインポート

```
>>> import datetime
>>> d = datetime.date(2018, 1, 1)  ← dateオブジェクトの作成
>>> d
datetime.date(2018, 1, 1)
```

dateクラスを多用する場合は、わざわざ毎回datetime.dateとして参照することがわずらわしいこともあるかもしれません。そういうときは次のようにfrom ～ import ～構文を使います。

特定のクラスのみインポート

```
>>> from datetime import date
>>> d = date(2018, 1, 1)  ← モジュール名が不要になる
>>> d
datetime.date(2018, 1, 1)
```

このようにインポートしたいクラス(または関数、定数など)を指定してインポートすれば、以降はモジュール名を指定しなくてもそのクラス(または関数、定数など)を利用することができます。さらには、モジュール内のすべてをインポートする次のような構文もあります。

すべてのクラスをインポート

```
>>> from datetime import *
>>> d = date(2018, 1, 1)
>>> d
datetime.date(2018, 1, 1)
```

しかしこれは通常あまりお薦めできません。複数のモジュールをインポートしたときに、名前の衝突に気づかない可能性があるからです。import *という使い方は、インポートするモジュールが少なく問題が起こらないことに確信が持てる場合にのみ使うべきです。

名前の衝突を防ぐためにモジュールを明示するようにしたいが、長いモジュール名をそのまま使いたくないという場合は、import 〜 as 〜構文が便利です。

別名でインポート

```
>>> import datetime as dt
>>> d = dt.date(2018, 1, 1)
>>> d
datetime.date(2018, 1, 1)
```

1行目ではdatetimeモジュールをdtとしてインポートしています。以降dtといえばdatetimeモジュールを指していることになります。これは名前の衝突を避けかつコードを短くするのに便利ですが、乱用するとコードの可読性を低下させることになるので注意が必要です。

モジュールの作成

次に自分で新たにモジュールを作成したい場合を考えてみます。モジュールを作成するときには、特に明示的に宣言する必要はなく、拡張子pyであるファイルにクラス、関数、定数などを記述すると、自動的にモジュールとして扱うことができます。例えば次のような2つのファイルを同じディレクトリに置きます。

List mod1.py

```
def hello():
```

```
    return "Hello!"
```

List ex2_11.py

```
import mod1 ← mod1をインポート

print(mod1.hello())
```

そしてex2_11.pyの方を実行すると次のような実行結果になります。

実行結果

```
Hello!
```

ex2_11.py内で、モジュールmod1をインポートしており、そこで同じディレクトリ内のmod1.pyが読み込まれます。このように、モジュールをインポートしたときに、同じディレクトリ内のファイルは優先的に探索されますが、前述のdatetimeのような標準モジュールは、Pythonの言語システムの中に組み込まれていて、言語システム内の特定のディレクトリから探索されてインポートされます。

モジュールをインポートするときにグローバル領域にある文は実行されてしまうので注意が必要です。

List mod2.py

```
def meow():
    print("Meow!")


print("I am imported") ← このprintはグローバル領域にある
```

List ex2_12.py

```
import mod2

print("Bowwow!")
mod2.meow()
```

ここでex2_12.pyを実行してみると、mod2.pyのグローバル領域にあるprint関数は、インポートしたときに実行されているのがわかります。

実行結果

```
I am imported
Bowwow!
Meow!
```

インポート時になんらかの副作用が起こるというのは、多くの場合は望まれる動作ではないと思われますので注意が必要です。一方で、同じファイルをモジュールとしても、実行スクリプトとしても利用したく、しかもインポート時には副作用が起こらないようにしたいということもあるかもしれません。そういうときは次のようにします。

List mod3.py

```
def meow():
    print("Meow!")


def main():
    print("Entering main")
    meow()


if __name__ == "__main__":
    main()
```

List ex2_13.py

```
import mod3

mod3.meow()
```

この2つのファイルを用意した上でそれぞれを実行すると次のようになります。

実行結果

```
$ python ex2_13.py
Meow!
$ python mod3.py
Entering main
Meow!
```

mod3.pyのif文は、もしこのファイルが直接実行された場合（モジュールとしてインポートされていない場合）ということを意味し、つまり直接実行されたときだけmain関数が呼ばれることになります。

02-10 ファイル操作

ファイルを開くには**open**関数を使います。次のコードでは、テキストファイルを開いてその中身を1行ずつ標準出力に出力します。

List ex2_14.py

```
f = open("sample.txt") ・・・・・・ ファイルを開く
for line in f: ・・・・・・ 1行ずつ処理する
    line = line.rstrip() ・・・・・・ 末尾の空白と改行を削除
    print(line)
f.close() ・・・・・・ ファイルを閉じる
```

この例では、ファイルsample.txtをテキストファイルとして読み込み専用で開き、変数fにはファイルオブジェクトが代入されます。for文のinの後にファイルオブジェクトが来るのは、対応するファイルについて各行を読み取りながらループするという意味です。

各行は変数lineに格納されますが、それには改行文字も含まれているので、**rstrip**メソッドによって改行文字を除去しています。改行文字を除去した後に、print関数で表示（ここでは自動的に改行がされる）をしていますので、結果としてテキストファイルの各行を読み取って標準出力に出力することになります。最後にcloseメソッドを呼んでファイルを閉じてリソースを開放します。

ここでは最後に明示的にファイルを閉じていますが、この場合ファイルを開いてから閉じるまでの間に例外などにより、処理を抜け出してcloseメソッドが呼ばれない可能性があります。そういう問題はwith構文を使うことで解消されます。ex2_14.pyは以下のコードと同じ結果を生みます。

List ex2_15.py

```
with open("sample.txt") as f:
    for line in f:
        line = line.rstrip()
        print(line)
```

今度はwithを使ってファイルがopenされていて、そのスコープ内にforループがあります。この場合、もし想定外の理由でwithスコープを抜け出したとしても、そのタイミングでファイルが閉じられます。つまりcloseメソッドで明示的にファイルを閉じる場合は、途中で例外が起こってそのcloseを実行せずに通過してしまう可能性を気にしなければならないので、withを使った方が便利です。

ここまではテキストファイルを読み込み専用で開いていますが、書き込み用に開く場合は2つ目の引数として"w"を指定します。読み込み用にファイルを開くときの第2引数は"r"ですが、これはデフォルト値なので省略できます。追記用に開くときには"a"を指定します。また、バイナリファイルを開く場合は、第2引数に"b"を付加します。例えば、バイナリファイルを読み込み用に開く場合は"rb"とします。

List ex2_16.py

```
with open("output.txt", "w") as fw:  ← 書き込み用に開く
    with open("sample.txt") as fr:  ← 読み込み用に開く
        for line in fr:
            print(line, end="", file=fw)
```

ここではファイル名output.txtというファイルを書き込み用に開き、sample.txtから

1行ずつ読み取って、書き込み用ファイルに書き込んでいます。ここではrstripを使って改行を削除する代わりに、print関数の名前付き引数endに""を指定して、書き込み時に改行を付加しないようにしています。また、名前付き引数fileは書き込むべきファイルオブジェクトを意味します。

pickleモジュールの利用

オブジェクトの中身をファイルに書き出して保存して、必要に応じてそれを読み込んで元のオブジェクトの復元をしたい場合、Pythonでは**pickle**というモジュールを使うと便利です。

pickleによるシリアライズ

```
>>> from datetime import date
>>> import pickle  ← pickleのインポート
>>> x = date(2018, 1, 1)
>>> x
datetime.date(2018, 1, 1)
>>> with open("today.pkl", "wb") as f:
...     pickle.dump(x, f, -1)  ← ファイルに書き込む
...
>>> with open("today.pkl", "rb") as f:
...     y = pickle.load(f)  ← ファイルから読み込む
...
>>> y
datetime.date(2018, 1, 1)
```

pickle形式でファイルに書き込むには、**dump**関数を使いますが、その前にファイルを書き込み用に開いている必要があります。このとき開くファイルは、テキスト形式でもバイナリ形式でもいいのですが、バイナリ形式の方が実行速度が速いという利点があります。dump関数の引数には、書き込みたいオブジェクト、書き込み先のファイルオブジェクト、書き込みフォーマットのバージョンを指定します。最後の引数については、-1を指定すると最新バージョンが適用されパフォーマンスが最もよいので、特に理由がなければ-1を指定するようにすればいいでしょう。

pickle形式で保存されたファイルを開くときにはファイルを開いた上でload関数を使います。バイナリ形式で保存されたファイルを読み込むにはバイナリ形式を指定する必要があるので気をつけましょう。

その他のファイル形式

次にデータ処理でよく使われるcsv形式とjson形式のファイルの操作について説明します。csv形式はカンマ区切りでデータが並んだテキストファイルで、例えば次のような形式をしています。

List sample.csv

```
a,b,c,d
1,2,3,4
5,6,7,8
9,10,11,12
```

これがsample.csvという名前で保存されているとしたときに、これを読み込み、左から2列目の数字を足し算した結果を求めてみます。ただし、1行目は見出しだと思って読み飛ばします。

List ex2_17.py

```
import csv  # csvモジュールのインポート

s = 0
with open("sample.csv") as f:
    reader = csv.reader(f)  # csvファイルを読み込む
    next(reader)  # 1行進める
    for row in reader:
        s += int(row[1])  # 左から2列目の数値を加算する
print(s)
```

実行結果

```
18
```

テキストファイルを開いてから、そのファイルオブジェクトを引数にしてcsv.readerオブジェクトを作成していますが、これがcsvの読み取りのしくみです。次にnext関数を使うことで、readerを1行分読み進めて、1行目を無視する処理をしています。

その後for文を使ってcsvファイルを1行ずつ読み進めていきますが、読み取った内容はリストとしてrowという変数に格納されています。2列目にあたるデータはrow[1]なので、その値を文字列から整数に変換して和を計算しています。

次にcsv形式のファイルに書き出す例を紹介します。

List **ex2_18.py**

```
import csv

data = [[1, "a", 1.1],       # リストのリストを作成
        [2, "b", 1.2],
        [3, "c", 1.3]]

with open("output.csv", "w") as f:
    wr = csv.writer(f)       # csvファイルに書き込む
    for row in data:
        wr.writerow(row)
```

ここではリストのリストが変数dataに格納されており、それをcsv形式としてファイルに書き込んでいます。csv.writerのインスタンスを作成してから、dataの要素を1つずつ読み込んでwriterowメソッドで書き込んでいます。これ以外の方法として、csv.writerクラスには、複数行を一気に書き込むためのwriterowsメソッドもあります。

ex2_18.pyを実行して作成されるoutput.csvの内容は、次のようになります。

List **output.csv**

```
1,a,1.1
2,b,1.2
3,c,1.3
```

json形式のファイルの読み書きにはjsonモジュールを使います。ファイルの出力はdump、文字列としての出力は**dumps**、ファイルからの入力はload、文字列からの入力は**loads**関数を使います。以下には文字列への変換の例を示します。

jsonデータの扱い

```
>>> import json •··················· jsonモジュールをインポート
>>> data = {"a": 1, "b": "x", "c": [1, 2, 3], "d": {"a": 1, "b": 2}}
>>> s = json.dumps(data) •··················· 文字列として書き出す
>>> s
'{"a": 1, "b": "x", "c": [1, 2, 3], "d": {"a": 1, "b": 2}}'
>>> data2 = json.loads(s) •··················· 文字列をjsonデータとして読み込む
>>> data2
{'a': 1, 'b': 'x', 'c': [1, 2, 3], 'd': {'a': 1, 'b': 2}}
```

このように、辞書とリストのネスト構造を持つデータはdumps関数を使うとjson形式の文字列に変換できます。また、json形式の文字列はloads関数で辞書とリスト構造のネストに変換されます。

02-11 例外処理

まずは辞書型の説明で出てきた例で、存在しないキーで辞書にアクセスした場合を見てみましょう。

存在しないキーを参照した場合のエラー

```
>>> d = {"a": 1, "b": 2, "c": 3}
>>> d["d"]
Traceback (most recent call last):
  File "<stdin>", line 1, in <module>
KeyError: 'd'
```

このエラーメッセージの最後の行に、KeyErrorというのがありますが、これが投げられた例外クラスを表しています。例えば例外KeyErrorが投げられたときに特定の振る舞いをするようにするには次のようにします。

List ex2_19.py

```
d = {"a": 1, "b": 2, "c": 3}

try:
    print(d["d"])          # 試してみる処理
except KeyError:
    print("KeyError!")     # KeyErrorが発生したときの処理
```

実行結果

```
KeyError!
```

try句の部分で発生した例外について、except句で処理をします。exceptの後に例外クラスを指定することで、指定した例外が発生した場合にのみ処理をするようにしています。受け取った例外の中身を見るには、except 〜 asを使います。

List ex2_20.py

```
d = {"a": 1, "b": 2, "c": 3}

try:
    print(d["d"])
except KeyError as err:                  # 発生した例外を変数errに格納
    print("KeyError: {}".format(err))    # エラーの内容を表示
```

実行結果

```
KeyError: 'd'
```

ここでは発生した例外クラスのインスタンスを変数errに入れています。errにはKeyErrorオブジェクトが格納されているので、formatメソッドによって文字列に変換されると、見つからなかったキーを示す文字列に変換されます。

exceptの後に何も指定しないと、すべての例外を受け取ることになります。

```
d = {"a": 1, "b": 2, "c": 3}

try:
    print(d["d"])
except:
    print("Something is wrong")
```

しかし多くの場合、すべての例外を受け取りその中身を見ずに処理を進めることは、想定外の例外を見落としがちになるので、よいコーディングスタイルとはいえません。すべての例外を受け取り、しかもそれを変数で受け取るには次のようにします。

```
d = {"a": 1, "b": 2, "c": 3}

try:
    print(d["d"])
except Exception as err:
    print(type(err))
    print(err)
```

Pythonシステムのほぼすべての例外がExceptionを継承しているので、Exceptionを受け取るということはほぼすべての例外を処理できます。ほぼすべてといったのは、Exceptionはシステム終了とキーボード割り込み（ユーザによって**Ctrl+C**が押されて終了させられたとき）の例外クラスには継承されていません。しかしシステム終了やキーボード割り込みを処理しなければならないケースはまれですので、通常はExceptionだけを考えれば十分でしょう。

Column Pythonで何ができるか

Pythonは機械学習の世界ではデファクトになっていて、多くの機械学習用のライブラリが(中身がPythonで書かれていないとしても)Python向けのインターフェースを持っています。そして多くの機械学習の研究者、および機械学習エンジニアがPythonのコードを書いています。しかしPythonは汎用言語であり、機械学習のために作られたものではありません。本書では機械学習に関係する部分に絞って説明していますが、それ以外にもPythonはいろいろな場面で役に立ちます。

特にウェブアプリの開発で、Pythonはよく使われています。いくつかのフレームワークをpipでインストールできるようになっており、ウェブアプリを作るための便利なツールがそろっています。ウェブアプリに関するスキルはデータサイエンティストにも全くの無関係ではなく、ある程度わかっているとデータの可視化について効果的な仕組みを作ることもできます。

もちろん、機械学習やウェブアプリ以外にもいろいろなことができます。例えば筆者の経験でいうと、ちょっとしたテキストファイルの加工にPythonは便利なので、よく使っています。本書の執筆の際にも、文章中のソースコードを自動的に整形したり、図表の参照関係を確認したりするのにPythonでプログラムを書いて実行しました。このようにある程度習熟していると、執筆作業の効率化にも活かせます。

第03章

機械学習に必要な数学

本章では数学における基本事項のうち、特に機械学習で必要になる事実について説明します。数学的事実には必ずしも証明をつけず、そのかわり直感的な説明をつけることとします。数学的に厳密な証明が読みたい場合は大学生向けの数学の教科書を読んでください。大学1年生向けの「線形代数」と「微積分」の教科書はここで書かれていることをほぼ含んでいると思います。
数学的事実を説明するために計算機を使った計算例を示すことが理解に役立つことがあるかもしれません。しかし本章ではあえて計算機を一切使わないで解説することにしました。Pythonを使った数値計算は次章で扱うことにします。

03-01 基本事項の確認

本章では主に線形代数と微積分について解説しますが、その前にこれらを学ぶために必要な集合、数列、写像、関数について説明します。

集合

範囲がはっきりした数学的対称の集まりを**集合**と呼び、それを構成する1つ1つのものをその集合の**要素**と呼びます。集合は{ }の中に要素を並べて書くことがあります。例えば

$$A = \{1, 3, 6, 8\}$$

は集合の例です。また集合内の要素の順序は意味を持ちません。つまり以下が成り立ちます。

$$\{1, 3, 6, 8\} = \{6, 3, 1, 8\}$$

xが集合Xの要素であることを

$$x \in X$$

で表します。また、xがXの要素でないことを

$$x \notin X$$

で表します。上記のAの例でいうと、

$$1 \in A$$

であり、

$$2 \notin A$$

です。また複数の要素を表現するのに

$$1, 3 \in A$$

のようにカンマで区切って表現することがあります。

集合の要素の個数は必ずしも有限である必要はありません。しかし要素を列挙する書き方では無限個の要素を表現できません。そのため、次のような集合の表記のしかたもあります。

$$X = \{x \mid P(x)\}$$

$P(x)$はxについての条件で、このXは$P(x)$を満たすxを集めたものという意味です。例えば

$$A = \{x \mid x \text{ は偶数}\}$$

とすると、

$$-2, 6, 8 \in A$$

です。

特に要素が1つもない集合を**空集合**といい$\emptyset$で表します。例えば

$$\{x \mid x > 1 \text{ かつ } x < 0\} = \emptyset$$

です。

集合Aが集合Bに含まれることを$A \subset B$で表します。これは言い換えるとAの任意の要素がBの要素であるということであり、図示すると次のようになります。

Fig03-01 集合同士の包含関係

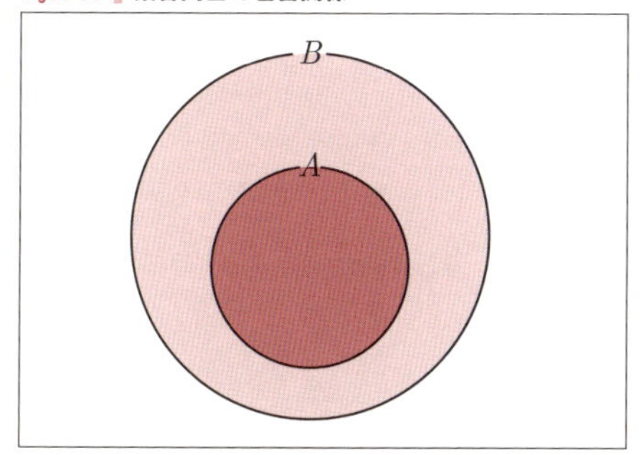

このときAはBの部分集合であるといいます。$A \subset B$という記号には$A = B$である可能性も含まれているので気をつけてください。つまり任意の集合について、$A \subset A$です。また、空集合は任意の集合の部分集合です。つまり任意の集合Aについて$\emptyset \subset A$が成り立ちます。

次に積集合、和集合、差集合を定義します。集合A、Bの**積集合**とは、AとBの両方に含まれている要素の集合で$A \cap B$で表されます。集合A、Bの**和集合**とは、AまたはBの少なくとも一方に含まれている要素の集合で$A \cup B$で表されます。集合A、Bの**差集合**とは、Aに含まれるがBに含まれない要素の集合で、$A - B$と表されます($A \setminus B$と書くこともあります)。これらを図示すると次のようになります。

Fig03-02 積集合・和集合・差集合

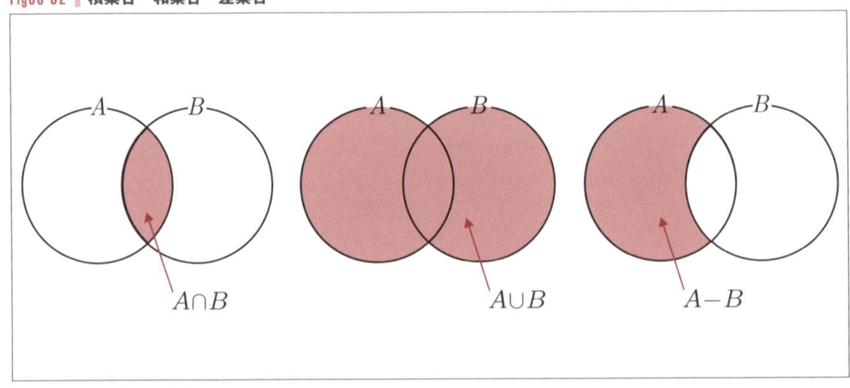

また、集合の記号で表現すると次のように定義されます。

$$A \cap B = \{x \mid x \in A \text{ かつ } x \in B\}$$
$$A \cup B = \{x \mid x \in A \text{ または } x \in B\}$$
$$A - B = \{x \mid x \in A \text{ かつ } x \notin B\}$$

よく使われる集合の記号として$\mathbb{Z}$、$\mathbb{N}$、$\mathbb{Q}$、$\mathbb{R}$、$\mathbb{C}$を定義します。$\mathbb{Z}$は整数の全体を集合です。$\mathbb{N}$は自然数の全体を表す集合です。自然数とは1以上の整数です(自然数に0を含める流儀もありますが、本書では日本の高校教科書に合わせて0は含めないものとします)。$\mathbb{Q}$は有理数全体を表す集合です。有理数とは整数p、qについて$\frac{p}{q}$のように分数で表される数のことです。

数直線上に表現できるような数を実数と呼び、実数全体の集合を$\mathbb{R}$で表します。

$\mathbb{R}-\mathbb{Q}$の要素、つまり有理数ではない実数は無理数と呼ばれます。無理数には例えば$\sqrt{2}$やπ(円周率)などがあります。

2乗すると-1になるような数を考え、それを$\sqrt{-1}$で表するとすると、$u, v \in \mathbb{R}$に対して$u+v\sqrt{-1}$で表される数を複素数と呼びます。複素数全体の集合を$\mathbb{C}$で表します。

以上のことをまとめて式で書くと次のようになります。

$$
\begin{aligned}
\mathbb{Z} &= \left\{x \mid x \text{ は整数}\right\} \\
\mathbb{N} &= \left\{x \mid x \text{ は自然数}\right\} \\
&= \left\{x \mid x \in \mathbb{Z} \text{ かつ } x \geq 1\right\} \\
\mathbb{Q} &= \left\{x \mid x \text{ は有理数}\right\} \\
&= \left\{\frac{p}{q} \;\middle|\; p \in \mathbb{Z},\, q \in \mathbb{Z} - \{0\}\right\} \\
\mathbb{R} &= \left\{x \mid x \text{ は実数}\right\} \\
\mathbb{C} &= \left\{x \mid x \text{ は複素数}\right\} \\
&= \left\{u + v\sqrt{-1} \mid u, v \in \mathbb{R}\right\}
\end{aligned}
$$

また、包含関係について次が成り立ちます。

$$\mathbb{N} \subset \mathbb{Z} \subset \mathbb{Q} \subset \mathbb{R} \subset \mathbb{C}$$

数列

例えば2,4,6,8・・・のように数を並べたものを**数列**と呼びます。数列のn番目の数をa_nのように右下に小さい数字を書くことで表します。この数字を**添字**と呼びます。先ほどの例だと次のようになります。

$$a_1 = 2,\, a_2 = 4,\, a_3 = 6,\, a_4 = 8, \ldots$$

この数列は2から始まって2ずつ増えているのでa_nをnの式で表すことができて、

$$a_n = 2n$$

となります。このようにa_nをnの式で表したものを数列の**一般項**と呼びます。

与えられた数列の和を考えたいことがよくありますが、a_1からa_nまで足したものを

$$\sum_{n=1}^{N} a_n$$

と書きます。つまり

$$\sum_{n=1}^{N} a_n = a_1 + a_2 + \cdots + a_N$$

です。ここで$\sum$の下に書いてある$n = 1$と、上に書いてあるNは和を取り始める添字と終わりの添字を意味します。また、$n = 1$のnは、nを増やしながら和を取るという意味です。例えば

$$\sum_{i=2}^{4} a_i = a_2 + a_3 + a_4$$

となります。ここであえて添字をnからiに変えましたが、$\sum$の下にもiがあるので、これはiについての和を取ります。

和のときと同様にa_1からa_nまでの積は

$$\prod_{n=1}^{N} a_n$$

と表します。つまり

$$\prod_{n=1}^{N} a_n = a_1 \cdot a_2 \cdots a_N$$

となります。

数列の和については次が成り立ちます。

$$\sum_{i=1}^{n} (a_i + b_i) = \sum_{i=1}^{n} a_i + \sum_{i=1}^{n} b_i$$
$$\sum_{i=1}^{n} (ka_i) = k \sum_{i=1}^{n} a_i$$

また、以下はよく使われる公式です。ここでは証明せずに結果だけ書いておきます。

$$\sum_{i=1}^{n} i = \frac{1}{2}n(n+1)$$
$$\sum_{i=1}^{n} i^2 = \frac{1}{6}n(n+1)(2n+1)$$

写像と関数

集合XとYが与えられたとします。集合Xの要素を1つ選んだときに、それに対してYの要素を1つ対応付ける規則を**写像**と呼びます。写像はfなどの記号で表し、$x \in X$に対応付けられるYの要素を$f(x)$と書きます。写像とそれに関係する集合を明らかにしたいときは、fは$X \to Y$の写像であるといったり、

$$f : X \to Y$$

と書いたりします。このとき移される元の集合Xは写像fの**定義域**と呼びます。

xに対して$y = f(x)$が対応付けられるとき、yはxの**像**であるといい、xはyの**原像**であるといいます。また、xはyに写されるといういい方もします。$y = f(x)$であることは

$$f : x \mapsto y$$

と書くこともあります。

Xの部分集合Aに対してそれが写像fで移される先の全体を$f(A)$と書きます。つまり

$$f(A) = \{f(x) | x \in A\}$$

です。このとき$f(A)$をAの像と呼びます。特にX全体の像$f(X)$を考えると、それは必ずしもYに一致する必要はなく、一般には$f(X) \subset Y$です。$f(X)$は関数fの**値域**と呼びます。値域がYに一致する必要がないということは、つまり$y \in Y$が与えられたときに必ずしも$y = f(x)$となるxが存在しなくてもよいということです。一方で、$x \in X$については必ず$f(x)$が定義されている必要があります。

本書では写像の写り先が数の集合（$\mathbb{R}$や$\mathbb{C}$）であるものを特に**関数**と呼びます。関数は数式で表現されることがあります。例えば次のような$\mathbb{R} \to \mathbb{R}$の関数$f: x \mapsto y$を考えてみます。

$$y = x^2$$

これは$x \in \mathbb{R}$が与えられると、それに対して$x^2 \in \mathbb{R}$を対応付けるという意味です。このような数式による表現はよく用いられるので、「$\mathbb{R} \to \mathbb{R}$の関数である」ということを明記せずに暗黙に仮定することがあります。特に本書では複素数は扱いませんので、関数の定義域は$\mathbb{R}$またはその部分集合とします。

また$x \mapsto y$であることも暗黙に仮定して、単純に「関数$y = x^2$」と書くとxをx^2に移す関数だとみなします。

次のような関数を考えてみます。

$$y = \frac{1}{x}$$

これは$x = 0$では定義されていません。$\frac{1}{0}$という計算が定義されていないからです。$x \neq 0$である$x \in \mathbb{R}$では定義できるので、この関数の定義域は$\mathbb{R} - \{0\}$となります。このように定義域についても暗黙に仮定することがあります。特に定義域を明記さずに「関数$y = \frac{1}{x}$」といった場合は、暗黙の仮定でこの式が定義可能な範囲である$\mathbb{R} - \{0\}$を定義域であるとみなします。

定義域の表記のために区間を表す記号を定義します。xについての範囲$a \leq x \leq b$は$[a, b]$で表します。つまり

$$[a, b] = \{x | a \leq x \leq b\}$$

です。同様に次のような書き方があります。

$$(a, b) = \{x | a < x < b\}$$
$$[a, b) = \{x | a \leq x < b\}$$
$$(a, b] = \{x | a < x \leq b\}$$

03-02 線形代数

線形代数はベクトル、行列、一次変換などを扱う分野ですが、その計算は機械学習のアルゴリズムのいたるところで必要とされます。

ベクトルの基本

次のように括弧の中に縦に数を配置したものを**ベクトル**と呼びます。

$$\begin{pmatrix} 5 \\ 7 \\ 9 \end{pmatrix}$$

本書ではベクトルは$\boldsymbol{x}$のような太文字で表すことにします。本によっては$\vec{x}$のように矢印で表したり、xのように通常の文字を使うこともあります。活字上では太文字で書いてあっても、手書きで計算するときは太く書かないでもかまいません。重要なことはどの記号がベクトルであるかを意識しながら式を書くことです。

ベクトルは数字を縦に並べたものですが、紙面の都合上縦にスペースを使わないように$(1,2,3)^T$のように横に並べたものの右上にTをつけて表すこともあります。つまり

$$\begin{pmatrix} 1 \\ 2 \\ 3 \end{pmatrix} = (1,2,3)^T$$

となります。

ベクトルで縦に配置したそれぞれの数のことを**成分**と呼びます。また、配置された数を上から順に第1成分、第2成分、のように呼びます。ベクトルの成分が実数であるか、複素数であるかによって、そのベクトルは実ベクトルと呼ばれたり複素ベクトルと呼ばれたりします。本書では実ベクトルしか扱いませんので、本書でベクトルと

いえば実ベクトルのことだと思ってください。

ベクトルで、縦に並べた数の個数を**次元**と呼びます。例えば、

$$\boldsymbol{u} = \begin{pmatrix} 2 \\ 3 \end{pmatrix} \quad \boldsymbol{v} = \begin{pmatrix} 4 \\ 5 \\ 6 \\ 7 \end{pmatrix}$$

のとき、$\boldsymbol{u}$は2次元ベクトルであり、$\boldsymbol{v}$は4次元ベクトルです。d次元実ベクトルの集合を$\mathbb{R}^d$と書きます。

ベクトルの足し算は、要素ごとの足し算で定義されます。つまり

$$\boldsymbol{u} = \begin{pmatrix} u_1 \\ u_2 \\ \vdots \\ u_d \end{pmatrix} \quad \boldsymbol{v} = \begin{pmatrix} v_1 \\ v_2 \\ \vdots \\ v_d \end{pmatrix}$$

としたときに和は次のように定義されます。

$$\boldsymbol{u} + \boldsymbol{v} = \begin{pmatrix} u_1 + v_1 \\ u_2 + v_2 \\ \vdots \\ u_d + v_d \end{pmatrix}$$

この定義からわかるようにベクトルの和が定義されるのは和を取ろうとしているベクトルの次元が等しい場合に限ります。

特別なベクトルとして**ゼロベクトル**0は次で定義されます。

$$\boldsymbol{0} = \begin{pmatrix} 0 \\ 0 \\ \vdots \\ 0 \end{pmatrix}$$

ベクトルと対比して、通常の数(実数など)を**スカラー**と呼ぶことがあります。ここでベクトルのスカラー倍を定義します。ベクトルのスカラー倍は、各要素にスカラーを掛けたものとして定義されます。つまりkをスカラーとすると次で定義されます。

$$k\boldsymbol{v} = \begin{pmatrix} kv_1 \\ kv_2 \\ \vdots \\ kv_d \end{pmatrix}$$

特に$k = 0$のときは任意のベクトル$\boldsymbol{v}$について、次のようになります。

$$0\boldsymbol{v} = \boldsymbol{0}$$

次に$k = -1$の場合を考えると

$$(-1) \cdot \boldsymbol{v} = -\boldsymbol{v} = \begin{pmatrix} -v_1 \\ -v_2 \\ \vdots \\ -v_d \end{pmatrix}$$

となり、これはベクトルの符号反転になります。これにより引き算は次のように定義されます。

$$\boldsymbol{u} - \boldsymbol{v} = \boldsymbol{u} + (-\boldsymbol{v}) = \begin{pmatrix} u_1 - v_1 \\ u_2 - v_2 \\ \vdots \\ u_d - v_d \end{pmatrix}$$

あるベクトルに対してそのスカラー倍であるベクトルを考えたとき、それらのベクトルは**平行**であるといいます。つまり$\boldsymbol{u}$と$\boldsymbol{v} = k\boldsymbol{u}$は平行です。

ベクトルにも次のように交換法則、結合法則、分配法則が成り立ちます。ここで$\boldsymbol{u}$、$\boldsymbol{v}$はベクトルでk、lはスカラーです。

$$\boldsymbol{u} + \boldsymbol{v} = \boldsymbol{v} + \boldsymbol{u}$$
$$(\boldsymbol{u} + \boldsymbol{v}) + \boldsymbol{w} = \boldsymbol{u} + (\boldsymbol{v} + \boldsymbol{w})$$
$$k(\boldsymbol{u} + \boldsymbol{v}) = k\boldsymbol{u} + k\boldsymbol{v}$$
$$(k + l)\boldsymbol{v} = k\boldsymbol{v} + l\boldsymbol{v}$$

また、ゼロベクトルの性質について、次が成り立ちます。

$$\mathbf{0} + \boldsymbol{v} = \boldsymbol{v}$$
$$\mathbf{0} - \boldsymbol{v} = -\boldsymbol{v}$$
$$0\boldsymbol{v} = \mathbf{0}$$

実際成分に注目して計算すると明らかだと思いますので証明は省略します。

ベクトルの大きさを表す量を**ノルム**と呼びます。ノルムはいくつか考えられますが、本書ではL1ノルムとL2ノルムのみを考えます。ベクトル$\boldsymbol{v}$のL1ノルムとL2ノルムはそれぞれ$|\boldsymbol{v}|_1$と$\|\boldsymbol{v}\|$で表すことにします。それぞれ次の式で定義されます。

$$|\boldsymbol{v}|_1 = |v_1| + |v_2| + \cdots + |v_d|$$
$$\|\boldsymbol{v}\| = \sqrt{v_1^2 + v_2^2 + \cdots + v_d^2}$$

ここで$|x|$はxの絶対値を表しています。特にことわりなくベクトルのノルムというときにはL2ノルムを指すこととします。また、ベクトルの大きさ(長さ)というときもL2ノルムを意味します。後述しますがL2ノルムは、空間上でベクトルを矢印で表現したときの矢印の長さに対応するので、ベクトルの大きさとして自然な意味を持ちます。

ベクトルのスカラー倍のノルムについては次が成り立ちます。

$$|k\boldsymbol{v}|_1 = |k||\boldsymbol{v}|_1$$
$$\|k\boldsymbol{v}\| = |k|\|\boldsymbol{v}\|$$

これは次のように実際に計算してみると確認できます。

$$\begin{aligned} |k\boldsymbol{v}|_1 &= |kv_1| + |kv_2| + \cdots + |kv_d| \\ &= |k||v_1| + |k||v_2| + \cdots + |k||v_d| \\ &= |k|(|v_1| + |v_2| + \cdots + |v_d|) \\ &= |k||v|_1 \end{aligned}$$

$$\begin{aligned} \|k\boldsymbol{v}\| &= \sqrt{(kv_1)^2 + (kv_2)^2 + \cdots + (kv_d)^2} \\ &= \sqrt{k^2v_1^2 + k^2v_2^3 + \cdots + k^2v_d^2} \\ &= \sqrt{k^2(v_1^2 + v_2^2 + \cdots + v_d^2)} \\ &= |k|\sqrt{v_1^2 + v_2^2 + \cdots + v_d^2} \end{aligned}$$

大きさが1であるベクトルを**単位ベクトル**と呼びます。ゼロベクトルではない任意のベクトル$\boldsymbol{v}$に対し、$\boldsymbol{v}$に平行である単位ベクトルを考えることができます。

例 題

1 次のような3つのベクトルについて

$$\boldsymbol{u} = \begin{pmatrix} 1 \\ 2 \\ -2 \end{pmatrix} \quad \boldsymbol{v} = \begin{pmatrix} 3 \\ 5 \\ 7 \end{pmatrix} \quad \boldsymbol{w} = \begin{pmatrix} 1 \\ -1 \\ 2 \end{pmatrix}$$

以下を求めよ。

a $\boldsymbol{u} + \boldsymbol{v}$

b $\boldsymbol{u} - \boldsymbol{v}$

c $3\boldsymbol{u}$

d $2\boldsymbol{v} + 3\boldsymbol{w}$

e $|\boldsymbol{u}|_1$

f $\|\boldsymbol{u}\|$

解 答

1 a

$$\boldsymbol{u} + \boldsymbol{v} = \begin{pmatrix} 1+3 \\ 2+5 \\ -2+7 \end{pmatrix} = \begin{pmatrix} 4 \\ 7 \\ 5 \end{pmatrix}$$

b

$$\boldsymbol{u} - \boldsymbol{v} = \begin{pmatrix} 1-3 \\ 2-5 \\ -2-7 \end{pmatrix} = \begin{pmatrix} -2 \\ -3 \\ -9 \end{pmatrix}$$

c

$$3\boldsymbol{u} = \begin{pmatrix} 3 \times 1 \\ 3 \times 2 \\ 3 \times (-2) \end{pmatrix} = \begin{pmatrix} 3 \\ 6 \\ -6 \end{pmatrix}$$

d

$$2\boldsymbol{v} + 3\boldsymbol{w} = \begin{pmatrix} 2 \times 3 + 3 \times 1 \\ 2 \times 5 + 3 \times (-1) \\ 2 \times 7 + 3 \times 2 \end{pmatrix} = \begin{pmatrix} 9 \\ 7 \\ 20 \end{pmatrix}$$

e $|u|_1 = |1| + |2| + |-2| = 5$

f $\|u\| = \sqrt{1^2 + 2^2 + (-2)^2} = 3$

ベクトルの内積

次にベクトルの内積を定義します。ベクトル$\boldsymbol{u} = (u_1, \ldots, u_d)^T$、$\boldsymbol{v} = (v_1, \ldots, v_d)^T$の**内積**$\boldsymbol{u}^T\boldsymbol{v}$は次のように要素ごとの積の和として定義されます。

$$\boldsymbol{u}^T\boldsymbol{v} = u_1v_1 + u_2v_2 + \cdots + u_dv_d$$

ここで、内積は(ベクトルではなく)スカラーとして定義されることに注意してください。内積の表記は、本書では$\boldsymbol{u}^T\boldsymbol{v}$という形式を使いますが、書籍によっては$\boldsymbol{u}\cdot\boldsymbol{v}$や$(\boldsymbol{u},\boldsymbol{v})$などの表記もあります。$\boldsymbol{u}^T\boldsymbol{v}$の^{T}は、ベクトルを横長に書くときにも使われたので不思議に思うかもしれませんが、これが何を意味するかは後で説明します。

内積には次の性質があります。

$$\begin{aligned}
\boldsymbol{0}^T\boldsymbol{u} &= 0 \\
\boldsymbol{u}^T\boldsymbol{v} &= \boldsymbol{v}^T\boldsymbol{u} \\
(\boldsymbol{u}+\boldsymbol{v})^T\boldsymbol{w} &= \boldsymbol{u}^T\boldsymbol{w} + \boldsymbol{v}^T\boldsymbol{w} \\
(k\boldsymbol{u})^T\boldsymbol{v} &= k(\boldsymbol{u}^T\boldsymbol{v}) \\
\boldsymbol{v}^T\boldsymbol{v} &= \|\boldsymbol{v}\|^2
\end{aligned}$$

証明はそれぞれ成分を書いて計算すれば容易ですので、省略します。

例題

1 $\boldsymbol{u} = (1, 3, 5)^T$、$\boldsymbol{v} = (2, -1, 1)^T$のとき、$\boldsymbol{u}^T\boldsymbol{v}$を求めよ。

2 $\boldsymbol{u}, \boldsymbol{v} \in \mathbb{R}^d$について、次の式が成り立つことを証明せよ。

$$\|\boldsymbol{u}+\boldsymbol{v}\|^2 + \|\boldsymbol{u}-\boldsymbol{v}\|^2 = 2(\|\boldsymbol{u}\|^2 + \|\boldsymbol{v}\|^2)$$

解答

1 $\boldsymbol{u}^T\boldsymbol{v} = 1 \times 2 + 3 \times (-1) + 5 \times 1 = 4$

2 $$\begin{aligned}\|\boldsymbol{u}+\boldsymbol{v}\|^2+\|\boldsymbol{u}-\boldsymbol{v}\|^2 &= (\boldsymbol{u}+\boldsymbol{v})^T(\boldsymbol{u}+\boldsymbol{v})+(\boldsymbol{u}-\boldsymbol{v})^T(\boldsymbol{u}-\boldsymbol{v})\\ &= \{\boldsymbol{u}^T(\boldsymbol{u}+\boldsymbol{v})+\boldsymbol{v}^T(\boldsymbol{u}+\boldsymbol{v})\}+\{\boldsymbol{u}^T(\boldsymbol{u}-\boldsymbol{v})-\boldsymbol{v}^T(\boldsymbol{u}-\boldsymbol{v})\}\\ &= (\boldsymbol{u}^T\boldsymbol{u}+\boldsymbol{u}^T\boldsymbol{v}+\boldsymbol{v}^T\boldsymbol{u}+\boldsymbol{v}^T\boldsymbol{v})+(\boldsymbol{u}^T\boldsymbol{u}-\boldsymbol{u}^T\boldsymbol{v}-\boldsymbol{v}^T\boldsymbol{u}+\boldsymbol{v}^T\boldsymbol{v})\\ &= (\boldsymbol{u}^T\boldsymbol{u}+2\boldsymbol{u}^T\boldsymbol{v}+\boldsymbol{v}^T\boldsymbol{v})+(\boldsymbol{u}^T\boldsymbol{u}-2\boldsymbol{u}^T\boldsymbol{v}+\boldsymbol{v}^T\boldsymbol{v})\\ &= 2\boldsymbol{u}^T\boldsymbol{u}+2\boldsymbol{v}^T\boldsymbol{v}\\ &= 2(\|\boldsymbol{u}\|^2+\|\boldsymbol{v}\|^2)\end{aligned}$$

よって示された。

ベクトルの幾何的イメージ

ベクトルが2次元または3次元のときは、幾何的に可視化することができます。特に2次元の場合について考えると、ベクトル$\boldsymbol{a}=(a_1,a_2)^T$は始点が原点$(0,0)$にあり終点が点$(a_1,a_2)$にある矢印と同一視できます。同様に3次元の場合ベクトル$\boldsymbol{b}=(b_1,b_2,b_3)^T$は元が原点$(0,0,0)$にあり先が点$(b_1,b_2,b_3)$にある矢印と同一視できます。このことから「数字を並べたもの」であったベクトルに幾何的なイメージを持つことができます。

例えば次の図は2次元のベクトルを座標で表現したものです。始点が異なっても、同じ方向を向き同じ長さのベクトルは同じものとみなすこととしますので、$\boldsymbol{a}$、$\boldsymbol{b}$、$\boldsymbol{c}$は同じベクトルです。

Fig03-03 ベクトルのイメージ（2次元）

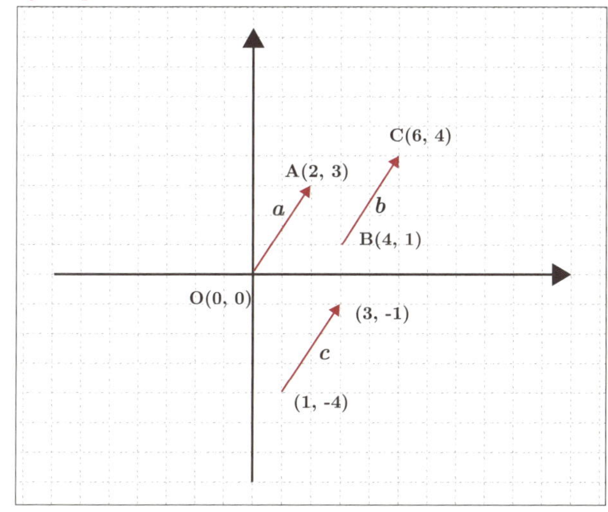

始点がOで終点がAであるようなベクトルを始点と終点の上に矢印を書いて$\overrightarrow{\mathrm{OA}}$のように書きます。つまり**Fig03-03**では$\boldsymbol{a}=\overrightarrow{\mathrm{OA}}$、$\boldsymbol{b}=\overrightarrow{\mathrm{BC}}$であり、$\boldsymbol{a}=\boldsymbol{b}$であったので$\overrightarrow{\mathrm{OA}}=\overrightarrow{\mathrm{BC}}$になります。

特に$\boldsymbol{a}$は始点が原点にあるので、終点の座標によりこのベクトルを表現できます。つまり次の式が成り立ちます。

$$\boldsymbol{a}=\boldsymbol{b}=\boldsymbol{c}=\begin{pmatrix}2\\3\end{pmatrix}$$

このようにベクトルの始点はどこであってもかまわないのですが、特に始点が原点Oにあり終点がAにあるようなベクトルを、点Aの**位置ベクトル**と呼ぶこととします。つまり空間上の点とベクトルが対応付けられました。このときの終点の座標と位置ベクトルは特に区別しないで書くことがあります。例えば「点$\boldsymbol{a}$」といった場合には、「$\overrightarrow{\mathrm{OA}}=\boldsymbol{a}$となる点A」という意味です。

ベクトルの大きさ(L2ノルム)は矢印の長さに対応します。

Fig03-04 ベクトルの大きさ

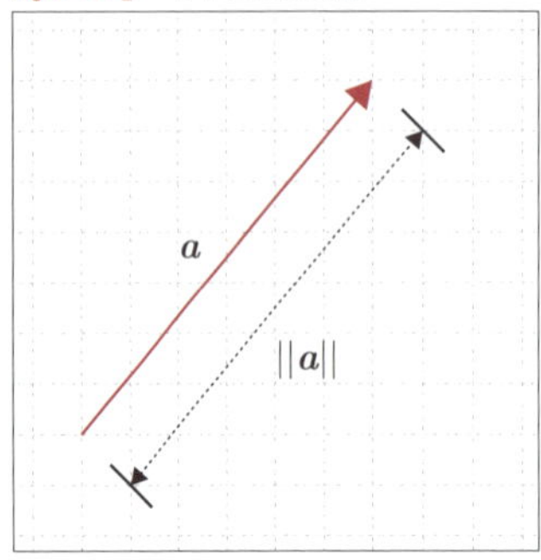

ベクトルのマイナスを取ることは同じ大きさで反対向きの矢印を考えることに対応します(**Fig03-05**(左))。つまり$-\overrightarrow{\mathrm{OA}}=\overrightarrow{\mathrm{AO}}$です。

また、k倍することは矢印の長さをk倍することを意味します。特に$k>0$のときは同じ方向に矢印の長さをk倍することを意味し、$k<0$のときは矢印を逆向きにして長さを$-k$倍することを意味します(**Fig03-05**(右))。ここで$\boldsymbol{a}$と$k\boldsymbol{a}$が平行であると定義した理由がわかると思います。

Fig03-05 負のベクトルとベクトルのスカラー倍

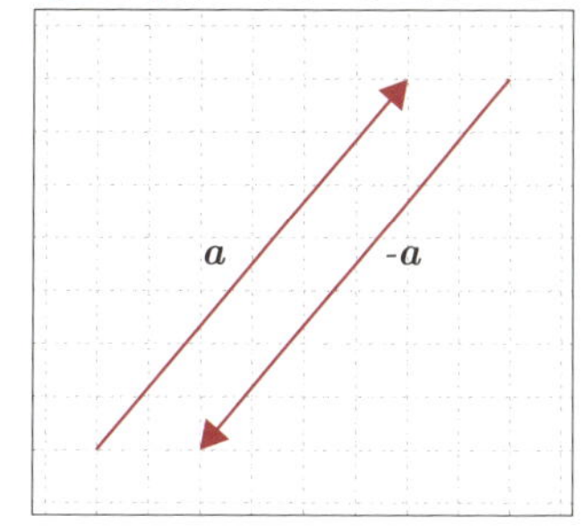

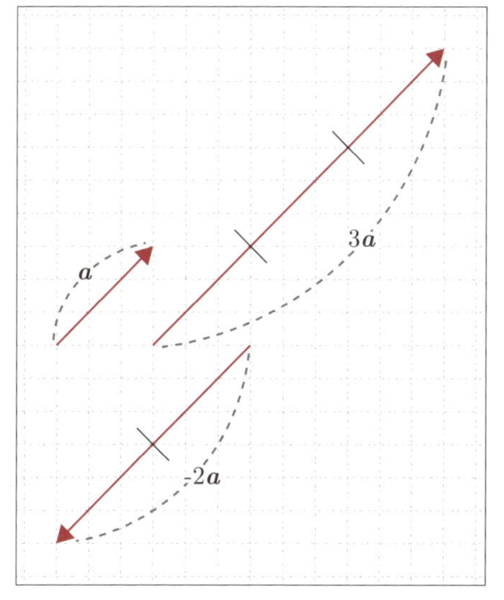

ベクトルの足し算$\boldsymbol{a}+\boldsymbol{b}$は**Fig03-06**（左）のように$\boldsymbol{a}$の終点に$\boldsymbol{b}$の始点をつなげたときの、$\boldsymbol{a}$の始点から$\boldsymbol{b}$の終点へのベクトルに対応します。また、**Fig03-06**（右）にあるように、$\boldsymbol{a}+\boldsymbol{b}$は$\boldsymbol{a}$と$\boldsymbol{b}$で構成される平行四辺形の対角線に対応する矢印と考えることもできます。平行四辺形の性質により両者は同じものになります。

Fig03-06 ベクトルの足し算

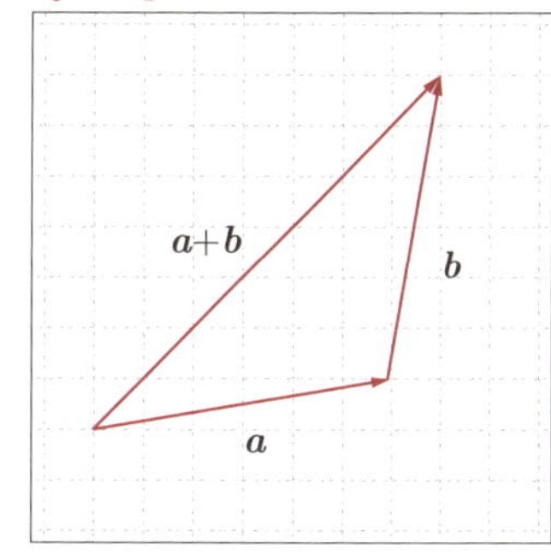

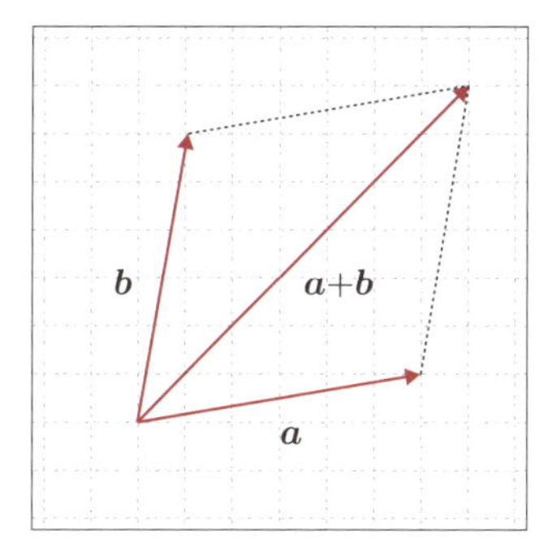

ベクトルの引き算$\boldsymbol{a}-\boldsymbol{b}$は、$\boldsymbol{a}$と$\boldsymbol{b}$の始点が同一であるという前提のもと、$\boldsymbol{b}$の終点から$\boldsymbol{a}$の終点へのベクトルに対応します。つまり$\boldsymbol{a}=\overrightarrow{\mathrm{OA}}$、$\boldsymbol{b}=\overrightarrow{\mathrm{OB}}$だとすると$\boldsymbol{a}-\boldsymbol{b}=\overrightarrow{\mathrm{BA}}$となります。

Fig03-07 ベクトルの引き算

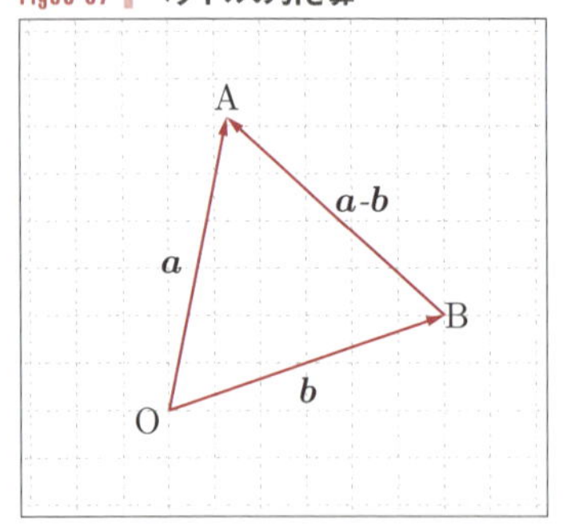

以上のことを使うと直線をパラメータ表示することができます。Fig03-08のように直線lが与えられているとして、その直線の通過点に対応する位置ベクトル$\boldsymbol{x}_0 = \overrightarrow{\mathrm{OP}_0}$と、直線の方向を表すベクトル$\boldsymbol{a}$が与えられているとします。この直線上の点を$P$とすると$\overrightarrow{\mathrm{P}_0\mathrm{P}}$は$\boldsymbol{a}$に平行になるので、$\overrightarrow{\mathrm{P}_0\mathrm{P}} = t\boldsymbol{a}$と表されます。

Fig03-08 直線のパラメータ表示

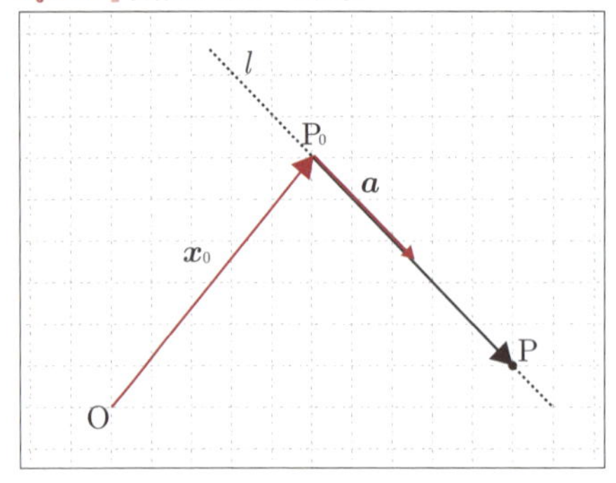

$$\overrightarrow{\mathrm{OP}} = \overrightarrow{\mathrm{OP}_0} + \overrightarrow{\mathrm{P}_0\mathrm{P}} = \boldsymbol{x}_0 + t\boldsymbol{a}$$

なので、Pの位置ベクトルを$\boldsymbol{x}$とすると次が成り立ちます。

$$\boldsymbol{x} = \boldsymbol{x}_0 + t\boldsymbol{a}$$

tがすべての実数値を取って変わるとき、このような$\boldsymbol{x}$に対応する点は与えられた直線l上すべての点を通ることがわかります。このように直線上の点の位置ベクトルをパラメータtを使って表現したものを、直線の**パラメータ表示**（**媒介変数表示**）と呼びます。そして$\boldsymbol{a}$をこの直線の**方向ベクトル**と呼びます。

Fig03-09 ベクトルの内積

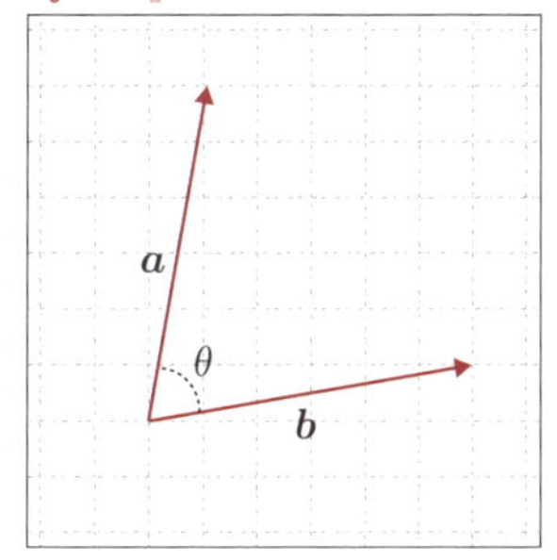

Fig03-09のようにベクトル$\boldsymbol{a}$、$\boldsymbol{b}$のなす角をθとすると、ベクトルの内積は次で表されることが知られています。

$$\boldsymbol{a}^T\boldsymbol{b} = \|\boldsymbol{a}\|\|\boldsymbol{b}\|\cos\theta \qquad \text{式03-01}$$

cosの意味を知らない人は、$\|\boldsymbol{a}\|\cos\theta$は$\boldsymbol{a}$の$\boldsymbol{b}$への射影の長さだと思ってください。ここでいう$\boldsymbol{a}$から$\boldsymbol{b}$への**射影**とは、次の図で説明されます。

Fig03-10 射影

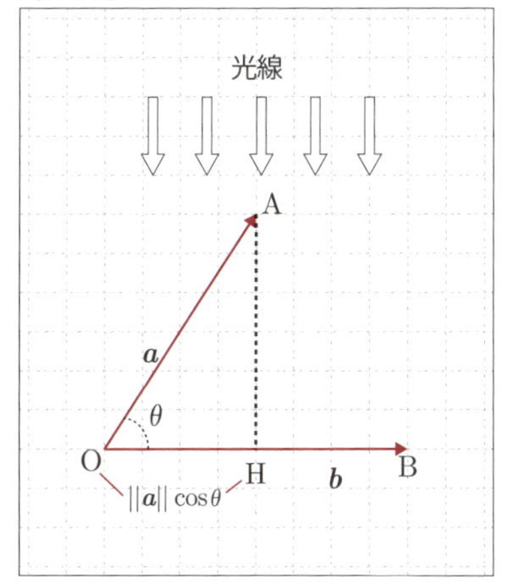

つまり、$\boldsymbol{a} = \overrightarrow{OA}$、$\boldsymbol{b} = \overrightarrow{OB}$としたときに、Aを通りOBに垂直な直線を考えその直線とOBをHとしたときに、$\overrightarrow{OH}$のことを射影といいます。OBに垂直な光線を考えたときのベクトル$\boldsymbol{a}$の影だと思うと、「射影」という雰囲気がつかめるかと思います。

ここでは$\theta < 90^\circ$のときの図を示していますが、$90^\circ < \theta \leq 180^\circ$のときは$\cos\theta < 0$となるので内積は負になります。**式03-01**によれば、このOHの長さと$\|\boldsymbol{b}\|$

の積が内積$\boldsymbol{a}^T\boldsymbol{b}$となります。この計算には対称性があり、逆に$\boldsymbol{b}$の$\boldsymbol{a}$への射影を考えて、その長さと$\|\boldsymbol{a}\|$の積も同じく$\boldsymbol{a}^T\boldsymbol{b}$になります。

特に内積が0になるというのは、射影がゼロベクトルになることに対応しているので、それはつまり$\boldsymbol{a}$と$\boldsymbol{b}$が垂直である場合です。

Fig03-11 内積が0の場合

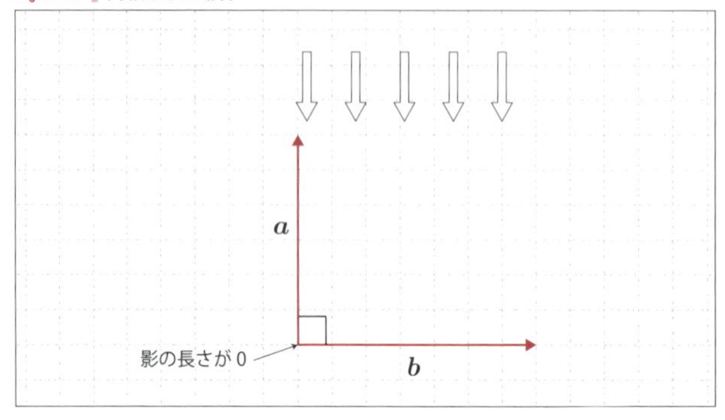

ここで内積を利用して$\boldsymbol{a}$から$\boldsymbol{b}$への射影のベクトルを求めてみます。OHの長さは$\|\boldsymbol{a}\|\cos\theta$なので、$\overrightarrow{\mathrm{OH}}$を得るには、$\boldsymbol{b}$と同じ向きの単位ベクトル$\boldsymbol{b}/\|\boldsymbol{b}\|$を考え、その長さを掛ければよいことになります。つまり次のようになります。

$$
\begin{aligned}
\overrightarrow{\mathrm{OH}} &= \|\boldsymbol{a}\|\cos\theta \times \frac{\boldsymbol{b}}{\|\boldsymbol{b}\|} \\
&= \|\boldsymbol{a}\|\frac{\boldsymbol{a}^T\boldsymbol{b}}{\|\boldsymbol{a}\|\|\boldsymbol{b}\|} \times \frac{\boldsymbol{b}}{\|\boldsymbol{b}\|} \\
&= \frac{\boldsymbol{a}^T\boldsymbol{b}}{\|\boldsymbol{b}\|^2}\boldsymbol{b}
\end{aligned}
\qquad \text{式03-02}
$$

これが$\boldsymbol{a}$から$\boldsymbol{b}$への射影を表す式です。

次に3次元空間上の平面の方程式を導入し、与えられた点からその平面への距離を計算してみます。まずは原点を通る平面を考えます。原点を通る平面は次の式で表わされます。

$$
\boldsymbol{a}^T\boldsymbol{x} = 0
$$

ここで$\boldsymbol{a}$は固定されたベクトルであり、$\boldsymbol{x}$がこの式を満たしながら動くということを意味しています。これは$\boldsymbol{a}$と$\boldsymbol{x}$が垂直であるということなので、固定されたベクトル$\boldsymbol{a}$

についてそれと垂直であるように$\boldsymbol{x}$が動くということであり、つまり$\boldsymbol{x}$に対応する点は原点を通るある平面上を動くことになります(**Fig03-12**(左))。この$\boldsymbol{x}$が動く平面と$\boldsymbol{a}$は垂直の関係になります。この$\boldsymbol{a}$をこの平面の法線ベクトルと呼びます。つまり与えられた平面に垂直なベクトルを法線ベクトルと呼びます。法線ベクトルはスカラー倍してもまた法線ベクトルの条件を満たすので、与えられた平面に対して法線ベクトルは無限に考えられます(ただしゼロベクトルになっては困るので0倍は除外して考えます)。

Fig03-12 3次元空間での距離

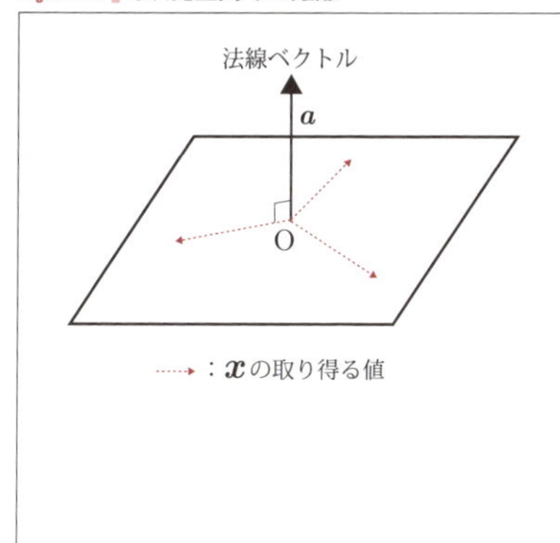

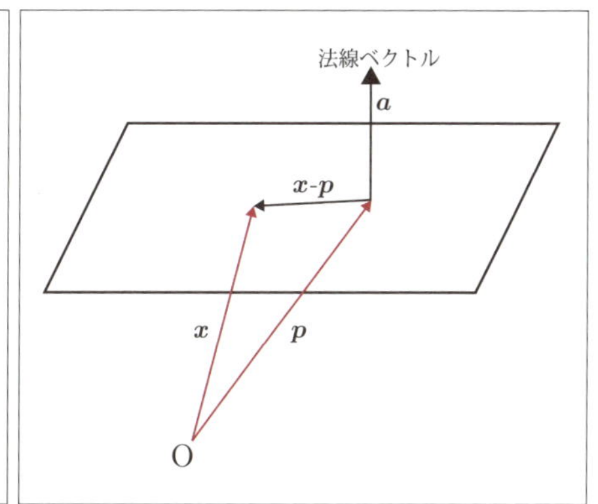

次に原点を通らない平面について同じように式で表してみます。ある平面が与えられたとして、その法線ベクトルを$\boldsymbol{a}$、その平面上のある点の位置ベクトルを$\boldsymbol{p}$とします。そのとき平面上の点の位置ベクトルをxとすると、**Fig03-12**(右)からわかるように$\boldsymbol{x}-\boldsymbol{p}$は$\boldsymbol{a}$に垂直になります。つまり、点$\boldsymbol{p}$を通り法線$\boldsymbol{a}$である平面の式は次で与えられます。

$$\boldsymbol{a}^T(\boldsymbol{x}-\boldsymbol{p})=0$$

特に$-\boldsymbol{a}^T\boldsymbol{p}=b$とおくと、一般に平面の式は次の式で表されることがわかります。

$$\boldsymbol{a}^T\boldsymbol{x}+b=0$$

次に点と平面の距離を計算するための公式を導出してみます。点$\boldsymbol{q}$から平面P:$\boldsymbol{a}^T\boldsymbol{x}+b=0$への距離を計算してみましょう。平面Pと$\boldsymbol{q}$の距離を考えるには、$\boldsymbol{q}$を通り平面Pに垂直な直線を考え、その垂線と平面Pの交点から$\boldsymbol{q}$への距離を考えます(**Fig03-13**)。

Fig03-13 点と平面の距離

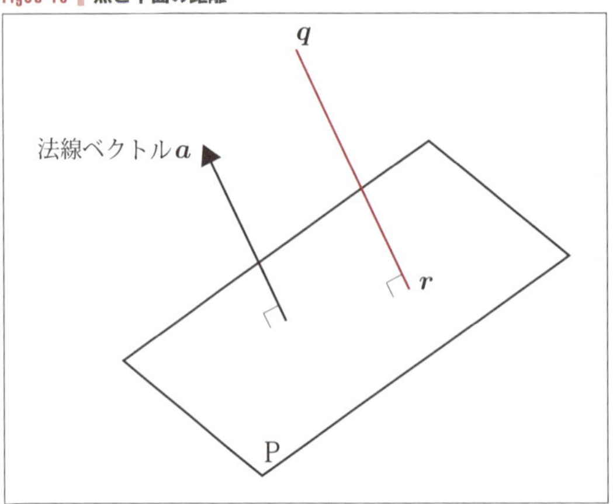

平面P上の点$\boldsymbol{r}$を考え、$\boldsymbol{q}$と$\boldsymbol{r}$の距離$\|\boldsymbol{q}-\boldsymbol{r}\|$が平面Pと$\boldsymbol{q}$の距離に一致するのは、$\boldsymbol{r}-\boldsymbol{q}$がこの平面Pに垂直なときです。そのとき$\boldsymbol{r}-\boldsymbol{q}$は法線ベクトル$\boldsymbol{a}$と平行になるので、$\boldsymbol{r}-\boldsymbol{q}=k\boldsymbol{a}$とおけます。つまり

$$\boldsymbol{r}=k\boldsymbol{a}+\boldsymbol{q}$$

と表せます。この$\boldsymbol{r}$が平面P上の点であることより、

$$\boldsymbol{a}^T(k\boldsymbol{a}+\boldsymbol{q})+b=0$$

となります。これをkについて解くと次のようになります。

$$k=-\frac{\boldsymbol{a}^T\boldsymbol{q}+b}{\|\boldsymbol{a}\|^2}$$

このときの平面Pと点$\boldsymbol{q}$の距離は次で計算されます。

$$\begin{aligned}\|\boldsymbol{r}-\boldsymbol{q}\| &= \|k\boldsymbol{a}\| \\ &= |k|\|\boldsymbol{a}\| \\ &= \left|-\frac{\boldsymbol{a}^T\boldsymbol{q}+b}{\|\boldsymbol{a}\|^2}\right| \times \|\boldsymbol{a}\| \\ &= \frac{|\boldsymbol{a}^T\boldsymbol{q}+b|}{\|\boldsymbol{a}\|}\end{aligned}$$

これで点と平面の距離の公式が得られました。

ここまでの説明では幾何的な感覚をつかみやすくするため、2次元や3次元のケースを考えてきました。しかし、ここで示された事実のいくつかは一般の次元で成り立つものです。例えば、一般のd次元空間でも直線というものを考えることができ、ベクトルへの射影も考えることができます。3次元の平面の式は、一般次元では超平面というものの式に対応します。超平面とはd次元空間内での$d-1$次元の部分空間のことで、$\boldsymbol{a}^T\boldsymbol{x}+b=0$で表されます。

以上のことを踏まえて、改めて一般のd次元空間で成り立つことを以下にまとめます。

- d次元空間上の直線は、パラメータtを使って$\boldsymbol{x}=\boldsymbol{x}_0+t\boldsymbol{a}$で表される。
- d次元空間上のベクトル$\boldsymbol{a},\boldsymbol{b}$が与えられたときに、$\boldsymbol{a}$から$\boldsymbol{b}$の射影は$\frac{\boldsymbol{a}^T\boldsymbol{b}}{\|\boldsymbol{b}\|^2}\boldsymbol{b}$で表される。
- d次元空間上の超平面は$\boldsymbol{a}^T\boldsymbol{x}+b=0$で表される。
- d次元空間上の点$\boldsymbol{q}$から超平面$\boldsymbol{a}^T\boldsymbol{x}+b=0$への距離は$\frac{|\boldsymbol{a}^T\boldsymbol{q}+b|}{\|\boldsymbol{a}\|}$である。

このように、一般の次元で成り立つことを2次元や3次元で考えて可視化してわかりやすくするということは、これ以降もよく行います。

例題

1 $x\,y$平面上の次の直線についてパラメータ表示をそれぞれ求めよ。

a $y=3x+1$

b $x=2$

2 $\boldsymbol{a}=(2,3)^T$、$\boldsymbol{b}=(3,-1)^T$のとき、$\boldsymbol{a}$の$\boldsymbol{b}$への射影を求めよ。

3 座標平面上でOを原点とし、OABが三角形をなすとき、三角形OABの面積をA、Bの位置ベクトル$\boldsymbol{a}$、$\boldsymbol{b}$で表わせ。

解答

1 a この直線上の点$(0,1)$、$(1,4)$を考える（これ以外でもよくて、直線上の2点を考えればよい）。方向ベクトルは

$$\begin{pmatrix}1\\4\end{pmatrix}-\begin{pmatrix}0\\1\end{pmatrix}=\begin{pmatrix}1\\3\end{pmatrix}$$

であるので、この直線は次のように表わされる。

$$\boldsymbol{x}=\begin{pmatrix}0\\1\end{pmatrix}+t\begin{pmatrix}1\\3\end{pmatrix}$$

b 点$(2,0)$と$(2,1)$を通るので、a)と同じように考えて次を得る。

$$\boldsymbol{x}=\begin{pmatrix}2\\0\end{pmatrix}+t\begin{pmatrix}0\\1\end{pmatrix}$$

2 **式03-02**を使って計算する。

$$\begin{aligned}\frac{\boldsymbol{a}^T\boldsymbol{b}}{\|\boldsymbol{b}\|^2}\boldsymbol{b}&=\frac{2\times 3+3\times(-1)}{3^2+(-1)^2}\begin{pmatrix}3\\-1\end{pmatrix}\\&=\begin{pmatrix}\frac{9}{10}\\-\frac{3}{10}\end{pmatrix}\end{aligned}$$

3 **Fig03-10**で$\frac{1}{2}\mathrm{OB}\times\mathrm{AH}$を計算すればいい。

$$\begin{aligned}\left\|\overrightarrow{\mathrm{AH}}\right\|^2&=\left\|\overrightarrow{\mathrm{OA}}-\overrightarrow{\mathrm{OH}}\right\|^2\\&=\left\|\boldsymbol{a}-\frac{\boldsymbol{a}^T\boldsymbol{b}}{\|\boldsymbol{b}\|^2}\boldsymbol{b}\right\|^2\\&=\|\boldsymbol{a}\|^2-2\cdot\frac{\boldsymbol{a}^T\boldsymbol{b}}{\|\boldsymbol{b}\|^2}\cdot\boldsymbol{a}^T\boldsymbol{b}+\left(\frac{\boldsymbol{a}^T\boldsymbol{b}}{\|\boldsymbol{b}\|^2}\right)^2\|\boldsymbol{b}\|^2\\&=\|\boldsymbol{a}\|^2-\frac{\left(\boldsymbol{a}^T\boldsymbol{b}\right)^2}{\|\boldsymbol{b}\|^2}\end{aligned}$$

$\mathrm{OB}=\|\boldsymbol{b}\|$だから三角形OABの面積は次のようになる。

$$\frac{1}{2}\times\|\boldsymbol{b}\|\times\sqrt{\|\boldsymbol{a}\|^2-\frac{\left(\boldsymbol{a}^T\boldsymbol{b}\right)^2}{\|\boldsymbol{b}\|^2}}=\frac{1}{2}\sqrt{\|\boldsymbol{a}\|^2\|\boldsymbol{b}\|^2-\left(\boldsymbol{a}^T\boldsymbol{b}\right)^2}$$

行列の基本

例えば次のように、縦横に数を並べたものを**行列**と呼びます。

$$\boldsymbol{X} = \begin{pmatrix} 1 & 2 \\ 3 & 4 \\ 5 & 6 \end{pmatrix}$$

ベクトルと同様に、並べられたそれぞれの数を**成分**と呼び、本書では成分が実数であるもののみを扱います。成分が実数である行列を**実行列**と呼びます。一般化には、行列は次のように表されます。

$$\boldsymbol{A} = \begin{pmatrix} a_{11} & a_{12} & \cdots & a_{1n} \\ a_{21} & a_{22} & \cdots & a_{2n} \\ \vdots & \vdots & \ddots & \vdots \\ a_{m1} & a_{m2} & \cdots & a_{mn} \end{pmatrix}$$

つまりこれは縦にm個、横にn個の数を並べたものです。ベクトルと同様に、本書では区別のため行列も太文字で表すこととします。書籍によってはAなど通常の文字を使うこともあります。

行列の横の並びを**行**と呼び、縦の並びを**列**と呼びます。行は上から順に1行目、2行目と呼び、列は左から順に1列目、2列目と呼びます。例えば行列$\boldsymbol{X}$の1行目は

$$\begin{pmatrix} 1 & 2 \end{pmatrix}$$

であり、$\boldsymbol{A}$の2列目は

$$\begin{pmatrix} 2 \\ 4 \\ 6 \end{pmatrix}$$

になります。

行列の成分は、次のように0である場合は省略して書くことがあります。

$$\begin{pmatrix} 1 & & \\ 2 & 3 & \\ & & 4 \end{pmatrix} = \begin{pmatrix} 1 & 0 & 0 \\ 2 & 3 & 0 \\ 0 & 0 & 4 \end{pmatrix}$$

行列に含まれる行の数を**行数**といい、列の数を**列数**と呼びます。$\boldsymbol{X}$の行数は3で、列数は2です。$\boldsymbol{A}$の行数はmで列数はnです。行数mで列数nであるような行列は、m行n列行列と呼ばれます。または$m \times n$行列と呼ばれることもあります。$\boldsymbol{X}$は3行2列行列であり、3×2行列です。

また、与えられた行列に対して、行数と列数の組みを行列の**サイズ**（または**型**）と呼ぶことにします。例えば、$\boldsymbol{X}$のサイズは$m \times n$であるといったり、(m, n)であるといったりします。

行列のi行目かつj列目にあたる成分を(i, j)成分と呼びます。例えば$\boldsymbol{X}$の$(1, 2)$成分は2、$\boldsymbol{A}$の(i, j)成分はa_{ij}です。また、例えばa_{21}は21番目を意味するわけではなく、$(2, 1)$成分を意味するので$a_{2,1}$と添字にカンマを入れるべきかもしれませんが、特に混乱がない場合はこういう表記をします。

行列の演算

行列の和、差、スカラー倍などは、ベクトルのときと同様に、成分ごとの演算により定義されます。つまり$\boldsymbol{A}$が上記で与えられ、$\boldsymbol{B}$が

$$\boldsymbol{B} = \begin{pmatrix} b_{11} & b_{12} & \cdots & b_{1n} \\ b_{21} & b_{22} & \cdots & b_{2n} \\ \vdots & \vdots & \ddots & \vdots \\ b_{m1} & b_{m2} & \cdots & b_{mn} \end{pmatrix}$$

で与えられるとき次で定義されます。

$$\boldsymbol{A}+\boldsymbol{B}=\begin{pmatrix} a_{11}+b_{11} & a_{12}+b_{12} & \cdots & a_{1n}+b_{1n} \\ a_{21}+b_{21} & a_{22}+b_{22} & \cdots & a_{2n}+b_{2n} \\ \vdots & \vdots & \ddots & \vdots \\ a_{m1}+b_{m1} & a_{m2}+b_{m2} & \cdots & a_{mn}+b_{mn} \end{pmatrix}$$

$$k\boldsymbol{A}=\begin{pmatrix} ka_{11} & ka_{12} & \cdots & ka_{1n} \\ ka_{21} & ka_{22} & \cdots & ka_{2n} \\ \vdots & \vdots & \ddots & \vdots \\ ka_{m1} & ka_{m2} & \cdots & ka_{mn} \end{pmatrix}$$

$$-\boldsymbol{A}=\begin{pmatrix} -a_{11} & -a_{12} & \cdots & -a_{1n} \\ -a_{21} & -a_{22} & \cdots & -a_{2n} \\ \vdots & \vdots & \ddots & \vdots \\ -a_{m1} & -a_{m2} & \cdots & -a_{mn} \end{pmatrix}$$

$$\boldsymbol{A}-\boldsymbol{B}=\boldsymbol{A}+(-\boldsymbol{B})=\begin{pmatrix} a_{11}-b_{11} & a_{12}-b_{12} & \cdots & a_{1n}-b_{1n} \\ a_{21}-b_{21} & a_{22}-b_{22} & \cdots & a_{2n}-b_{2n} \\ \vdots & \vdots & \ddots & \vdots \\ a_{m1}-b_{m1} & a_{m2}-b_{m2} & \cdots & a_{mn}-b_{mn} \end{pmatrix}$$

この定義からわかるように、行列の和・差が定義されるのは、2つの行列のサイズが一致するときのみです。

次に行列とベクトルの積を定義します。

$$\boldsymbol{A}=\begin{pmatrix} a_{11} & a_{12} & \cdots & a_{1n} \\ a_{21} & a_{22} & \cdots & a_{2n} \\ \vdots & \vdots & \ddots & \vdots \\ a_{m1} & a_{m2} & \cdots & a_{mn} \end{pmatrix}, \quad \boldsymbol{v}=\begin{pmatrix} v_1 \\ v_2 \\ \vdots \\ v_n \end{pmatrix}$$

のとき、これらの積は次のように定義されます。

$$\boldsymbol{A}\boldsymbol{v}=\begin{pmatrix} a_{11}v_1+a_{12}v_2+\cdots+a_{1n}v_n \\ a_{21}v_1+a_{22}v_2+\cdots+a_{2n}v_n \\ \vdots \\ a_{m1}v_1+a_{m2}v_2+\cdots+a_{mn}v_n \end{pmatrix}$$

これはつまり、$\boldsymbol{A}$の各行をベクトルとみなし、それらのベクトルと$\boldsymbol{v}$の内積を並べたものになります。また、この定義からわかるように、積が定義されるのは行列の行数とベクトルの次元が一致する場合のみです。

行列の積の応用例として典型的なのは連立方程式の表記の簡略化です。例えば次のような連立方程式を考えます。

$$\begin{cases} 2x + y + 3z = 7 \\ x - y + z = 4 \\ x + 2y - z = -3 \end{cases}$$

これは行列を使うと次のように表記できます。

$$\begin{pmatrix} 2 & 1 & 3 \\ 1 & -1 & 1 \\ 1 & 2 & -1 \end{pmatrix} \begin{pmatrix} x \\ y \\ z \end{pmatrix} = \begin{pmatrix} 7 \\ 4 \\ -3 \end{pmatrix}$$

次に行列と行列の積を考えます。$\boldsymbol{A}$は上記で与えられたとして、$l \times n$行列$\boldsymbol{B}$が次で与えられたとします。

$$\boldsymbol{B} = \begin{pmatrix} b_{11} & b_{12} & \cdots & b_{1n} \\ b_{21} & b_{22} & \cdots & b_{2n} \\ \vdots & \vdots & \ddots & \vdots \\ b_{l1} & b_{l2} & \cdots & b_{ln} \end{pmatrix}$$

このとき、$\boldsymbol{B}$の各列をベクトルとみなして$\boldsymbol{b}_1, \boldsymbol{b}_2, \ldots, \boldsymbol{b}_n$とおきます。つまり、

$$\boldsymbol{b}_1 = \begin{pmatrix} b_{11} \\ b_{21} \\ \vdots \\ b_{l1} \end{pmatrix}, \ \boldsymbol{b}_2 = \begin{pmatrix} b_{12} \\ b_{22} \\ \vdots \\ b_{l2} \end{pmatrix}, \ldots, \boldsymbol{b}_n = \begin{pmatrix} b_{1n} \\ b_{2n} \\ \vdots \\ b_{ln} \end{pmatrix}$$

とします。このとき次のようにも書くこととします。

$$\boldsymbol{B} = (\boldsymbol{b}_1 \ \boldsymbol{b}_2 \ \cdots \ \boldsymbol{b}_n)$$

このとき$\boldsymbol{A}$と$\boldsymbol{B}$の積は、$\boldsymbol{A}\boldsymbol{b}_1, \boldsymbol{A}\boldsymbol{b}_2, \ldots, \boldsymbol{A}\boldsymbol{b}_n$を横に並べた行列に対応します。つまり次のように定義されます。

$$\boldsymbol{AB} = \begin{pmatrix} \boldsymbol{Ab}_1 & \boldsymbol{Ab}_2 & \cdots & \boldsymbol{Ab}_n \end{pmatrix} = \begin{pmatrix} \sum_{k=1}^{n} a_{1k}b_{k1} & \sum_{k=1}^{n} a_{1k}b_{k2} & \cdots & \sum_{k=1}^{n} a_{1k}b_{kl} \\ \sum_{k=1}^{n} a_{2k}b_{k1} & \sum_{k=1}^{n} a_{2k}b_{k2} & \cdots & \sum_{k=1}^{n} a_{2k}b_{kl} \\ \vdots & \vdots & \ddots & \vdots \\ \sum_{k=1}^{n} a_{mk}b_{k1} & \sum_{k=1}^{n} a_{mk}b_{k2} & \cdots & \sum_{k=1}^{n} a_{mk}b_{kl} \end{pmatrix}$$

これからわかるように行列積$\boldsymbol{AB}$が定義できるのは、$\boldsymbol{A}$の列数と$\boldsymbol{B}$の行数が等しいときだけです。また、$\boldsymbol{A}$が$m \times n$行列で$\boldsymbol{B}$が　　行列のとき$\boldsymbol{AB}$は$m \times l$行列になります。行列の掛け算を見たときは常に結果の行列のサイズがどうなるかを考えるようにする癖をつけた方が理解しやすいでしょう。

ここで、行列の積については交換法則$\boldsymbol{AB} = \boldsymbol{BA}$が成り立たないので注意してください。一般には計算結果が一致しないだけではなく$\boldsymbol{AB}$が定義されているのに$\boldsymbol{BA}$が定義されないことすらあります。

行列の積については次が知られています。ここで$\boldsymbol{A}$、$\boldsymbol{B}$、$\boldsymbol{C}$は行列で、kはスカラーです。

$$\begin{aligned} (k\boldsymbol{A})\boldsymbol{B} &= k(\boldsymbol{AB}) \\ (\boldsymbol{AB})\boldsymbol{C} &= \boldsymbol{A}(\boldsymbol{BC}) \quad \text{(結合法則)} \\ \boldsymbol{A}(\boldsymbol{B}+\boldsymbol{C}) &= \boldsymbol{AB} + \boldsymbol{AC} \\ (\boldsymbol{A}+\boldsymbol{B})\boldsymbol{C} &= \boldsymbol{AC} + \boldsymbol{BC} \quad \text{(分配法則)} \end{aligned}$$

全成分が0であるような行列を**ゼロ行列**と呼びます。サイズ$m \times n$であるようなゼロ行列は$\boldsymbol{O}_{m,n}$で表します。特にサイズを明記する必要がない場合は$\boldsymbol{O}$と書きます。$\boldsymbol{A}$が$m \times n$行列とすると、次が成り立ちます。

$$\begin{aligned} \boldsymbol{A} + \boldsymbol{O}_{m.n} = \boldsymbol{O}_{m,n} + \boldsymbol{A} &= \boldsymbol{A} \\ \boldsymbol{AO}_{n,l} &= \boldsymbol{O}_{m,l} \\ \boldsymbol{O}_{l,m}\boldsymbol{A} &= \boldsymbol{O}_{l,n} \end{aligned}$$

次に行列の転置というものを考えます。行列$\boldsymbol{A}$の**転置**とは、$\boldsymbol{A}$の行と列を入れ替えたもので$\boldsymbol{A}^T$と書きます。つまり次にようになります。

$$\boldsymbol{A}^T = \begin{pmatrix} a_{11} & a_{21} & \cdots & a_{n1} \\ a_{12} & a_{22} & \cdots & a_{n2} \\ \vdots & \vdots & \ddots & \vdots \\ a_{1m} & a_{2m} & \cdots & a_{nm} \end{pmatrix}$$

このことからわかるように、$m \times n$行列の転置は$n \times m$行列となります。

行列の転置については、次の式が成り立ちます。

$$(\boldsymbol{A}^T)^T = \boldsymbol{A}$$
$$(\boldsymbol{A}\boldsymbol{B})^T = \boldsymbol{B}^T\boldsymbol{A}^T$$

ベクトルは列数が1の特別な行列と考えることができます。ベクトルを$\boldsymbol{v} = (v_1, v_2, \ldots, v_d)^T$と表記することもあるという説明をしましたが、これは1行d列の行列を考えてその転置を取っているのでした。数値を縦に並べたもの($d \times 1$行列)も横に並べたもの($1 \times d$行列)も、一般にはベクトルと呼ぶことができて、それぞれ縦ベクトル(列ベクトル)、横ベクトル(行ベクトル)と呼ばれていますが、本書ではベクトルといえば縦ベクトルを指すものとします。

ベクトルの内積は$\boldsymbol{u}^T\boldsymbol{v}$と書きましたが、これも行列の転置と積を組み合わせたものと考えることができます。$\boldsymbol{u}$がd次ベクトルだとすると、これは$d \times 1$行列と見ることもできます。すると$\boldsymbol{u}^T$は転置で$1 \times d$行列となり、$d \times 1$行列$\boldsymbol{v}$との積を考えることができます。行列の定義によりその積は1×1行列となり、つまりそれはスカラー値と同一視できます。そして行列の積として考えたときの計算式も内積の定義と一致します。

ブロック化による演算の効率化

行列積の計算の工夫として、行列をブロックに区切って計算することがよくあります。例えば次のような行列が与えられたとします。

$$\boldsymbol{A} = \begin{pmatrix} 1 & 1 & 1 & 2 \\ & 1 & 1 & 1 \\ & & 1 & 1 \\ & & 1 & 1 \end{pmatrix}, \ \boldsymbol{B} = \begin{pmatrix} 2 & 1 & 1 & 1 \\ & 1 & 1 & 1 \\ & & 2 & 1 \\ & & & 1 \end{pmatrix}$$

ここで$\boldsymbol{A}\boldsymbol{B}$を計算したいとします。$\boldsymbol{A}, \boldsymbol{B}$を次のよう分割します。

$$\boldsymbol{A}=\left(\begin{array}{cc|cc}1&1&1&2\\&1&1&1\\\hline&&1&1\\&&1&1\end{array}\right)=\begin{pmatrix}\boldsymbol{A}_{11}&\boldsymbol{A}_{12}\\\boldsymbol{A}_{21}&\boldsymbol{A}_{22}\end{pmatrix},\ \boldsymbol{B}=\left(\begin{array}{cc|cc}2&1&1&1\\&1&1&1\\\hline&&2&1\\&&&1\end{array}\right)=\begin{pmatrix}\boldsymbol{B}_{11}&\boldsymbol{B}_{12}\\\boldsymbol{B}_{21}&\boldsymbol{B}_{22}\end{pmatrix},$$

これはつまり次のような2×2行列を考えるということです。

$$\boldsymbol{A}_{11}=\begin{pmatrix}1&1\\0&1\end{pmatrix},\ \boldsymbol{A}_{12}=\begin{pmatrix}1&2\\1&1\end{pmatrix},\ \boldsymbol{A}_{21}=\boldsymbol{O},\ \boldsymbol{A}_{22}=\begin{pmatrix}1&1\\1&1\end{pmatrix}$$
$$\boldsymbol{B}_{11}=\begin{pmatrix}2&1\\0&1\end{pmatrix},\ \boldsymbol{B}_{12}=\begin{pmatrix}1&1\\1&1\end{pmatrix},\ \boldsymbol{B}_{21}=\boldsymbol{O},\ \boldsymbol{B}_{22}=\begin{pmatrix}2&1\\0&1\end{pmatrix}$$

このとき次の式が成り立ちます。

$$\boldsymbol{AB}=\begin{pmatrix}\boldsymbol{A}_{11}\boldsymbol{B}_{11}+\boldsymbol{A}_{12}\boldsymbol{B}_{21}&\boldsymbol{A}_{11}\boldsymbol{B}_{12}+\boldsymbol{A}_{12}\boldsymbol{B}_{22}\\\boldsymbol{A}_{21}\boldsymbol{B}_{11}+\boldsymbol{A}_{22}\boldsymbol{B}_{21}&\boldsymbol{A}_{21}\boldsymbol{B}_{12}+\boldsymbol{A}_{22}\boldsymbol{B}_{22}\end{pmatrix}$$

つまりブロックごとに計算してそれらをつなげた行列に等しいということです。これを実際に計算すると、$\boldsymbol{A}_{21}=\boldsymbol{B}_{21}=\boldsymbol{O}$であることが生かせて、

$$\boldsymbol{AB}=\left(\begin{array}{c|c}\begin{pmatrix}1&1\\0&1\end{pmatrix}\begin{pmatrix}2&1\\0&1\end{pmatrix}&\begin{pmatrix}1&1\\0&1\end{pmatrix}\begin{pmatrix}1&1\\1&1\end{pmatrix}+\begin{pmatrix}1&2\\1&1\end{pmatrix}\begin{pmatrix}2&1\\0&1\end{pmatrix}\\\hline\boldsymbol{O}&\begin{pmatrix}1&1\\1&1\end{pmatrix}\begin{pmatrix}2&1\\0&1\end{pmatrix}\end{array}\right)$$
$$=\begin{pmatrix}2&2&4&5\\0&1&3&3\\0&0&2&2\\0&0&2&2\end{pmatrix}$$

となります。以上では2×2に分割する例を示しましたが、一般には任意の数に分解しても同じことがいえます。つまり$\boldsymbol{A}$を$M\times N$に分割し、$\boldsymbol{B}$を$N\times L$に分割して次のようにおいたとします。

$$A = \begin{pmatrix} A_{11} & A_{12} & \cdots & A_{1N} \\ A_{21} & A_{22} & \cdots & A_{2N} \\ \vdots & \vdots & \ddots & \vdots \\ A_{M1} & A_{M2} & \cdots & A_{MN} \end{pmatrix}, \ B = \begin{pmatrix} B_{11} & B_{12} & \cdots & B_{1L} \\ B_{21} & B_{22} & \cdots & B_{2L} \\ \vdots & \vdots & \ddots & \vdots \\ B_{N1} & B_{N2} & \cdots & B_{NL} \end{pmatrix}$$

すべてのi, j, kについて$\boldsymbol{A}_{ik}$の列数と$\boldsymbol{B}_{kj}$の行数が一致するとき、次の式が成り立ちます。

$$\boldsymbol{AB} = \begin{pmatrix} \sum_{k=1}^{N} \boldsymbol{A}_{1k}\boldsymbol{B}_{k1} & \sum_{k=1}^{N} \boldsymbol{A}_{1k}\boldsymbol{B}_{k2} & \cdots & \sum_{k=1}^{N} \boldsymbol{A}_{1k}\boldsymbol{B}_{kL} \\ \sum_{k=1}^{N} \boldsymbol{A}_{2k}\boldsymbol{B}_{k1} & \sum_{k=1}^{N} \boldsymbol{A}_{2k}\boldsymbol{B}_{k2} & \cdots & \sum_{k=1}^{N} \boldsymbol{A}_{2k}\boldsymbol{B}_{kL} \\ \vdots & \vdots & \ddots & \vdots \\ \sum_{k=1}^{N} \boldsymbol{A}_{Mk}\boldsymbol{B}_{k1} & \sum_{k=1}^{N} \boldsymbol{A}_{Mk}\boldsymbol{B}_{k2} & \cdots & \sum_{k=1}^{N} \boldsymbol{A}_{Mk}\boldsymbol{B}_{kL} \end{pmatrix}$$

このような手法を**ブロック化**と呼びます。「すべてのi, j, kについて$\boldsymbol{A}_{ik}$の列数と$\boldsymbol{B}_{kj}$の行数が一致する」という条件は、つまりここで使われる行列の積がすべて定義されているという意味です。この式の形を見ると、行列の積の定義で出てきた式と類似していますので、公式として覚えやすいと思います。ただし各ブロックの計算に現れるのは行列の積なので、積の順序が大事であることは気をつけてください。

ブロック化の中でも特に重要なのは、1行ずつに、あるいは1列ずつに分割する場合で、そのとき分割された後の各ブロックはベクトルとみなすことができます。つまり、$\boldsymbol{X}$、$\boldsymbol{Y}$が$m \times n$行列だとすると、次のように書けます。

$$\boldsymbol{X} = \begin{pmatrix} \boldsymbol{x}_1 & \boldsymbol{x}_2 & \cdots & \boldsymbol{x}_n \end{pmatrix}, \ \boldsymbol{Y} = \begin{pmatrix} \boldsymbol{y}_1^T \\ \boldsymbol{y}_2^T \\ \vdots \\ \boldsymbol{y}_m^T \end{pmatrix}$$

ここで$\boldsymbol{X}$は$m \times 1$行列を横にn個並べた形になっていて、$m \times 1$行列はつまりM次元ベクトルなので$\boldsymbol{x}_i$のように小文字の太文字で表しています。$\boldsymbol{Y}$は$1 \times m$行列を縦にn個並べたもので、行列とはつまりm次元横ベクトルなのですが、本書ではベクトルといえば縦ベクトルということにしていますので、これはn次の縦ベクトルの転置だと見なして$\boldsymbol{y}_i^T$というような表記にしています。

例題

1 行列$\boldsymbol{A}$、$\boldsymbol{B}$、$\boldsymbol{C}$、$\boldsymbol{D}$が次で与えられるとする。

$$\boldsymbol{A} = \begin{pmatrix} 2 & 1 \\ -1 & 1 \end{pmatrix},\ \boldsymbol{B} = \begin{pmatrix} 1 & -1 \\ 1 & 1 \end{pmatrix},\ \boldsymbol{C} = \begin{pmatrix} 1 & 2 \\ 2 & 1 \\ -1 & 2 \end{pmatrix},\ \boldsymbol{D} = \begin{pmatrix} 1 & -1 & \\ & 1 & 2 \\ & & 1 \end{pmatrix}$$

このとき次を計算しなさい。

- a $2\boldsymbol{A}$
- b $\boldsymbol{A}+\boldsymbol{B}$
- c $\boldsymbol{A}-\boldsymbol{B}$
- d $2\boldsymbol{A}-3\boldsymbol{B}$
- e $\boldsymbol{AB}$
- f $\boldsymbol{BC}^T$
- g $\boldsymbol{C}^T\boldsymbol{D}$

2 行列$\boldsymbol{X}$が1000×100行列、$\boldsymbol{Y}$が100×500行列、$\boldsymbol{Z}$が1000×500行列のとき、次の行列のサイズを答えなさい。

- a $\boldsymbol{XY}$
- b $(\boldsymbol{XYZ}^T\boldsymbol{X})^T\boldsymbol{X}$

3 行列$\boldsymbol{A}$、$\boldsymbol{B}$、$\boldsymbol{C}$について次を証明しなさい。

$$(\boldsymbol{AB}^T\boldsymbol{C})^T = \boldsymbol{C}^T\boldsymbol{BA}^T$$

4 ブロック化を利用して次の行列$\boldsymbol{A}$、$\boldsymbol{B}$について$\boldsymbol{AB}$を計算しなさい。

$$\boldsymbol{A} = \begin{pmatrix} 1 & 1 & & & & \\ & 1 & & & & \\ & & 1 & 1 & & \\ & & & 1 & & \\ & & & & 1 & 1 \\ & & & & & 1 \end{pmatrix},\ \boldsymbol{B} = \begin{pmatrix} 2 & 3 & 2 & 3 & 2 & 3 \\ & 4 & & 4 & & 4 \\ & & & & 2 & 3 \\ & & & & & 4 \\ & & & & 2 & 3 \\ & & & & & 4 \end{pmatrix}$$

解 答

1

a

$$2\boldsymbol{A} = \begin{pmatrix} 2\times 2 & 2\times 1 \\ 2\times(-1) & 2\times 1 \end{pmatrix} = \begin{pmatrix} 4 & 2 \\ -2 & 2 \end{pmatrix}$$

b

$$\boldsymbol{A}+\boldsymbol{B} = \begin{pmatrix} 2+1 & 1+(-1) \\ -1+1 & 1+1 \end{pmatrix} = \begin{pmatrix} 3 & 0 \\ 0 & 2 \end{pmatrix}$$

c

$$\boldsymbol{A}-\boldsymbol{B} = \begin{pmatrix} 2-1 & 1-(-1) \\ -1-1 & 1-1 \end{pmatrix} = \begin{pmatrix} 1 & 2 \\ -2 & 0 \end{pmatrix}$$

d

$$\begin{aligned} &2\boldsymbol{A}-3\boldsymbol{B} \\ &\quad = 2\times\begin{pmatrix} 2 & 1 \\ -1 & 1 \end{pmatrix} + (-3)\times\begin{pmatrix} 1 & -1 \\ 1 & 1 \end{pmatrix} \\ &\quad = \begin{pmatrix} 4 & 2 \\ -2 & 2 \end{pmatrix} + \begin{pmatrix} -3 & 3 \\ -3 & -3 \end{pmatrix} = \begin{pmatrix} 1 & 5 \\ -5 & -1 \end{pmatrix} \end{aligned}$$

e

$$\boldsymbol{AB} = \begin{pmatrix} 2\times 1+1\times 1 & 2\times(-1)+1\times 1 \\ (-1)\times 1+1\times 1 & (-1)\times(-1)+1\times 1 \end{pmatrix} = \begin{pmatrix} 3 & -1 \\ 0 & 2 \end{pmatrix}$$

f

$$\begin{aligned} \boldsymbol{BC}^T &= \begin{pmatrix} 1 & -1 \\ 1 & 1 \end{pmatrix}\begin{pmatrix} 1 & 2 & -1 \\ 2 & 1 & 2 \end{pmatrix} \\ &= \begin{pmatrix} 1\times 1+(-1)\times 2 & 1\times 2+(-1)\times 1 & 1\times(-1)+(-1)\times 2 \\ 1\times 1+1\times 2 & 1\times 2+1\times 1 & 1\times(-1)+1\times 2 \end{pmatrix} \\ &= \begin{pmatrix} -1 & 1 & -3 \\ 3 & 3 & 1 \end{pmatrix} \end{aligned}$$

g

$$\begin{aligned} \boldsymbol{C}^T\boldsymbol{D} &= \begin{pmatrix} 1 & 2 & -1 \\ 2 & 1 & 2 \end{pmatrix}\begin{pmatrix} 1 & -1 & \\ & 1 & 2 \\ & & 1 \end{pmatrix} \\ &= \begin{pmatrix} 1\times 1 & 1\times(-1)+2\times 2 & 2\times 2+(-1)\times 1 \\ 2\times 1 & 2\times(-1)+1\times 1 & 1\times 2+2\times 1 \end{pmatrix} \\ &= \begin{pmatrix} 1 & 1 & 3 \\ 2 & -1 & 4 \end{pmatrix} \end{aligned}$$

2 a 1000×500

b $\boldsymbol{XY}$ のサイズが 1000×500 であり、$\boldsymbol{Z}^T$ のサイズが 500×1000 であるので、$\boldsymbol{XYZ}^T$ のサイズは 1000×1000。$\boldsymbol{XYZ}^T\boldsymbol{X}$ のサイズが 1000×100 なので $(\boldsymbol{XYZ}^T\boldsymbol{X})^T$ のサイズは 100×1000。よって $(\boldsymbol{XYZ}^T\boldsymbol{X})^T\boldsymbol{X}$ のサイズは 100×100。

3
$$
\begin{aligned}
(\boldsymbol{AB}^T\boldsymbol{C})^T &= \left\{(\boldsymbol{AB}^T)\boldsymbol{C}\right\}^T \\
&= \boldsymbol{C}^T(\boldsymbol{AB}^T)^T \\
&= \boldsymbol{C}^T\left\{(\boldsymbol{B}^T)^T\boldsymbol{A}^T\right\} \\
&= \boldsymbol{C}^T\boldsymbol{B}\boldsymbol{A}^T
\end{aligned}
$$

よって示された。

4
$$
\boldsymbol{A}_1 = \begin{pmatrix} 1 & 1 \\ 0 & 1 \end{pmatrix},\ \boldsymbol{B}_1 = \begin{pmatrix} 2 & 3 \\ 0 & 4 \end{pmatrix}
$$

とおくと

$$
\boldsymbol{A} = \begin{pmatrix} \boldsymbol{A}_1 & & \\ & \boldsymbol{A}_1 & \\ & & \boldsymbol{A}_1 \end{pmatrix},\ \boldsymbol{B} = \begin{pmatrix} \boldsymbol{B}_1 & \boldsymbol{B}_1 & \boldsymbol{B}_1 \\ & & \boldsymbol{B}_1 \\ & & \boldsymbol{B}_1 \end{pmatrix}
$$

なので、

$$
\boldsymbol{AB} = \begin{pmatrix} \boldsymbol{A}_1\boldsymbol{B}_1 & \boldsymbol{A}_1\boldsymbol{B}_1 & \boldsymbol{A}_1\boldsymbol{B}_1 \\ & & \boldsymbol{A}_1\boldsymbol{B}_1 \\ & & \boldsymbol{A}_1\boldsymbol{B}_1 \end{pmatrix}
$$

となる。ここで

$$
\boldsymbol{A}_1\boldsymbol{B}_1 = \begin{pmatrix} 2 & 7 \\ 0 & 4 \end{pmatrix}
$$

であるので

$$
\boldsymbol{AB} = \begin{pmatrix} 2 & 7 & 2 & 7 & 2 & 7 \\ & 4 & & 4 & & 4 \\ & & & & 2 & 7 \\ & & & & & 4 \\ & & & & 2 & 7 \\ & & & & & 4 \end{pmatrix}
$$

逆行列と連立方程式

列数と行数が等しい行列のことを**正方行列**と呼びます。つまり正方行列というのは、ある整数nに対してサイズ$n \times n$であるような行列です。サイズ$n \times n$の正方行列をn次正方行列とも呼びます。このときのnは正方行列の次数と呼びます。

行列の(i,i)成分のことを**対角成分**と呼びます。正方行列で、特に対角成分以外がすべて0であるものを**対角行列**と呼びます。対角成分が左上から$d_1, \ldots, d_n$であるような対角行列を$\mathrm{diag}(d_1, \ldots, d_n)$で表します。つまり、

$$
\mathrm{diag}(d_1, \ldots, d_n) = \begin{pmatrix} d_1 & & & \\ & d_2 & & \\ & & \ddots & \\ & & & d_n \end{pmatrix}
$$

ということです。一般に行列の積では交換法則が成り立たなかったのですが、対角行列同士の積は交換法則が成り立ちます。実際$\boldsymbol{D} = \mathrm{diag}(d_1, \ldots, d_n)$、$\boldsymbol{E} = \mathrm{diag}(e_1, \ldots, e_n)$とすると、次が成り立ちます。

$$
\boldsymbol{DE} = \begin{pmatrix} d_1 e_1 & & & \\ & d_2 e_2 & & \\ & & \ddots & \\ & & & d_n e_n \end{pmatrix} = \boldsymbol{ED}
$$

対角行列の中でも特に対角成分に1が並んだものを**単位行列**と呼び、サイズ$n \times n$の単位行列を$\boldsymbol{I}_n$で表します。特にサイズを明記する必要がない場合は$\boldsymbol{I}$と書くこともあります。$m \times n$行列$\boldsymbol{A}$について、単位行列は次の性質を満たします。

$$\boldsymbol{A}\boldsymbol{I}_n = \boldsymbol{I}_m\boldsymbol{A} = \boldsymbol{A}$$

正方行列$\boldsymbol{A}$に対してもし$\boldsymbol{A}\boldsymbol{X} = \boldsymbol{I}$となる$\boldsymbol{X}$があれば、それを**逆行列**と呼び、$\boldsymbol{A}^{-1}$で表します。$\boldsymbol{A}\boldsymbol{X} = \boldsymbol{I}$であれば$\boldsymbol{X}\boldsymbol{A} = \boldsymbol{I}$であることがわかるので、つまり次が成り立ちます。

$$\boldsymbol{A}\boldsymbol{A}^{-1} = \boldsymbol{A}^{-1}\boldsymbol{A} = \boldsymbol{I}$$

すべての正方行列$\boldsymbol{A}$に対して逆行列が存在するとは限らないので注意が必要です。逆行列が存在する正方行列を**正則行列**と呼び、存在しない正方行列を**非正則行列**と呼びます。行列が正則であるための条件については後ほど議論します。

ここで行列と連立方程式の関係について見てみます。例えば次のような連立方程式を考えます。

$$\begin{cases} 2x + y = 3 \\ x - 3y = 5 \end{cases}$$

ここで次のようにおきます。

$$\boldsymbol{A} = \begin{pmatrix} 2 & 1 \\ 1 & -3 \end{pmatrix},\ \boldsymbol{x} = \begin{pmatrix} x \\ y \end{pmatrix},\ \boldsymbol{b} = \begin{pmatrix} 3 \\ 5 \end{pmatrix}$$

すると連立方程式は次のように表されます。

$$\boldsymbol{A}\boldsymbol{x} = \boldsymbol{b}$$

もし$\boldsymbol{A}^{-1}$が存在すれば、この式の両辺の左から$\boldsymbol{A}^{-1}$を掛けるとよいです。実際左辺の左から$\boldsymbol{A}^{-1}$を掛けたものを計算してみます。

$$\boldsymbol{A}^{-1}(\boldsymbol{A}\boldsymbol{x}) = (\boldsymbol{A}^{-1}\boldsymbol{A})\boldsymbol{x} = \boldsymbol{I}\boldsymbol{x} = \boldsymbol{x}$$

ですので、次が成り立ちます。

$$\boldsymbol{x} = \boldsymbol{A}^{-1}\boldsymbol{b}$$

逆行列の計算は2×2行列の場合は簡単で、行列

$$X = \begin{pmatrix} a & b \\ c & d \end{pmatrix}$$

が逆行列を持つための条件は$ad - bc \neq 0$で、そのときの逆行列は次で表されます。

$$X^{-1} = \frac{1}{ad - bc} \begin{pmatrix} d & -b \\ -c & a \end{pmatrix}$$

これは積を計算してみると確認できます。

$$\begin{aligned} \begin{pmatrix} a & b \\ c & d \end{pmatrix} \times \frac{1}{ad - bc} \begin{pmatrix} d & -b \\ -c & a \end{pmatrix} &= \frac{1}{ad - bc} \left\{ \begin{pmatrix} a & b \\ c & d \end{pmatrix} \begin{pmatrix} d & -b \\ -c & a \end{pmatrix} \right\} \\ &= \frac{1}{ad - bc} \begin{pmatrix} a \times d + b \times (-c) & a \times (-b) + (-b) \times a \\ c \times d + d \times (-c) & c \times (-b) + d \times a \end{pmatrix} \\ &= \frac{1}{ad - bc} \begin{pmatrix} ad - bc & 0 \\ 0 & ad - bc \end{pmatrix} \\ &= I \end{aligned}$$

では公式を使ってAの逆行列を求めてみます。

$$A^{-1} = \frac{1}{2 \times (-3) - 1 \times 1} \begin{pmatrix} -3 & -1 \\ -1 & 2 \end{pmatrix} = -\frac{1}{7} \begin{pmatrix} -3 & -1 \\ -1 & 2 \end{pmatrix}$$

となるので、方程式の解は次で求められます。

$$x = A^{-1} b = -\frac{1}{7} \begin{pmatrix} -3 & -1 \\ -1 & 2 \end{pmatrix} \times \begin{pmatrix} 3 \\ 5 \end{pmatrix} = -\frac{1}{7} \begin{pmatrix} (-3) \times 3 + (-1) \times 5 \\ (-1) \times 3 + 2 \times 5 \end{pmatrix} = \begin{pmatrix} 2 \\ -1 \end{pmatrix}$$

したがって解は$x = 2, y = -1$となります。

ここで2次正方行列が逆行列を持たないときはどういうときか見てみます。Xは$ad - bc = 0$のときに逆行列を持たないのでした。条件$ad - bc = 0$は$a : b = c : d$のときに成り立ちますが、これは$(a, b)^T$と$(c, d)^T$が平行という条件と同値です、つまり2次正方行列は1行目と2行目のベクトルが平行のときに逆行列を持ちません。

ここで$ad - bc$のことを**行列式**と呼び、$\det A$と書きます。行列式は次数2の場合に限らず一般の正方行列で定義できるのですが、本書では一般の場合の行列式の定義には触れないことにします。

ここで、具体例として次のような行列を考えてみます。

$$\begin{pmatrix} 1 & 2 \\ 2 & 4 \end{pmatrix}$$

これを係数に持つような連立方程式として次のようなものを考えます。

$$\begin{pmatrix} 1 & 2 \\ 2 & 4 \end{pmatrix}\begin{pmatrix} x \\ y \end{pmatrix} = \begin{pmatrix} 3 \\ 4 \end{pmatrix}$$

この方程式は解を持ちません。実際

$$\begin{cases} x + 2y = 3 \\ 2x + 4y = 4 \end{cases}$$

と書き直してみて、上の式の2倍から下の式を引くと$0x + 0y = 2$となり、これを満たすx、yは存在しません。

また次のようなケースも考えてみます。

$$\begin{pmatrix} 1 & 2 \\ 2 & 4 \end{pmatrix}\begin{pmatrix} x \\ y \end{pmatrix} = \begin{pmatrix} 2 \\ 4 \end{pmatrix}$$

これは、上の式を2倍すると下の式に一致してしまいます。このことからこの方程式の解は$x + 2y = 2$を満たす(x, y)すべてということになり、解は無限に存在することになります。

行列が逆行列を持たない場合の連立方程式の解について見てきましたが、その場合、方程式は解を持たないか、無限に解を持つかのいずれかでした。一方で逆行列が存在する場合は、解は一意に決まります。つまり、連立方程式の係数の行列が逆行列を持つことの必要十分条件は、方程式の解が一意に決まることです。ここでは2×2行列の場合について考察してきましたが、これは一般の正方行列についていえます。

逆行列と線形独立性

2次正方行列では、1行目と2行目に対応するベクトルが平行のときに逆行列を持たないのでした。3次以上の場合はもう少し状況は複雑です。例えば次の行列は逆行列を持ちません。

$$\boldsymbol{C} = \begin{pmatrix} 1 & 1 & 2 \\ 2 & -1 & 1 \\ 4 & 1 & 5 \end{pmatrix}$$

このため、例えば次の方程式は解を持ちません。

$$\begin{cases} x + y + 2z = 1 & \cdots ① \\ 2x - y + z = 2 & \cdots ② \\ 4x + y + 5z = 3 & \cdots ③ \end{cases}$$

実際2×①+②−③を計算すると$0x + 0y + 0z = 1$となり、これを満たすx, y, zは存在しません。

これはつまり、$\boldsymbol{C}$の1行目、2行目、3行目をそれぞれ縦に並べたベクトルを$\boldsymbol{c}_1$、$\boldsymbol{c}_2$、$\boldsymbol{c}_3$とすると、次が成り立つことを意味します。

$$2\boldsymbol{c}_1 + \boldsymbol{c}_2 - \boldsymbol{c}_3 = \boldsymbol{0}$$

このときにベクトル$\boldsymbol{c}_1$、$\boldsymbol{c}_2$、$\boldsymbol{c}_3$は線形従属であるといいます。一般にはベクトル$\boldsymbol{v}_1, \ldots, \boldsymbol{v}_n$が**線形従属**であるとは、少なくとも1つは0ではない$k_1, \ldots, k_n$が存在して次の式を満たすときです。

$$k_1\boldsymbol{v}_1 + k_2\boldsymbol{v}_2 + \cdots + k_n\boldsymbol{v}_n = \boldsymbol{0}$$

線形従属ではないベクトル集合は線形独立といいます。つまり、$\boldsymbol{v}_1, \ldots, \boldsymbol{v}_n$が**線形独立**であるとは、

$$k_1\boldsymbol{v}_1 + k_2\boldsymbol{v}_2 + \cdots + k_n\boldsymbol{v}_n = \boldsymbol{0} \text{ ならば } k_1 = k_2 = \cdots = k_n = 0$$

ということです。

先ほどの連立方程式の例で見たように、行列の行をベクトルと見たときにそれらが線形従属であるときに逆行列を持たないのでした。一般に行列が逆行列を持つための

条件は、行をベクトルと見たときにそれらのベクトルが線形独立であることです。つまり次の行列が逆行列を持つための条件は、$\boldsymbol{v}_1, \ldots, \boldsymbol{v}_n$が線形独立であることです。

$$\begin{pmatrix} \boldsymbol{v}_1^T \\ \boldsymbol{v}_2^T \\ \vdots \\ \boldsymbol{v}_n^T \end{pmatrix}$$

ここでは各行をベクトルと見ましたが、各列をベクトルとみても同じことがいえます。つまり、次の行列が逆行列を持つための条件は$\boldsymbol{u}_1, \boldsymbol{u}_2 \cdots \boldsymbol{u}_n$が線形独立であることです。

$$\begin{pmatrix} \boldsymbol{u}_1 & \boldsymbol{u}_2 & \cdots & \boldsymbol{u}_n \end{pmatrix}$$

先ほどの連立方程式の例で、$\boldsymbol{C}$の列を左から$\boldsymbol{c}'_1, \boldsymbol{c}'_2, \boldsymbol{c}'_3$とします。つまり

$$\boldsymbol{c}'_1 = \begin{pmatrix} 1 \\ 2 \\ 4 \end{pmatrix},\ \boldsymbol{c}'_2 = \begin{pmatrix} 1 \\ -1 \\ 1 \end{pmatrix},\ \boldsymbol{c}'_3 = \begin{pmatrix} 2 \\ 1 \\ 5 \end{pmatrix}$$

とすると、

$$\boldsymbol{c}'_1 + \boldsymbol{c}'_2 - \boldsymbol{c}'_3 = \boldsymbol{0}$$

が成り立つので実際に線形従属であることが確かめられました。

2×2行列の場合の逆行列を求める公式はすでに紹介しましたが、ここで一般の正方行列の逆行列の計算のしかたを紹介します。サイズが大きい行列について手計算で逆行列を求めることは、あまり実用的ではなく通常は計算機を使うものですが、行列の性質を体感するために、ここではあえて手計算の手順を示すことにします。

準備として、行列の行基本操作を定義します。**行基本操作**とは次のいずれかの操作です。

1. ある行に定数を掛ける
2. ある行に定数を掛けたものを他のある行に足す
3. ある行とある行を交換する

では具体例として次の行列の逆行列を求めてみます。

$$\begin{pmatrix} 3 & 1 & 1 \\ 1 & 2 & 1 \\ 0 & -1 & 1 \end{pmatrix}$$

そのためにはこの右に単位行列を連結した、次のような行列を考えます。

$$\left(\begin{array}{ccc|ccc} 3 & 1 & 1 & 1 & & \\ 1 & 2 & 1 & & 1 & \\ 0 & -1 & 1 & & & 1 \end{array}\right)$$

これに対して行基本変形を繰り返していって、左半分が単位行列になったときに右半分に現れるのが逆行列です。実際にやってみます。

$$\begin{pmatrix} 3 & 1 & 1 & 1 & & \\ 1 & 2 & 1 & & 1 & \\ 0 & -1 & 1 & & & 1 \end{pmatrix} \rightarrow \begin{pmatrix} 0 & -5 & -2 & 1 & -3 & \\ 1 & 2 & 1 & & 1 & \\ 0 & -1 & 1 & & & 1 \end{pmatrix}$$ (① 2行目の -3 倍を第1行に加える)

$$\rightarrow \begin{pmatrix} 1 & 2 & 1 & & 1 & \\ 0 & -5 & -2 & 1 & -3 & \\ 0 & -1 & 1 & & & 1 \end{pmatrix}$$ (② 1行目と2行目を入れ替える)

$$\rightarrow \begin{pmatrix} 1 & 0 & 3 & & 1 & 2 \\ 0 & 0 & -7 & 1 & -3 & -5 \\ 0 & -1 & 1 & & & 1 \end{pmatrix}$$ (③ 3行目の 2 倍を 1 行目に加え、3行目の -5 倍を 2 行目に加える)

$$\rightarrow \begin{pmatrix} 1 & 0 & 3 & & 1 & 2 \\ 0 & -1 & 1 & & & 1 \\ 0 & 0 & -7 & 1 & -3 & -5 \end{pmatrix}$$ (④ 2行目と 3 行目を入れ替える)　式03-03

$$\rightarrow \begin{pmatrix} 1 & 0 & 3 & & 1 & 2 \\ 0 & 1 & -1 & & & -1 \\ 0 & 0 & -7 & 1 & -3 & -5 \end{pmatrix}$$ (⑤ 2行目に -1 を掛ける)

$$\rightarrow \begin{pmatrix} 1 & 0 & 0 & \frac{3}{7} & -\frac{2}{7} & -\frac{1}{7} \\ 0 & 1 & 0 & \frac{3}{7} & -\frac{2}{7} & -\frac{1}{7} \\ 0 & 0 & -7 & 1 & -3 & -5 \end{pmatrix}$$ (⑥ 3行目に 3/7 を掛けたものを1行目に加え、3行目-1/7 を掛けたものを2行目に加える)

$$\rightarrow \begin{pmatrix} 1 & 0 & 0 & \frac{3}{7} & -\frac{2}{7} & -\frac{1}{7} \\ 0 & 1 & 0 & \frac{3}{7} & -\frac{2}{7} & -\frac{1}{7} \\ 0 & 0 & 1 & -\frac{1}{7} & \frac{3}{7} & \frac{5}{7} \end{pmatrix}$$ (⑦ 3行目を -1/7 倍する)

この結果逆行列が

$$\begin{pmatrix} \frac{3}{7} & -\frac{2}{7} & -\frac{1}{7} \\ \frac{3}{7} & -\frac{2}{7} & -\frac{1}{7} \\ -\frac{1}{7} & \frac{3}{7} & \frac{5}{7} \end{pmatrix}$$

であることがわかりました。このことは

$$\begin{pmatrix} 3 & 1 & 1 \\ 1 & 2 & 1 \\ 0 & -1 & 1 \end{pmatrix} \begin{pmatrix} \frac{3}{7} & -\frac{2}{7} & -\frac{1}{7} \\ \frac{3}{7} & -\frac{2}{7} & -\frac{1}{7} \\ -\frac{1}{7} & \frac{3}{7} & \frac{5}{7} \end{pmatrix}$$

を計算してみると単位行列になることから確認できます。

式03-03の手順を見てみると、ただ当てずっぽうに変形しているわけではなくて、ある規則に従って操作していることがわかります。まずは1列目に着目してある行以外は全部0にします。次にその基準となる行の1列目が1になるようにしてから、その行が1行目にくるようにします。その後2行目に注目して、1列目が0になっている行の中から基準となる行を選び、その行以外の2列目はすべて0になるようにします。

次にその行の2列目が1になるように調整してから、その行が2行目に来るように行の入れ替えをします。このような操作を繰り返していくと、元の行列が正則のときは必ず左半分を単位行列にすることができ、逆行列を計算できることが知られています。各ステップで選択する行は条件を満たすものならばどれを選んでもよく、どれを選んでも結果として得られる逆行列は同じものになります。

同じような操作を非正則行列について行うとどうなるでしょうか。ここでは次のような行列を考えます。

$$\boldsymbol{B} = \begin{pmatrix} 1 & 1 & 2 \\ 1 & -1 & 1 \\ 3 & -1 & 4 \end{pmatrix}$$

この右に単位行列を並べた次の行列を考えて、**式03-03**と同様に行基本操作をしてみます。

$$\begin{pmatrix} \boldsymbol{B} & \boldsymbol{I} \end{pmatrix} = \begin{pmatrix} 1 & 1 & 2 & 1 & & \\ 1 & -1 & 1 & & 1 & \\ 3 & -1 & 4 & & & 1 \end{pmatrix} \to \begin{pmatrix} 1 & 1 & 2 & 1 & & \\ 0 & -2 & -1 & -1 & 1 & \\ 0 & -4 & -2 & -3 & & 1 \end{pmatrix}$$

① 1行目の-1倍を2行目に加え、
1行目の-3倍を3行目に加える

$$\to \begin{pmatrix} 1 & 1 & 2 & 1 & & \\ 0 & 1 & -\frac{1}{2} & \frac{1}{2} & -\frac{1}{2} & \\ 0 & -4 & -2 & -3 & & 1 \end{pmatrix}$$

② 2行目を-1/2 倍する

式03-04

$$\to \begin{pmatrix} 1 & 0 & \frac{5}{2} & \frac{1}{2} & \frac{1}{2} & \\ 0 & 1 & -\frac{1}{2} & \frac{1}{2} & -\frac{1}{2} & \\ 0 & 0 & 0 & -1 & -2 & 1 \end{pmatrix}$$

③ 2行目の-1倍を1行目に加え、
2行目を4倍を3行目に加える

3行目左半分がすべて0になってしまいこれ以上計算できません。このことは元の行列$\boldsymbol{B}$が逆行列を持たないことに対応しています。ここで行基本変形の結果、左半分のみに注目すると、上の2行が$\mathbf{0}^T$には一致せず、3行目が$\mathbf{0}^T$に一致しています。このように行基本変形をした結果、$\mathbf{0}^T$と一致しない行の数をその行列の**ランク**といいます。

上記行列$\boldsymbol{B}$はランクが2であるといい、$\mathrm{rank}\,\boldsymbol{B}=2$とも書きます。3次正方行列はランクが1になることもありえますし、特にゼロ行列$\boldsymbol{O}$はランク0の行列ということができます。今ここでは逆行列の求め方との対比のために$\boldsymbol{B}$の右に単位行列を連結した行列から始めましたが、ランクを求めることだけが目的なら単位行列を連結する必要はありません。正則行列$\boldsymbol{A}$の例では、ランクは3でした。一般にn次正方行列がランクnであることと、その行列が正則であることは必要十分条件の関係にあります。

ここで逆行列を求める手順をまとめると以下のようになります。

---

❶逆行列を求めたいn次正方行列$\boldsymbol{A}$に対して、右に単位行列を並べたブロック行列$(\boldsymbol{A}\ \boldsymbol{I})$を用意し、以下これに関する操作をする。

❷ iを1からnまで以下を繰り返す。

- i行目以降(i行目またはi行目より下の行)で、左半分で最も左に0でない成分が出現する行を1つ選択する。もしi行目以降の左側がすべて0であれば終了する。
- 選択した行の最も左の0でない列をk列目とすると、他の行のk列目がすべて0になるように行基本変形をし、選択した行を定数倍してk列目が1になるようにする。そしてこの行をi行目と交換する。

❸繰り返しが最後まで到達すれば、行列の左半分が単位行列になっているので、右半分が求める逆行列である。そうでなければ$\boldsymbol{A}$は非正則であり、左半分について$\mathbf{0}^T$に一致しない行の数が、$\boldsymbol{A}$のランクである。

逆行列を求める必要はなく、行列のランクのみを求めたいときには横に単位行列を並べる必要はなく、また計算手順も簡略化でき、次のような手順で求めることができます。また、行列のランクの概念は正方行列に限定する必要はなく、一般の行列について考えることができます。

以下$m \times n$行列$\boldsymbol{A}$のランクを求める。

❶ iを1からmまで増やしながら以下を繰り返す、

- i行目以降で、0でない成分が出現する行を選択する。もしすべて0であれば終了する。
- 選択した行の最も左の0でない列をk列目とすると、i行目以降で選択した行以外のk列目がすべて0になるように行基本変形をする。

終了時$\mathbf{0}^T$に一致しない行の数が$\boldsymbol{A}$のランクである。

ここで逆行列の計算と比べて省略可能なのは、第iステップで$i-1$行目までに対する操作と、一番左の非ゼロ成分を1に揃える操作です。ここで具体例として、前述の$\boldsymbol{B}$をこの手順に従って前述の$\boldsymbol{B}$のランクを求めてみます。

$$\boldsymbol{B} = \begin{pmatrix} 1 & 1 & 2 \\ 1 & -1 & 1 \\ 3 & -1 & 4 \end{pmatrix} \to \begin{pmatrix} 1 & 1 & 2 \\ 0 & -2 & -1 \\ 0 & -4 & -2 \end{pmatrix}$$

①1行目の-1倍を2行目に加え、1行目の-3倍を3行目に加える

$$\to \begin{pmatrix} 1 & 1 & 2 \\ 0 & -2 & -1 \\ 0 & 0 & 0 \end{pmatrix}$$

②2行目の2倍を3行目に加える

これでランクが2であることがわかりました。結果は同じですが**式03-04**より操作が簡略化されていることがわかります。

ランクの概念は正方行列に限らないということをいいましたが、$m \times n$行列$\boldsymbol{A}$のランクは最大で$\min(m, n)$（mとnのうち大きくない方）を超えないことが知られています。特に$\operatorname{rank} \boldsymbol{A} = \min(m, n)$であるときに行列$\boldsymbol{A}$は**フルランク**であるといいます。

最後に、ここまでのまとめとして行列の正則性についての条件をまとめます。n次正方行列$\boldsymbol{A}$について、以下の条件はすべて同値です。

- 正方行列$\boldsymbol{A}$が正則である（つまり逆行列を持つ）。
- $\boldsymbol{x} = (x_1, x_2, \ldots, x_n)^T$についての連立方程式

$$\boldsymbol{A}\boldsymbol{x} = \boldsymbol{b}$$

が唯一の解を持つ。

- 次のように縦に分解したときにベクトル $\boldsymbol{a}_1, \ldots, \boldsymbol{a}_n$ が線形独立である。

$$\boldsymbol{A} = \begin{pmatrix} \boldsymbol{a}_1^T \\ \boldsymbol{a}_2^T \\ \vdots \\ \boldsymbol{a}_n \end{pmatrix}$$

- 次のように横に分解したときにベクトル $\boldsymbol{a}_1, \ldots, \boldsymbol{a}_n$ が線形独立である。

$$\boldsymbol{A} = \begin{pmatrix} \boldsymbol{a}_1 & \boldsymbol{a}_2 & \ldots & \boldsymbol{a}_n \end{pmatrix}$$

- $\boldsymbol{A}$ がフルランクである。つまり次数を n とすると $\mathrm{rank}\ \boldsymbol{A} = n$ である。

例題

1 次の行列について逆行列があれば逆行列を求めなさい。逆行列がない場合はランクを求めなさい。

$$\boldsymbol{A} = \begin{pmatrix} 5 & -2 \\ -2 & 1 \end{pmatrix}, \boldsymbol{B} = \begin{pmatrix} 5 & 2 \\ 10 & 4 \end{pmatrix}, \boldsymbol{C} = \begin{pmatrix} 1 & 1 & 1 \\ 1 & 2 & 1 \\ 1 & 1 & 2 \end{pmatrix}, \boldsymbol{D} = \begin{pmatrix} 1 & 1 & 2 \\ 1 & 2 & 3 \\ 3 & 4 & 7 \end{pmatrix}$$

2 次の行列のランクを求めなさい。

$$\boldsymbol{A} = \begin{pmatrix} 1 & 2 & 3 & 4 \\ 2 & 3 & 4 & 5 \\ 5 & 6 & 7 & 8 \end{pmatrix}, \boldsymbol{B} = \begin{pmatrix} 1 & 1 & 1 \\ 1 & 1 & 1 \\ 1 & 1 & 1 \\ 1 & 1 & 1 \end{pmatrix}$$

解答

1 $\det \boldsymbol{A} = 5 \times 1 - (-2) \times (-2) = 1$

だから

$$\boldsymbol{A}^{-1} = \frac{1}{1} \begin{pmatrix} 1 & 2 \\ 2 & 5 \end{pmatrix} = \begin{pmatrix} 1 & 2 \\ 2 & 5 \end{pmatrix}$$

$\boldsymbol{B}$ については、2行目が1行目の2倍に等しいので $\mathrm{rank}\ \boldsymbol{B} = 1$ となる。

次に$\boldsymbol{C}$の逆行列を求めるため次のような変形をする。

$$
\begin{pmatrix}\boldsymbol{C} & \boldsymbol{I}\end{pmatrix} = \begin{pmatrix} 1 & 1 & 1 & 1 & & \\ 1 & 2 & 1 & & 1 & \\ 1 & 1 & 2 & & & 1 \end{pmatrix} \to \begin{pmatrix} 1 & 1 & 1 & 1 & & \\ & 1 & & -1 & 1 & \\ & & 1 & -1 & & 1 \end{pmatrix}
$$

$$
\to \begin{pmatrix} 1 & & 1 & 2 & -1 & \\ & 1 & & -1 & 1 & \\ & & 1 & -1 & & 1 \end{pmatrix}
$$

$$
\to \begin{pmatrix} 1 & & & 3 & -1 & -1 \\ & 1 & & -1 & 1 & \\ & & 1 & -1 & & 1 \end{pmatrix}
$$

よって

$$
\boldsymbol{C}^{-1} = \begin{pmatrix} 3 & -1 & -1 \\ -1 & 1 & \\ -1 & & 1 \end{pmatrix}
$$

次に$\boldsymbol{D}^{-1}$を求めるため次の変形をする。

$$
\begin{pmatrix}\boldsymbol{D} & \boldsymbol{I}\end{pmatrix} = \begin{pmatrix} 1 & 1 & 2 & 1 & & \\ 1 & 2 & 3 & & 1 & \\ 3 & 4 & 7 & & & 1 \end{pmatrix} \to \begin{pmatrix} 1 & 1 & 2 & 1 & & \\ & 1 & 1 & -1 & 1 & \\ & 1 & 1 & -3 & & 1 \end{pmatrix}
$$

$$
\to \begin{pmatrix} 1 & & 1 & 2 & -1 & \\ & 1 & 1 & -1 & 1 & \\ & & & -2 & -1 & 1 \end{pmatrix}
$$

ここで左半分の3行目がすべて0になってしまったので$\operatorname{rank} \boldsymbol{D} = 2$である。

2

$$
\begin{pmatrix} 1 & 2 & 3 & 4 \\ 2 & 3 & 4 & 5 \\ 5 & 6 & 7 & 8 \end{pmatrix} \to \begin{pmatrix} 1 & 2 & 3 & 4 \\ & -1 & -2 & -3 \\ & -4 & -8 & -12 \end{pmatrix}
$$

$$
\to \begin{pmatrix} 1 & 2 & 3 & 4 \\ & -1 & -2 & -3 \\ & & & \end{pmatrix}
$$

よって$\operatorname{rank} \boldsymbol{A} = 2$である。
$\boldsymbol{B}$は1行目を2行目以降のそれぞれの行から引くと消えるので、$\operatorname{rank} \boldsymbol{B} = 1$である。

一次変換

2×2行列は座標平面上の点から座標平面上の点への変換と見ることもできます。実際、2×2行列$\boldsymbol{A}$が与えられたときに、xy平面上の点の位置ベクトルを$\boldsymbol{x}$とすると

$$\boldsymbol{y} = \boldsymbol{A}\boldsymbol{x}$$

とすることで、$\boldsymbol{x}$が$\boldsymbol{y}$に写される写像を考えることができます。このような写像を**一次変換**と呼びます。ここで具体例を見てみます。

$$\boldsymbol{A} = \begin{pmatrix} 3 & 1 \\ 2 & 2 \end{pmatrix}$$

とすると、$\boldsymbol{x}$が平面全体を動くときに$\boldsymbol{y} = \boldsymbol{A}\boldsymbol{x}$はどこを動くでしょうか。行列式を計算してみると

$$\det \boldsymbol{A} = 3 \times 2 - 1 \times 2 = 4 \neq 0$$

なので、$\boldsymbol{A}$は正則であることがわかります。このとき

$$\boldsymbol{x} = \boldsymbol{A}^{-1}\boldsymbol{y}$$

であるので、任意の$\boldsymbol{y}$に対して、その$\boldsymbol{y}$に写されるような点$\boldsymbol{x}$は$\boldsymbol{x} = \boldsymbol{A}^{-1}\boldsymbol{y}$で求められることがわかります。つまり平面上のすべての点について、$\boldsymbol{A}$によってそこに移されるような点が存在するということなので、$\boldsymbol{x}$が平面上すべてを動くと、その変換$\boldsymbol{A}\boldsymbol{x}$も平面上すべてを動くことになります。

このときの幾何的なイメージを見てみます。$\boldsymbol{A}$による一次変換で$(\boldsymbol{e}_1 = (1,0)^T$と$\boldsymbol{e}_2 = (0,1)^T$はそれぞれ

$$\boldsymbol{A}\boldsymbol{e}_1 = \begin{pmatrix} 3 \\ 2 \end{pmatrix}, \boldsymbol{A}\boldsymbol{e}_2 = \begin{pmatrix} 1 \\ 2 \end{pmatrix}$$

に移されます。このことから$\boldsymbol{A}$による一次変換は平面上の図形をFig03-14のように歪ませる変換だと考えることもできます。ここでは円がどのように移るかを示しています。

Fig03-14 円の一次変換

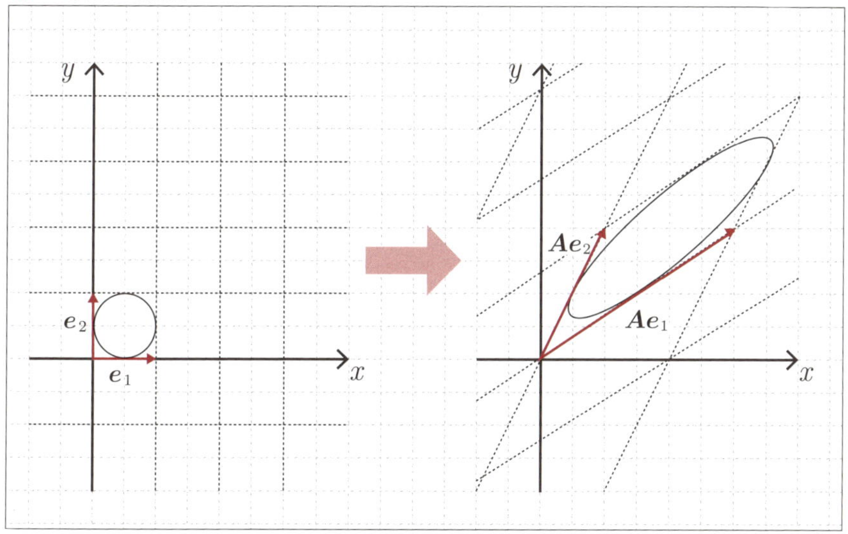

ここまでは正則行列による一次変換を見てきましたが、次のような非正則行列の場合はどうなるでしょう。

$$\boldsymbol{B} = \begin{pmatrix} 2 & 4 \\ 1 & 2 \end{pmatrix}$$

この行列は、1行目が2行目の2倍になっています。つまり、$\boldsymbol{b} = (1, 2)^T$ とすると

$$\boldsymbol{B} = \begin{pmatrix} 2\boldsymbol{b}^T \\ \boldsymbol{b}^T \end{pmatrix}$$

と表せます。この$\boldsymbol{B}$による一次変換で点$\boldsymbol{x}$はどの点に移るかを考えます。

$$\boldsymbol{Bx} = \begin{pmatrix} 2\boldsymbol{b}^T\boldsymbol{x} \\ \boldsymbol{b}^T\boldsymbol{x} \end{pmatrix}$$

であり、$\boldsymbol{x}$が平面上を動くときに$\boldsymbol{b}^T\boldsymbol{x}$は任意の実数値を取りうるので、つまり$\boldsymbol{x}$が平面上のすべての点を動くとき$t = \boldsymbol{b}^T\boldsymbol{x}$とすると、像は

$$\boldsymbol{y} = \begin{pmatrix} 2t \\ t \end{pmatrix} = t\begin{pmatrix} 2 \\ 1 \end{pmatrix}$$

となり、つまり原点を通り方向ベクトル$(2,1)^T$の直線の上を動くことになります。

次に3次正方行列の場合を見てみます。次の3つの行列を考えます。

$$\boldsymbol{C}_1 = \begin{pmatrix} 3 & 1 & 1 \\ 1 & 2 & 1 \\ 0 & -1 & 1 \end{pmatrix},\ \boldsymbol{C}_2 = \begin{pmatrix} 1 & 1 & 1 \\ 1 & -1 & 1 \\ 1 & 0 & 1 \end{pmatrix},\ \boldsymbol{C}_3 = \begin{pmatrix} 1 & 1 & 2 \\ 2 & 2 & 4 \\ -3 & -3 & -6 \end{pmatrix}$$

計算してみるとわかりますが、これらのランクは次のようになります。

$$\text{rank}\,\boldsymbol{C}_1 = 3,\ \text{rank}\,\boldsymbol{C}_2 = 2,\ \text{rank}\,\boldsymbol{C}_3 = 1$$

これらによって定義される一次変換で、3次元空間全体がどこに写るかを考えます。

まず$\boldsymbol{C}_1$には逆行列が存在するので$\boldsymbol{y} = C_1\boldsymbol{x}$で$\boldsymbol{x}$が$\boldsymbol{y}$に写るとすると、$\boldsymbol{x} = \boldsymbol{C}_1^{-1}\boldsymbol{y}$となり、任意の空間上の点$\boldsymbol{y}$に移る$\boldsymbol{x}$が存在することになります。これはつまり空間全体が空間全体に写ることになります。

$\boldsymbol{C}_2$について、1行目を$\boldsymbol{c}_{21} = (1,1,1)^T$、2行目を$\boldsymbol{c}_{22} = (1,-1,1)^T$とすると、3行目は$\frac{1}{2}(\boldsymbol{c}_{21}^T + \boldsymbol{c}_{22}^T)$と表すことができます。

$$\boldsymbol{y} = \boldsymbol{C}_2\boldsymbol{x} = \begin{pmatrix} \boldsymbol{c}_{21}^T\boldsymbol{x} \\ \boldsymbol{c}_{22}^T\boldsymbol{x} \\ \frac{1}{2}(\boldsymbol{c}_{21}^T + \boldsymbol{c}_{22})\boldsymbol{x} \end{pmatrix}$$

となりますが、ここで$\boldsymbol{x}$が3次元空間全体を動くとき、$u = \boldsymbol{c}_{21}^T\boldsymbol{x}$と$v = \boldsymbol{c}_{22}^T\boldsymbol{x}$は任意の実数値を取りえます。

このときuとvで$\boldsymbol{y}$を表現すると、uとvは任意の実数値を取るので、この$\boldsymbol{y}$は次のように原点を通り2つのベクトル$(1,0,1/2)^T$と$(0,1,1/2)^T$で張られる平面上の任意の点を取りうることになります。

$$\boldsymbol{y} = \begin{pmatrix} u \\ v \\ \frac{1}{2}u + \frac{1}{2}v \end{pmatrix} = u\begin{pmatrix} 1 \\ 0 \\ \frac{1}{2} \end{pmatrix} + v\begin{pmatrix} 0 \\ 1 \\ \frac{1}{2} \end{pmatrix}$$

一般にベクトル$\boldsymbol{p}$と$\boldsymbol{q}$で張られる平面とは、**Fig03-15**のように原点を通り$\boldsymbol{p}$と$\boldsymbol{q}$が

含まれるような平面です。この平面上の点は$u\boldsymbol{p}+v\boldsymbol{q}$で表されることになります。$\boldsymbol{C}_2$によって空間全体は原点を通り2つのベクトル$(1,0,1/2)^T$と$(0,1,1/2)^T$で張られる平面に移されることがわかりました。

Fig03-15 平面の一次変換

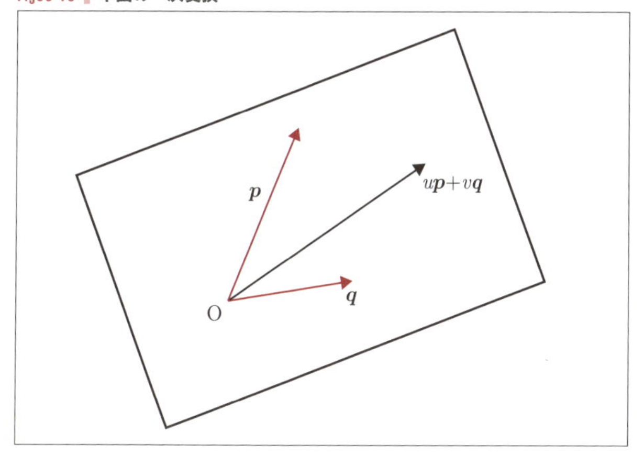

次に$\boldsymbol{C}_3$について考えます。この行列の1行目を$\boldsymbol{c}_3^T$とすると

$$\boldsymbol{C}_3 = \begin{pmatrix} \boldsymbol{c}_3^T \\ 2\boldsymbol{c}_3^T \\ -3\boldsymbol{c}_3^T \end{pmatrix}$$

と表せます。これによる一次変換を考えてみると

$$\boldsymbol{y} = \boldsymbol{C}_3\boldsymbol{x} = \begin{pmatrix} \boldsymbol{c}_3^T\boldsymbol{x} \\ 2\boldsymbol{c}_3^T\boldsymbol{x} \\ -3\boldsymbol{c}_3^T\boldsymbol{x} \end{pmatrix}$$

となり、ここで$\boldsymbol{x}$が3次元空間全体を動くとき$t=\boldsymbol{c}_3^T\boldsymbol{x}$は実数全体を動きます。この$t$を使って$\boldsymbol{y}$を表すと

$$\boldsymbol{y} = \begin{pmatrix} t \\ 2t \\ -3t \end{pmatrix} = t\begin{pmatrix} 1 \\ 2 \\ -3 \end{pmatrix}$$

となり、tは任意の実数を取りうるので$\boldsymbol{y}$は原点を通り方向ベクトル$(1,2,-3)^T$の直

線上を動くことになります。つまり空間全体は$\boldsymbol{C}_3$により原点を通り方向ベクトル$(1, 2, -3)^T$の直線に写ります。

ここではいくつか例を見てきましたが、ここでの観察によると行列$\boldsymbol{X}$に対応する一次変換で空間全体を写すと、その写された先は$\mathrm{rank}\,\boldsymbol{X}$次元空間になるということがいえそうです。実際これは任意の行列でいえます。以上では正方行列による一次変換のみを考えましたが、一次変換は正方行列でない場合も定義され、その場合も空間全体の写った先の次元は行列のランクに一致します。

例 題

1 3つの点O、A、BがO$(0,0)$、A$(1,0)$、B$(0,1)$で与えられたとすると、三角形OABは次の行列による一次変換により面積が何倍になるか計算しなさい。

$$\boldsymbol{A} = \begin{pmatrix} a & b \\ c & d \end{pmatrix}$$

ただし$ad - bc \neq 0$とする。

解 答

1 変換前の三角形OABの面積は$\frac{1}{2}$である。変換後のO、A、Bはそれぞれ$(0,0)$、(a,c)、(b,d)となる。$\boldsymbol{a} = (a,c)^T$、$\boldsymbol{b} = (b,d)$としてP.104の例題の解答を用いて面積を計算する。

$$\begin{aligned}\frac{1}{2}\sqrt{\|\boldsymbol{A}\|^2\|\boldsymbol{b}\|^2 - (\boldsymbol{a}^T\boldsymbol{b})^2} &= \frac{1}{2}\sqrt{(a^2+c^2)(b^2+d^2) - (ab+cd)^2} \\ &= \frac{1}{2}\sqrt{a^2d^2 + b^2c^2 - 2abcd} \\ &= \frac{1}{2}\sqrt{(ad-bc)^2} \\ &= \frac{1}{2}\,|ad - bc|\end{aligned}$$

したがって、$|ad - bc|$倍。

固有値

正方行列$\boldsymbol{A}$について、ゼロベクトルではないベクトル$\boldsymbol{v}$とスカラーλが次を満たすときvをAの**固有ベクトル**と呼び、λを**固有値**と呼びます。

$$\boldsymbol{A}\boldsymbol{v} = \lambda\boldsymbol{v} \tag{式03-05}$$

$\boldsymbol{v} = \boldsymbol{0}$のときはλがなんであろうとこの式は常に成り立つので、そういう自明な例は除外して考えようということです。

ここで2次正方行列の具体例を見てみます。次の行列を考えます。

$$\boldsymbol{A} = \begin{pmatrix} 1 & 4 \\ 1 & 1 \end{pmatrix}$$

この行列の固有値を求めます。

$$\boldsymbol{A}\boldsymbol{v} = \lambda\boldsymbol{v} = \lambda\boldsymbol{I}\boldsymbol{v}$$

なので次が成り立ちます。

$$(\boldsymbol{A} - \lambda\boldsymbol{I})\boldsymbol{v} = \boldsymbol{0} \tag{式03-06}$$

もし$(\boldsymbol{A} - \lambda\boldsymbol{I})$が正則行列であるとすると、両辺からこの逆行列を掛けて$\boldsymbol{v} = \boldsymbol{0}$となってしまうので、$\boldsymbol{v} \neq \boldsymbol{0}$となる$\boldsymbol{v}$が存在するためには$(\boldsymbol{A} - \lambda\boldsymbol{I})$が非正則である必要があります。この条件は行列式を考えることで

$$\det\left(\boldsymbol{A} - \lambda\boldsymbol{I}\right) = \det\begin{pmatrix} 1-\lambda & 4 \\ 1 & 1-\lambda \end{pmatrix} = (1-\lambda)(1-\lambda) - 3 \times 1 = 0$$

となり、これは2次方程式になります。この方程式を解くと

$$\lambda = -1, 3$$

となります。次に固有ベクトルを求めてみましょう。それぞれの固有値について対応する固有ベクトルがありますので、1つずつ求めていきます。$\lambda = -1$のとき**式03-06**は次のようになります。

$$\begin{pmatrix} 2 & 4 \\ 1 & 2 \end{pmatrix}\boldsymbol{v} = \boldsymbol{0}$$

これは例えば$\boldsymbol{v} = (2, -1)^T$のときに成り立ちます。ここで「例えば」といったのは、

固有ベクトルに0以外の定数を掛けても固有ベクトルになるからです。実際**式03-05**の両辺の$\boldsymbol{v}$を$k\boldsymbol{v}(k \neq 0)$で置き換えても成り立つことを確認してください。このように固有ベクトルは0以外のスカラー倍しても固有ベクトルの条件を満たすので、1つのベクトルを代表として考えることが多いです。

同様な計算から$\lambda = 3$のときは$\boldsymbol{v} = (2, 1)^T$のときに成り立ちます。これによって固有値と固有ベクトルの組みは、次の2つになります。

$$\left(-1, \begin{pmatrix} 2 \\ -1 \end{pmatrix}\right), \left(3, \begin{pmatrix} 2 \\ 1 \end{pmatrix}\right)$$

この1つ目の固有ベクトルを$\boldsymbol{v}_1 = (2, -1)^T$、2つ目の固有ベクトルを$\boldsymbol{v}_2 = (2, 1)^T$とおきます。この場合行列$\boldsymbol{A}$による一次変換は、$\boldsymbol{v}_1$方向に-1倍、$\boldsymbol{v}_2$方向に3倍に拡大したものだと考えることができます。-1倍の拡大とは、つまり方向を反転するということです。**Fig03-16**にこの一次変換の様子を示しました。以上が固有値と固有ベクトルの持つ幾何的な意味です。

Fig03-16 固有ベクトルの一次変換

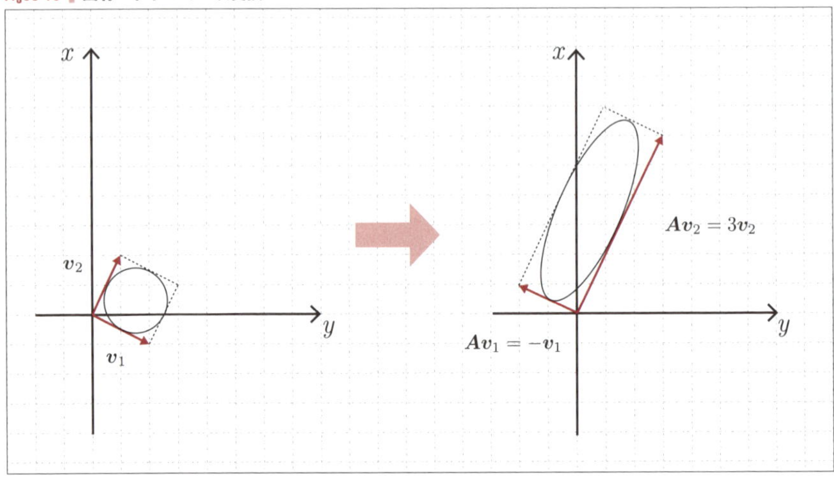

固有ベクトルの応用例としてべき乗の計算があります。上記の固有ベクトル$\boldsymbol{v}_1$、$\boldsymbol{v}_2$に対応する固有値をそれぞれλ_1、λ_2とすると、

$$\boldsymbol{A}\begin{pmatrix} \boldsymbol{v}_1 & \boldsymbol{v}_2 \end{pmatrix} = \begin{pmatrix} \lambda_1\boldsymbol{v}_1 & \lambda_2\boldsymbol{v}_2 \end{pmatrix} = \begin{pmatrix} \boldsymbol{v}_1 & \boldsymbol{v}_2 \end{pmatrix}\begin{pmatrix} \lambda_1 & \\ & \lambda_2 \end{pmatrix} \quad \text{式03-07}$$

となります。ここで

$$\begin{pmatrix} \boldsymbol{v}_1 & \boldsymbol{v}_2 \end{pmatrix} = \boldsymbol{V}, \begin{pmatrix} \lambda_1 & \\ & \lambda_2 \end{pmatrix} = \boldsymbol{\Lambda}$$

とおくと、**式03-07**の両辺に右から$\boldsymbol{V}^{-1}$を掛けて

$$\boldsymbol{A} = \boldsymbol{V}\boldsymbol{\Lambda}\boldsymbol{V}^{-1} \qquad \text{式03-08}$$

となるので、次の計算ができます。

$$\begin{aligned} \boldsymbol{A}^n &= (\boldsymbol{V}\boldsymbol{\Lambda}\boldsymbol{V}^{-1})^n \\ &= \underbrace{(\boldsymbol{V}\boldsymbol{\Lambda}\boldsymbol{V}^{-1}) \cdot (\boldsymbol{V}\boldsymbol{\Lambda}\boldsymbol{V}^{-1}) \cdots (\boldsymbol{V}\boldsymbol{\Lambda}\boldsymbol{V}^{-1})}_{n\text{個}} \\ &= \boldsymbol{V}\boldsymbol{\Lambda}(\boldsymbol{V}^{-1}\boldsymbol{V})\boldsymbol{\Lambda}(\boldsymbol{V}^{-1}\boldsymbol{V})\boldsymbol{\Lambda}\boldsymbol{V}^{-1} \cdots \boldsymbol{V}\boldsymbol{\Lambda}\boldsymbol{V}^{-1} \\ &= \boldsymbol{V}\boldsymbol{\Lambda}^n\boldsymbol{V}^{-1} \end{aligned}$$

ここで$\boldsymbol{\Lambda}$は対角行列なのでn乗は簡単に計算できて、

$$\boldsymbol{\Lambda}^n = \begin{pmatrix} \lambda_1^n & \\ & \lambda_2^n \end{pmatrix}$$

となります。ここで具体的な数字を入れて計算します。P.119の行列$\boldsymbol{A}$については

$$\boldsymbol{V} = \begin{pmatrix} 2 & 2 \\ -1 & 1 \end{pmatrix},\ \boldsymbol{V}^{-1} = \frac{1}{4}\begin{pmatrix} 1 & -2 \\ 1 & 2 \end{pmatrix}$$

となるので、

$$\begin{aligned} \boldsymbol{A}^n &= \begin{pmatrix} 2 & 2 \\ -1 & 1 \end{pmatrix} \begin{pmatrix} (-1)^n & \\ & 3^n \end{pmatrix} \cdot \frac{1}{4}\begin{pmatrix} 1 & -2 \\ 1 & 2 \end{pmatrix} \\ &= \begin{pmatrix} 2 \times (-1)^n + 2 \times 3^n & -4 \times (-1)^n + 4 \times 3^n \\ -(-1)^n + 3^n & 2 \times (-1)^n + 2 \times 3^n \end{pmatrix} \end{aligned}$$

となります。

式03-08のように与えられた正方行列$\boldsymbol{A}$に対して行列$\boldsymbol{V}$と対角行列$\boldsymbol{\Lambda}$を用いて$\boldsymbol{A} = \boldsymbol{V}\boldsymbol{\Lambda}\boldsymbol{V}^{-1}$を表すことを**対角化**といいます。すべての正方行列が対角化可能なわけ

ではないので注意が必要です。

本書では3次以上の正方行列の固有値・固有ベクトルの求め方は紹介しませんが、一般の正方行列で固有値・固有ベクトルを考えることができます。また、実行列の固有値が実数となるとは限らず、複素数の範囲で固有値を持つことがあります。特にn次正方行列がn個の異なる固有値を保つ場合はその行列は対角化可能であることが知られています。

例題

1 次の行列の固有値と固有ベクトルを求めなさい。

$$\boldsymbol{A} = \begin{pmatrix} 5 & -2 \\ 9 & -6 \end{pmatrix}$$

2 次の行列の固有値は-2、4、5であることがわかっています。それぞれの固有値に対応する固有ベクトルを求めなさい。

$$\boldsymbol{A} = \begin{pmatrix} 4 & & 6 \\ & -3 & 4 \\ & -2 & 6 \end{pmatrix}$$

解答

1 $\det(\boldsymbol{A} - \lambda \boldsymbol{I}) = 0$

より、

$$\begin{aligned} (5-\lambda)(-6-\lambda) + 18 &= 0 \\ \lambda^2 + \lambda - 12 &= 0 \\ (\lambda+4)(\lambda-3) &= 0 \\ \therefore \quad \lambda &= -4, 3 \end{aligned}$$

$$\boldsymbol{A} - (-4)\boldsymbol{I} = \begin{pmatrix} 9 & -2 \\ 9 & -2 \end{pmatrix}$$

より固有ベクトルは

$$\begin{pmatrix} 2 \\ 9 \end{pmatrix}$$

となる。

$$\boldsymbol{A} - 3\boldsymbol{I} = \begin{pmatrix} 2 & -2 \\ 9 & -9 \end{pmatrix}$$

より固有ベクトル

$$\begin{pmatrix} 1 \\ 1 \end{pmatrix}$$

となる。以上をまとめて、固有値と固有ベクトルの組は以下のとおり。

$$\left(-4, \begin{pmatrix} 2 \\ 9 \end{pmatrix}\right), \left(3, \begin{pmatrix} 1 \\ 1 \end{pmatrix}\right)$$

2

$$\boldsymbol{A} - (-2)\boldsymbol{I} = \begin{pmatrix} 6 & & 6 \\ & -1 & 4 \\ & -2 & 8 \end{pmatrix}$$

より対応する固有ベクトル$(1, -4, -1)^T$となる。

$$\boldsymbol{A} - 4\boldsymbol{I} = \begin{pmatrix} & & 6 \\ & -7 & 4 \\ & -2 & 2 \end{pmatrix}$$

より対応する固有ベクトル$(1, 0, 0)^T$となる。

$$\boldsymbol{A} - 5\boldsymbol{I} = \begin{pmatrix} -1 & & 6 \\ & -8 & 4 \\ & -2 & 1 \end{pmatrix}$$

より対応する固有ベクトル$(12, 1, 2)^T$となる。以上まとめると、-2、4、5に対応する固有ベクトルはそれぞれ次のようになる。

$$\begin{pmatrix} 1 \\ -4 \\ -1 \end{pmatrix}, \begin{pmatrix} 1 \\ 0 \\ 0 \end{pmatrix}, \begin{pmatrix} 12 \\ 1 \\ 2 \end{pmatrix}$$

直交行列

次の式を満たす正方行列$\boldsymbol{U}$を**直交行列**と呼びます。

$$\boldsymbol{U}^T\boldsymbol{U} = I$$

このとき$\boldsymbol{U}$は正則であり、

$$\boldsymbol{U}^{-1} = \boldsymbol{U}^T$$

となります。すると逆行列の性質により、次も成り立ちます。

$$\boldsymbol{U}^T\boldsymbol{U} = \boldsymbol{U}\boldsymbol{U}^T = I$$

次に$\boldsymbol{U}$を列に分解してみます。

$$\boldsymbol{U} = \begin{pmatrix} \boldsymbol{u}_1 & \boldsymbol{u}_2 & \cdots & \boldsymbol{u}_n \end{pmatrix}$$

とすると、

$$\begin{aligned}
\boldsymbol{U}^T\boldsymbol{U} &= \begin{pmatrix} \boldsymbol{u}_1^T \\ \boldsymbol{u}_2^T \\ \vdots \\ \boldsymbol{u}_n \end{pmatrix} \begin{pmatrix} \boldsymbol{u}_1 & \boldsymbol{u}_2 & \cdots & \boldsymbol{u}_n \end{pmatrix} \\
&= \begin{pmatrix} \boldsymbol{u}_1^T\boldsymbol{u}_1 & \boldsymbol{u}_1^T\boldsymbol{u}_2 & \cdots & \boldsymbol{u}_1^T\boldsymbol{u}_n \\ \boldsymbol{u}_2^T\boldsymbol{u}_1 & \boldsymbol{u}_2^T\boldsymbol{u}_2 & \cdots & \boldsymbol{u}_2^T\boldsymbol{u}_n \\ \vdots & \vdots & \ddots & \vdots \\ \boldsymbol{u}_n^T\boldsymbol{u}_1 & \boldsymbol{u}_n^T\boldsymbol{u}_2 & \cdots & \boldsymbol{u}_n^T\boldsymbol{u}_n \end{pmatrix}
\end{aligned}$$

となり、直交行列の定義により次を得ます。

$$\boldsymbol{u}_i^T\boldsymbol{u}_j = \begin{cases} 1 & (i = j\text{のとき}) \\ 0 & (i \neq j\text{のとき}) \end{cases}$$

これは直交行列の重要な性質で、ベクトル$\boldsymbol{u}_1, \boldsymbol{u}_2, \ldots, \boldsymbol{u}_n$の正規直交性と呼ばれる性質です。$\boldsymbol{u}_i^T\boldsymbol{u}_i = \|\boldsymbol{u}\| = 1$が正規性と呼ばれるもので、$\boldsymbol{u}_i^T\boldsymbol{u}_j = 0(i \neq j)$が直交性と呼ばれるものです。

以上では$\boldsymbol{U}$を横に分割しましたが、縦に分割しても同じことがいえます。つまり

$$\boldsymbol{U} = \begin{pmatrix} \boldsymbol{u}_1'^T \\ \boldsymbol{u}_2'^T \\ \vdots \\ \boldsymbol{u}_n'^T \end{pmatrix}$$

と縦に分解すると、

$$\boldsymbol{U}\boldsymbol{U}^T = \boldsymbol{I}$$

により

$$\boldsymbol{u}_i'^T \boldsymbol{u}_j' = \begin{cases} 1 & (i = j\text{のとき}) \\ 0 & (i \neq j\text{のとき}) \end{cases}$$

を得ます。以上のことをまとめると、直交行列は各列をベクトルとみなしたベクトル集合を考えても、各行をベクトルとみなしたベクトル集合を考えても、両方とも正規直交性を満たします。

また直交行列の重要な性質として、内積を保存するというものがあります。つまり2つのベクトル$\boldsymbol{u}$、$\boldsymbol{v}$が与えられたとして、$\boldsymbol{u}$と$\boldsymbol{v}$の内積と、$\boldsymbol{U}\boldsymbol{u}$と$\boldsymbol{U}\boldsymbol{v}$の内積は一致します。実際次のようにして確認できます。

$$(\boldsymbol{U}\boldsymbol{u})^T(\boldsymbol{U}\boldsymbol{v}) = \boldsymbol{u}^T\boldsymbol{U}^T\boldsymbol{U}\boldsymbol{v} = \boldsymbol{u}^T(\boldsymbol{U}^T\boldsymbol{U})\boldsymbol{v} = \boldsymbol{u}\boldsymbol{v}$$

ここで幾何的なイメージを見るために、平面上での直交行列による一次変換を考えてみます。サイズ2×2の直交行列$\boldsymbol{U}$が次のように表されるとします。

$$\boldsymbol{U} = \begin{pmatrix} \boldsymbol{u}_1 & \boldsymbol{u}_2 \end{pmatrix}$$

この$\boldsymbol{U}$による一次変換によりベクトル$(0,1)^T$は$\boldsymbol{u}_1$に移され、ベクトル$(0,1)^T$は$\boldsymbol{u}_2$に移されます。直交行列の性質により$\|\boldsymbol{u}_1\| = \|\boldsymbol{u}_2\| = 1$であり、$\boldsymbol{u}_1$と$\boldsymbol{u}_2$は直交するので、**Fig03-17**のように平面上の図形はそれと合同な図形に移されます。つまり、一次変換によっても図形が歪まないで形状と大きさが保存されます。

Fig03-17 直交行列の一次変換

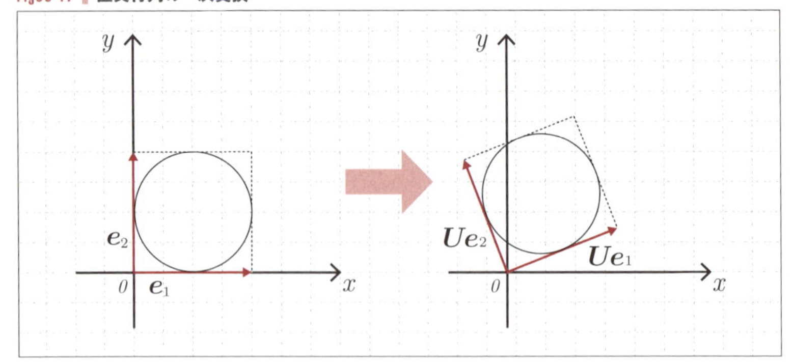

このことから、前述の直交行列が内積を保存するという性質も直感的にわかります。$\boldsymbol{U}$による一次変換が形状と大きさを保存するということにより、任意のベクトルの大きさはこの変換により変化しません。また、任意の2つのベクトルのなす角も変化しません。したがって、任意の2つのベクトルの内積は$\boldsymbol{U}$により変化しません。

対称行列

次に対称行列を定義します。次のような条件を満たす正方行列$\boldsymbol{A}$を**対称行列**と呼びます。

$$\boldsymbol{A}^T = \boldsymbol{A}$$

対称行列については、固有値・固有ベクトルについてよい性質があります。一般には実正方行列の固有値は実数とは限らなかったのですが、対称行列の固有値は必ず実数であることが知られています。また、対称行列は直交行列を使って対角化ができます。つまり対称行列$\boldsymbol{A}$について、$\boldsymbol{U}^{-1}\boldsymbol{A}\boldsymbol{U} = \boldsymbol{U}^T\boldsymbol{A}\boldsymbol{U}$が対角行列となるような直交行列$\boldsymbol{U}$が存在します。

対称行列の中でも、特に**半正定値**という性質を持つものに注目することがあります。n次対称行列$\boldsymbol{A}$が半正定値であるとは、任意のベクトル$\boldsymbol{x} \in \mathbb{R}^n$について次が成り立つことです。

$$\boldsymbol{x}^T\boldsymbol{A}\boldsymbol{x} \geq 0$$

$\boldsymbol{A}$が半正定値であるための条件は、$\boldsymbol{A}$の固有値がすべて0以上であることです。実

際直交行列$\boldsymbol{U}$によって

$$\boldsymbol{U}^T\boldsymbol{A}\boldsymbol{U} = \boldsymbol{\Lambda} = \mathrm{diag}(\lambda_1, \lambda_2, \ldots, \lambda_n)$$

つまり

$$\boldsymbol{A} = \boldsymbol{U}\boldsymbol{\Lambda}\boldsymbol{U}^T$$

（ここで$\boldsymbol{U}^{-1} = \boldsymbol{U}^T$に注意）と表されたとすると、$\boldsymbol{U}^T$は正則なので$\boldsymbol{y} = \boldsymbol{U}^T\boldsymbol{x}$とすると、$\boldsymbol{x}$が$\mathbb{R}^n$内全体を動くとき、$\boldsymbol{y}$も$\mathbb{R}^n$全体を動きます。

$$\begin{aligned}\boldsymbol{x}^T\boldsymbol{A}\boldsymbol{x} &= \boldsymbol{x}^T(\boldsymbol{U}\boldsymbol{\Lambda}\boldsymbol{U}^T)\boldsymbol{x} \\ &= (\boldsymbol{U}^T\boldsymbol{x})^T\boldsymbol{\Lambda}(\boldsymbol{U}^T\boldsymbol{x}) \\ &= \boldsymbol{y}^T\boldsymbol{\Lambda}\boldsymbol{y} \\ &= \lambda_1 y_1^2 + \lambda_2 y_2^2 + \cdots + \lambda_n\end{aligned}$$

となります。ただしここで$\boldsymbol{y} = (y_1, y_2, \ldots, y_n)^T$としました。これが任意の$\boldsymbol{y}$に対して0以上になるための条件は、$\lambda_1, \lambda_2, \ldots, \lambda_n$がすべて0以上となることです。

半正定値の定義で$\geq$を$>$で置き換えたものが正定値と呼ばれる性質です。つまり$\boldsymbol{A}$が**正定値**であるとは、任意の$\boldsymbol{x} \in \mathbb{R}^n$について

$$\boldsymbol{x}^T\boldsymbol{A}\boldsymbol{x} > 0$$

となることです。半正定値のときと同様な議論によって、行列$\boldsymbol{A}$が正定値であるための条件は、すべての固有値が正であることがわかります。

一般の正方行列が半正定値かどうかを判定する方法については本書では触れませんが、2×2の場合について考えてみます。

$$\boldsymbol{A} = \begin{pmatrix} a & b \\ b & d \end{pmatrix}, \boldsymbol{x} = \begin{pmatrix} x \\ y \end{pmatrix}$$

とします。$\boldsymbol{A}$の固有値は次のλについての方程式で求められるのでした。

$$\begin{aligned}&\det(\boldsymbol{A} - \lambda\boldsymbol{I}) = \boldsymbol{0} \\ &\therefore \lambda^2 - (a+d)\lambda + ad - b^2 = 0\end{aligned}$$

となります。ここでこの解を$\lambda = \lambda_1, \lambda_2$とすると、

$$\lambda_1 + \lambda_2 = a + d, \quad \lambda_1 \lambda_2 = ad - b^2$$

となるので、$\lambda_1 \geq 0, \lambda_2 \geq 0$となるための条件は次のようになります。

$$a + d \geq 0,\ ad - b^2 \geq 0$$

つまりこれが$\boldsymbol{A}$が半正定値となるための条件です。同様に$\boldsymbol{A}$が正定値であるための条件はこの式から不等号を> 0に変えたものになります。つまり正定値になるための条件は次のようになります。

$$a + d > 0,\ ad - b^2 > 0$$

半正定値・正定値と同様に半負定値・負定値というのも考えることができます。n次正方行列$\boldsymbol{A}$が**半負定値**であるとは任意のベクトル$\boldsymbol{x} \in \mathbb{R}^n$について

$$\boldsymbol{x}^T \boldsymbol{A} \boldsymbol{x} \leq 0$$

であることです。また**負定値**であるとは、任意の$\boldsymbol{x} \in \mathbb{R}^n$について、以下が成り立つことです。

$$\boldsymbol{x}^T \boldsymbol{A} \boldsymbol{x} < 0$$

半正定値のときと同様な議論により、$\boldsymbol{A}$が半負定値であるための条件はすべての固有値が0以下になる場合です。負定値であるための条件はすべての固有値が負になることです。

半正定値と同様の計算により、

$$\begin{pmatrix} a & b \\ b & c \end{pmatrix}$$

が半負定値であるための条件は

$$a + d \leq 0,\ ad \geq 0$$

となります。同様に、負定値になるための条件は

$$a + d < 0,\ ad > 0$$

となります。

03-03 微積分

微積分については公式を覚えて終わりになりがちですが、ここでは数学的な背景を含めて解説していきます。

極限

次のような無限数列を考えます。

$$1, \frac{1}{2}, \frac{1}{3}, \cdots$$

この数列の第n項a_nは次の式で表されます。

$$a_n = \frac{1}{n}$$

このようにn番目の項を式で表したものを数列の一般項と呼びます。この数列はnが大きくなると0に近づいていきます。このことを次の式で表します。

$$\lim_{n \to \infty} \frac{1}{n} = 0$$

あるいは

$$n \to \infty \text{ のとき } \frac{1}{n} \to 0$$

と表すこともあります。また、文中では$\lim_{n \to \infty} \frac{1}{n}$のように$\lim$の右下に$n \to \infty$を書くこともあります。この場合の$\frac{1}{n}$が近づく値0を**極限**、または**極限値**といいます。

すべての無限数列に極限が存在するわけではありません。例えば一般項$a_n = n$で表される数列、つまり

$$1, 2, 3, \cdots$$

はnが大きくなると無限に大きくなります。このようなとき、この数列は**発散する**といいます。これは正の方向に発散しますが、負の方向に発散する数列もあります。例えば一般項$a_n = -n^2$で表される数列

$$-1, -4, -9, \cdots$$

は負の方向に発散します。上記で示したような正の方向への発散、負の方向への発散を次のように表します。

$$\lim_{n \to \infty} n = \infty \quad \lim_{n \to \infty} (-n^2) = -\infty$$

ここで注意すべきことは「∞という数」があるというわけではなく、発散するということを表現するのにこの記号を使っているということです。∞は数ではないので∞に対する演算は定義できません。

次に一般項$a_n = (-1)^n n$で表される数列

$$-1, 2, -3, 4, \cdots$$

を考えます。この数列は収束せず、nが大きくなると無限に大きくなるというわけでもなく、無限に小さくなるというわけでもありません。実際この数列の奇数番目の項だけ抜き出すと

$$-1, -3, -5, \cdots$$

となり、nが大きくなると無限に小さくなります。一方、偶数番目だけ抜き出すと、

$$2, 4, 6, \cdots$$

となり無限に大きくなります。このように発散も収束もしない数列の挙動は**振動**と呼

ばれます。つまり、一般項$a_n = (-1)^n n$で表される数列は振動します。

Fig03-18 $y = \frac{1}{x}$のグラフ

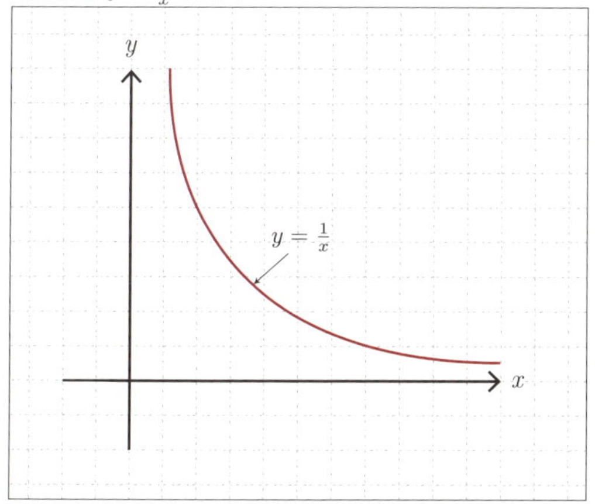

ここまでは数列の極限を見てきましたが関数の極限も同様に考えることもできます。例えば$f(x) = \frac{1}{x}$という関数を考えると、これはxを限りなく大きくすると0に近づいていきます。このことはグラフ(**Fig03-18**参照)を見ても明らかでしょう。このことは次のように表されます。

$$\lim_{x \to \infty} \frac{1}{x} = 0$$

数列のときと同様に関数$f(x) = x$はxを無限に大きくすると値が無限に大きくなります。また、関数$f(x) = -x^2$はxを無限に大きくすると無限に小さくなります。このような関数は発散するといい、次の式で表されます。

$$\lim_{x \to \infty} x = \infty$$
$$\lim_{x \to \infty} -x^2 = -\infty$$

次に関数$f(x) = x \sin x$を考えます。**Fig03-19**のように、この関数はxが大きくなると上下の振れ幅が大きくなっていき、無限に大きいxについては、いくらでも大きい値といくらでも小さい値の両方を取りうることになります。このように、発散も収束もしない関数は振動するといいます。

Fig03-19 ‖ $y = x\sin x$ のグラフ

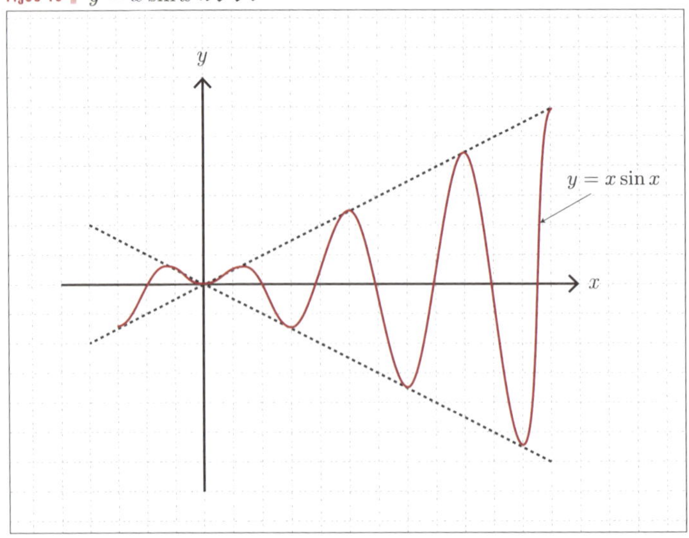

ここまで$x \to \infty$のときの極限だけを見てきましたが、それ以外を考えることもできます。例えば関数$f(x) = \frac{1}{x}$はxを無限に小さくしていくと0に近づきます。これは次で表します。

$$\lim_{x \to -\infty} \frac{1}{x} = 0$$

また、特定の定数に近づけるときの極限というのも考えることができます。例えば関数$f(x) = x^2$でxが1の場合は$f(1) = 1^2 = 1$となるので、次で表すことができます。

$$\lim_{x \to 1} x^2 = 1$$

これは$x = 1$で定義されている関数なので極限の計算は簡単です。次の例として関数$f(x) = \frac{x^2(x-1)}{x-1}$を考えます。これは$x = 1$では定義されていませんが、$x = 1.01$、$x = 1.001$など1より少しでも大きい数では定義されていて、$x$が1に近づくほど$f(x)$の値は1に近づきます。

また、小さい方から近づけても同様で、$x = 0.99$、0.999のように、1より少しでも小さいと定義されていて、xを1に近づければ近づけるほど$f(x)$は1に近づきます。この関数をグラフで表現する**Fig03-20**のようになり、$x = 1$でだけ定義されていない関数で、xを大きい方から1に近づけても、小さい方から1に近づけても$f(x)$は1に近づきます。このことを次のように表します。

$$\lim_{x \to 1} \frac{x^2(x-1)}{x-1} = 1$$

この関数は$x = 1$では定義されていませんが、$x \neq 1$では分子と分母の$(x-1)$を約分できて、x^2と一致します。このx^2の$x = 1$のときの極限値が$\frac{x^2(x-1)}{x-1}$の極限値と一致します。このように分子と分母を共通因数で割ることで極限値を求める手法はよく使われます。

Fig03-20 $y = \frac{x^2(x-1)}{x-1}$ **のグラフ**

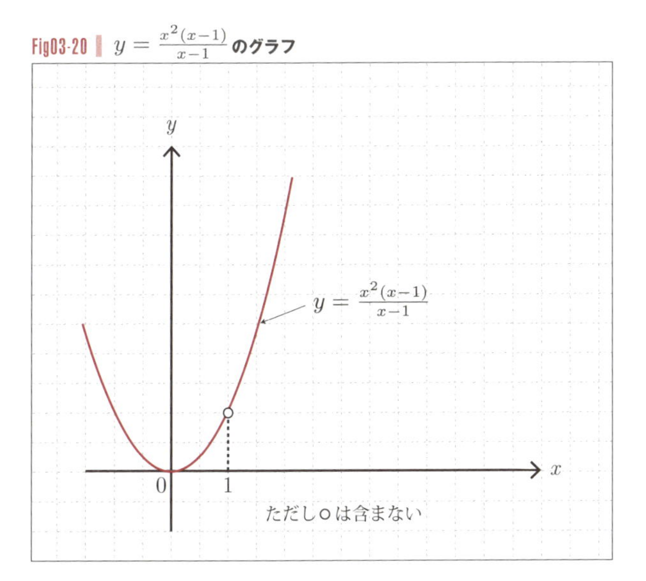

次に極限の持つ性質を説明します。$\lim_{x \to a} f(x) = \alpha$、$\lim_{x \to a} g(x) = \beta$のとき(両方とも収束するとき)、次が成り立ちます。

$$\lim_{x \to a} (f(x) + g(x)) = \alpha + \beta$$
$$\lim_{x \to a} (f(x)g(x)) = \alpha\beta$$
$$\lim_{x \to a} \left(\frac{f(x)}{g(x)}\right) = \frac{\alpha}{\beta} \quad ただし\ \beta \neq 0 \qquad 式03\text{-}09$$

またこのことから次の性質はすぐに示せます。

$$\lim_{x \to a} (f(x) - g(x)) = \alpha - \beta$$
$$\lim_{x \to a} kf(x) = k\alpha$$
$$\lim_{x \to a} (kf(x) + lg(x)) = k\alpha + l\beta$$

計算例として次の極限を計算してみます。

$$\lim_{x \to \infty} \frac{3x^2 + 2x + 1}{x^2 + 2x + 3}$$

これを計算するには**式03-09**と $\lim_{x \to \infty} \frac{1}{x} = 0$ であることをうまく利用します。計算すると以下のようになります。

$$\begin{aligned}
\lim_{x \to \infty} \frac{3x^2 + 2x + 1}{x^2 + 2x + 3} &= \lim_{x \to \infty} \frac{3 + 2\frac{1}{x} + \frac{1}{x^2}}{1 + 2\frac{1}{x} + 3\frac{1}{x^2}} \\
&= \frac{3 + 2\lim_{x \to \infty} \frac{1}{x} + \lim_{x \to \infty} \frac{1}{x^2}}{1 + 2\lim_{x \to \infty} \frac{1}{x} + 3\lim_{x \to \infty} \frac{1}{x^2}} \\
&= \frac{3 + 2 \cdot 0 + 0}{1 + 2 \cdot 0 + 3 \cdot 0} \\
&= 3
\end{aligned}$$

次の関数を考えます。

$$f(x) = \frac{x(x-1)}{|x-1|}$$

この関数は $x = 1$ では定義されておらず、絶対値の定義により $x > 1$ と $x < 1$ に分けて考えると次のように表されます。

$$\begin{aligned}
f(x) &= \begin{cases} \frac{x(x-1)}{x-1} & (x > 1) \\ \frac{x(x-1)}{-(x-1)} & (x < 1) \end{cases} \\
&= \begin{cases} x & (x > 1) \\ -x & (x < 1) \end{cases}
\end{aligned}$$

したがってこの関数は、x を数直線上で右から1に近づけた場合と、左から1に近づけた場合で極限が異なります。x を右から a に近づけることを $x \to a + 0$ で表し、左から a に近づけることを $x \to a - 0$ で表します。特に $a = 0$ のときは、それぞれ $x \to +0$、$x \to -0$ と書きます。上記 $f(x)$ の例だと次のようになります。

$$\lim_{x \to 1+0} \frac{x(x-1)}{|x-1|} = \lim_{x \to 1+0} \frac{x(x-1)}{x-1}$$
$$= \lim_{x \to 1+0} x = 1$$
$$\lim_{x \to 1-0} \frac{x(x-1)}{|x-1|} = \lim_{x \to 1-0} \frac{x(x-1)}{-(x-1)}$$
$$= \lim_{x \to 1-0} -x = -1$$

このように右から近づけた場合と左から近づけた場合で極限値が異なります。実際$y = f(x)$のグラフは次のようになります。

Fig03-21 $y = f(x)$のグラフ

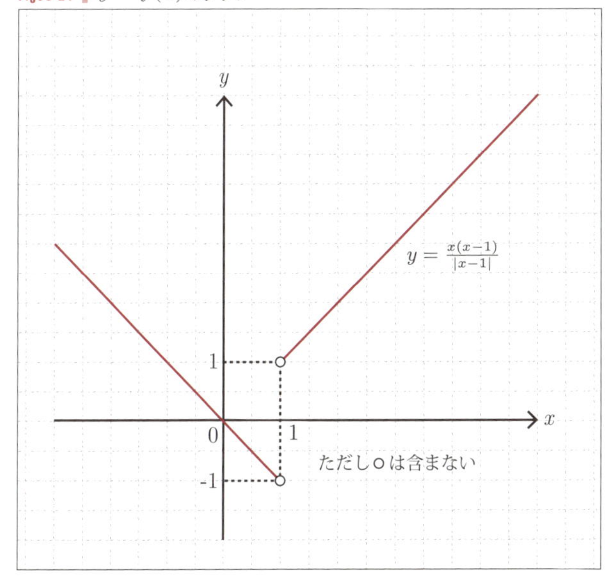

一般に$x \to a+0$としたときの極限を右極限、$x \to a-0$としたときの極限を左極限といいます。$x \to a$での右極限と左極限が一致する場合に、それを$x = a$での極限と呼んでいたのでした。

次に連続関数の定義をします。関数$y = f(x)$が$x = a$で**連続**であるということは次で定義されます。

$$\lim_{x \to a} f(x) = f(a)$$

つまりこれは$f(x)$が$x = a$で定義されていて、xを右からaに近づけても左からa

に近づけても、その極限は$f(a)$になるという意味です。例外的にaが$f(x)$の端点である場合があって、例えば$f(x)$の定義域が閉区間$[p,q]$であって$a=p$の場合、aで連続であることは次で定義されます。

$$\lim_{x \to a+0} f(x) = f(a)$$

これはaが定義域の下端であることから左側から近づけることができないからです。同様に定義域が$[p,q]$で$a=q$のとき$x=a$で連続であるとは次で定義されます。

$$\lim_{x \to a-0} f(x) = f(a)$$

ここで各点での連続性が定義されたので、関数全体での連続性を定義します。関数$f(x)$が連続であるとは、定義域上のすべての点で連続であることをいいます。

すべての多項式関数は連続です。指数関数$y=a^x$および対数関数$y=\log_a x$も連続です。ただし対数関数の定義域は$x>0$であることを注意してください。

この関数の連続性の定義は、日常言語の持つ「連続」の直感的イメージと異なることがあるので注意が必要です。例えば前述の右極限・左極限の例として挙げた$y=\frac{x(x-1)}{|x-1|}$は連続関数です。なぜなら、この関数の定義域は$x \neq 1$であり、関数の連続性の定義から$x=1$での連続性を考慮しなくてもよいからです。実際$a \neq 1$のときは$\lim_{x \to a} \frac{x(x-1)}{|x-1|} = \frac{a(a-1)}{|a-1|}$が成り立ちます。

一方、次の関数は連続ではありません。

$$f(x) = \begin{cases} \frac{x(x-1)}{|x-1|} & (x \neq 0) \\ 0 & (x = 0) \end{cases}$$

$f(1)=0$でありながら、$\lim_{x \to 1} f(x)$は定義されない（右と左で極限が違う）からです。

例題

1 次を計算しなさい。収束しない場合は、発散または振動と答えなさい。

a

$$\lim_{x \to \infty} \frac{3x^3 + x}{x^3 + 2x^2}$$

b

$$\lim_{x \to \infty} \frac{x^2 + x}{x^3 + 2x^2}$$

c
$$\lim_{x\to\infty}\frac{2x^2+x}{x+3}$$

解 答

1 a

$$\lim_{x\to\infty}\frac{3x^3+x}{x^3+2x^2}=\lim_{x\to\infty}\frac{3+\frac{1}{x^2}}{1+2\frac{1}{x}}$$
$$=3$$

b

$$\lim_{x\to\infty}\frac{x^2+x}{x^3+2x^2}=\lim_{x\to\infty}\frac{\frac{1}{x}+\frac{1}{x^2}}{1+2\frac{1}{x}}$$
$$=0$$

c

$$\lim_{x\to\infty}\frac{2x^2+x}{x+3}=\lim_{x\to\infty}\frac{2x+1}{1+3\frac{1}{x}}$$
$$=\infty$$

つまり発散。

指数関数

aの累乗a^n（aのn乗）というのは、nが自然数（1以上の整数）のときにはaをn回掛けた数として定義できました。つまり

$$a^n=\underbrace{a\times a\times\cdots a}_{n個}$$

ということです。これは次の指数法則を満たします。

$$a^m\times a^n=a^{m+n} \quad 式03\text{-}10$$
$$(a^m)^n=a^{mn} \quad 式03\text{-}11$$
$$(ab)^n=a^nb^n$$

mとnが自然数のときに限らず、指数法則を満たすようにすることで一般の実数xについてa^xを定義できます。このようなa^nを**べき乗**と呼びます。

式03-10により

$$a^n\times a^0=a^{n+0}=a^n$$

であるので、$a^0 = 1$となります。また、自然数nに対して

$$a^n \times a^{-n} = a^{n+(-n)} = a^0 = 1$$

となるので、

$$a^{-n} = \frac{1}{a^n}$$

と定義します。ここまでで、(正とは限らない)任意の整数nについてa^nを定義できました。

次に準備として記号を導入します。実数$a \geq 0$と自然数qに対して、q乗してaになる数のうち、正の実数を

$$\sqrt[q]{a}$$

と書きます。特に$q = 2$のときはqを書かずに省略します。例えば

$$\sqrt{4} = 2,\ \sqrt[3]{8} = 2,\ \sqrt[4]{81} = 3$$

となります。もちろん整数にならないこともあり、例えば$\sqrt[3]{3}$は

$$\sqrt[3]{3} = 1.44224 \cdots$$

という無理数になります。

次に整数を実数まで拡張して、実数xに対するa^xという計算を考えたいと思います。例えば次のような計算を考えます。

$$4^{\frac{1}{2}},\ 27^{\frac{1}{3}},\ 27^{\frac{2}{3}}$$

式03-11を満たすようにすると、

$$(4^{\frac{1}{2}})^2 = 4^{\frac{1}{2} \times 2} = 4^1 = 4$$

であるので、つまり$4^{\frac{1}{2}}$は2乗すると4になる数で$4^{\frac{1}{2}} = 2$になります。2乗して4になる数は2つあるのですが(−2も2乗すると4になる)、べき乗計算では正の数のみを考える決まりになっています。同様に

$$(27^{\frac{1}{3}})^3 = 27^{\frac{1}{3} \times 3} = 27$$

となるので$27^{\frac{1}{3}}$は3乗すると27になる数で、$27^{\frac{1}{3}} = 3$です。

以上で一般の有理数についてのべき乗の計算が定義されました。整数pとqに対し$a^{\frac{p}{q}}$は次のように定義されます。

$$a^{\frac{p}{q}} = (\sqrt[q]{a})^p$$

最後に有理数ではない実数、つまり無理数の場合についても定義しなくてはいけません。例えば

$$2^{\sqrt{2}}$$

という数を考えるときには、$\sqrt{2}$に近づくような数列、例えば

$$1,\ 1.4,\ 1.41,\ 1.414,\ 1.4142, \cdots$$

を考えて、それに対応する

$$2^1, 2^{1.4}, 2^{1.41}, 2^{1.414}, 2^{1.4142}, \cdots$$

を考え、この極限値が$2^{\sqrt{2}}$であると定義します。

以上のようにすれば実数xについてa^xを定義できます。xの関数$f(x) = a^x$はaは、aを底とする**指数関数**と呼ばれます。このときは$a > 0$である必要があるので気をつける必要があります。実際例えば$(-2)^{\frac{1}{2}}$というものは2乗すると-2になる数ということになり、実数の範囲ではうまく定義できません。また、今までの議論では指数法則を満たすようにべき乗の概念を拡張してきたので、任意のx, yと$a > 0$について、次が成り立ちます。

$$a^x \times a^y = a^{x+y}$$
$$(a^x)^y = a^{xy}$$
$$(ab)^x = a^x b^x$$

指数関数の中でも次で定義される数がとても重要な意味を持ちます。

$$e = \lim_{n\to\infty} \left(1 + \frac{1}{n}\right)^n \qquad \text{式03-12}$$

この数は**自然対数の底**（てい）または**ネイピア数**と呼ばれ、次のような無理数です。

$$e = 2.71828182845\cdots$$

このeを用いた$f(x) = e^x$という指数関数がとても重要になるのですが、なぜ重要になるかは微分の説明のところで触れます。

e^xは次のように書かれることもあります。

$$\exp x$$

特にxの部分が複雑な式になる場合はこのように$\exp$を使った表現の方が便利です。

例　題

1 次の計算をしなさい。

a $9^{\frac{1}{2}}$　b $8^{-\frac{2}{3}}$　c $25^{\sqrt{3}-\frac{1}{2}} \times 5^{-1-2\sqrt{3}}$

2 次の数を小さい順に並べなさい。

$$\sqrt[3]{4},\ \sqrt{2},\ \sqrt{\sqrt{8}},\ 2,\ 2^{\frac{3}{5}}$$

解　答

1 a $9^{\frac{1}{2}} = \sqrt{9} = 3$

b $8^{-\frac{2}{3}} = \dfrac{1}{8^{\frac{2}{3}}} = \dfrac{1}{(8^{\frac{1}{3}})^2} = \dfrac{1}{2^2} = \dfrac{1}{4}$

c
$$\begin{aligned}
25^{\sqrt{3}-\frac{1}{2}} \times 5^{-1-2\sqrt{3}} &= (5^2)^{\sqrt{3}-\frac{1}{2}} \times 5^{-1-2\sqrt{3}} \\
&= 5^{2(\sqrt{3}-\frac{1}{2})} \times 5^{-1-2\sqrt{3}} \\
&= 5^{2(\sqrt{3}-\frac{1}{2})-1-2\sqrt{3}} \\
&= 5^{-2} \\
&= \frac{1}{25}
\end{aligned}$$

2

$$\sqrt[3]{4} = (2^2)^{\frac{1}{3}} = 2^{\frac{2}{3}}$$
$$\sqrt{2} = 2^{\frac{1}{2}}$$
$$\sqrt{\sqrt{8}} = \sqrt{\sqrt{2^3}} = \left\{(2^3)^{\frac{1}{2}}\right\}^{\frac{1}{2}} = 2^{\frac{3}{4}}$$
$$2 = 2^1$$

であり、

$$\frac{1}{2} < \frac{3}{5} < \frac{2}{3} < \frac{3}{4} < 1$$

であるので小さい順に並べると

$$\sqrt{2},\ 2^{\frac{3}{5}},\ \sqrt[3]{4},\ \sqrt{\sqrt{8}},\ 2$$

対数関数

$a > 0$、$a \neq 1$、$b > 0$について、$a^x = b$となるとき、以下のように定義します。

$$x = \log_a b$$

つまり$\log_a b$は「aを何乗するとbになるか」という数を表します。またこの$\log_a b$を、aを底(てい)とするbの**対数**と呼びます。$a > 0$、$b > 0$は、指数関数は底が正の場合にのみ考えるということに対応しています。$a \neq 1$というのは、1は何乗しても1なので都合が悪いからです。定義により次の式は明らかに成り立ちます。

$$\log_a a^p = p$$

実際$\log_a a^p$は「aを何乗したらa^pになるか」を意味するので、この式は明らかです。この式の特別な場合として、$a^1 = a$、$a^0 = 1$、$a^{-1} = \frac{1}{a}$であることを考慮すると次が成り立ちます。

$$\log_a a = 1,\ \log_a 1 = 0,\ \log_a \frac{1}{a} = -1$$

また、対数については次の式が成り立ちます。

$$\log_a pq = \log_a p + \log_a q \quad \text{式03-13}$$

$$\log_a \frac{p}{q} = \log_a p - \log_a q \quad \text{式03-14}$$

$$\log_a p^k = k \log p \quad \text{式03-15}$$

これを証明します。

式03-13の証明

$x = \log_a p$、$y = \log_a q$とすると、定義により$a^x = p$、$a^y = q$となります。指数法則により$pq = a^x \times a^y = a^{x+y}$であるので、対数の定義より$\log_a pq = x + y$です。つまり$\log_a pq = \log_a p + \log_a q$が示せました。

式03-14の証明

$x = \log_a p$、$y = \log_a q$とすると$p/q = a^x/a^y = a^{x-y}$なので、対数の定義により$\log_a p/q = x - y$です。つまり$\log_a \frac{p}{q} = \log_a p - \log_a q$が示せました。

式03-15の証明

$x = \log_a p$とすると、定義により$a^x = p$です。この両辺をk乗すると$a^{kx} = p^k$です。対数の定義より$\log_a p^k = kx$です。つまり$\log_a p^k = k \log p$が示せました。

対数の底を変更して計算したいことがよくあります。$\log_a p$が与えられたとき、任意の$b > 0$について次が成り立ちます。

$$\log_a p = \frac{\log_b p}{\log_b a}$$

この証明は次のとおりです。

$\log_a p = x$とおくと、定義により$a^x = p$となるが、この両辺の$\log_b$を取ると**式03-15**により$x \log_b a = \log_b p$となり、つまり$x = \frac{\log_b p}{\log_b a}$となります。つまり$\log_a p = \frac{\log_b p}{\log_b a}$が示されました。

対数でも自然対数の底eは特別な意味を持つので(そのことは微分のところで説明します)、特に対数の底をeとして$\log_e p$の計算をしたくなることがよくあります。この場合はeを省略して

$$\log p$$

と書くことにし、これをpの**自然対数**と呼びます。自然対数の底という言葉を先に定義してしまいましたが、eが自然対数の底と呼ばれるのはここに由来するものでした。また、本によっては自然対数を$\ln p$のように書くものもあるので気をつけてください。

例題

1 次の計算をしなさい。

a $\log_2 8$　　b $\dfrac{\log_2 81}{\log_2 3}$　　c $\log \dfrac{1}{e^2}$

解答

1 a $\log_2 8 = 3$

b $\dfrac{\log_2 81}{\log_2 3} = \log_3 81 = 4$

c $\log \dfrac{1}{e^2} = \log e^{-2} = -2$

微分

関数$y = f(x)$が与えられたときに、$x = a$から$x = b$への値の変化に注目します。この間の$f(x)$の増分のxの増分に対する割合、つまり

$$\frac{f(b) - f(a)}{b - a}$$

をxがaからbに変化するときの**平均変化率**と呼びます。これはつまり点$(a, f(a))$と点$(b, f(b))$を結ぶ直線の傾きです（**Fig03-22**（左））。

Fig03-22 平均変化率と接線

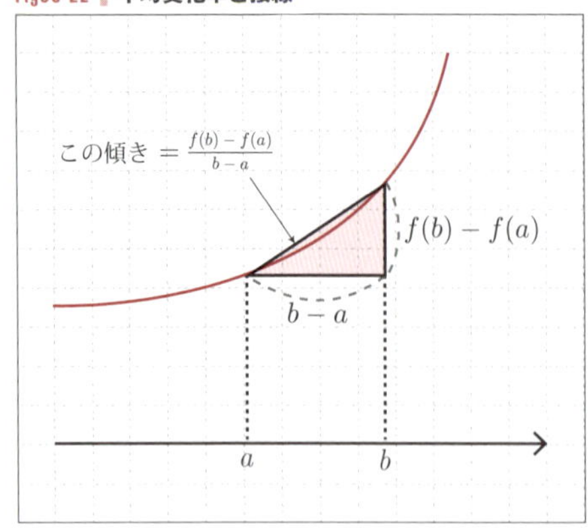

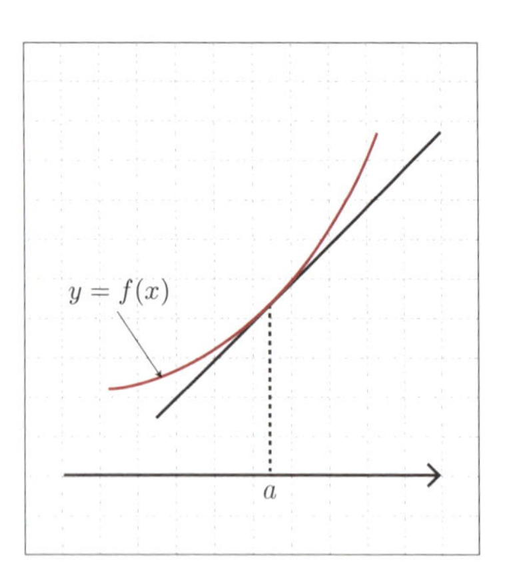

bをaに近づけていくことで、点$(a, f(a))$と点$(b, f(b))$を通る直線は**Fig03-22**（右）のように、点$(a, f(a))$の近くでは$y=f(x)$にピタッと一致する直線になります。その極限を取ったときのこの直線を、$x=a$における$y=f(x)$の**接線**と呼びます。このときの平均変化率の極限は接線の傾きになります。この接線の傾きのことを$a=x$における$f(x)$の**微分係数**と呼び、$f'(x)$で表します。つまり

$$f'(a)=\lim_{b\to a}\frac{f(b)-f(a)}{b-a}$$

です。ここで$b-a=h$とおくと、$b\to a$のとき$h\to 0$なので次のように定義することもできます。

$$f'(a)=\lim_{h\to 0}\frac{f(a+h)-f(a)}{h}$$

こちらの式の方がシンプルですし、微分係数の定義としては一般的に使われます。この極限値が存在するとき関数は$f(x)$は$x=a$で微分可能であるといいます。

例えば次の関数は$x=0$で微分可能ではありません。

$$f(x)=|x|$$

実際、次のように0の右と左で極限が異なります。

$$\lim_{x\to+0}\frac{|x+h|-|x|}{h}=1$$
$$\lim_{x\to-0}\frac{|x+h|-|x|}{h}=-1$$

上記ではaを固定して考えてきましたが、aを動かしていくと$f'(a)$は各点での$y=f(x)$の接線の傾きを表す関数と考えることもできます。これをxの関数と考えて$f'(x)$と書き、$f(x)$の**導関数**と呼びます。導関数の表記にはいくつかあり、

$$f'(x),\ \frac{df}{dx}(x),\ \frac{d}{dx}f(x),\ \frac{dy}{dx}$$

はすべて同じものです。特に$\frac{d}{dx}$という表記はxの関数に左に作用させることで導関数を意味するため記述上便利なことが多いです。また、導関数を求めることを**微分**するといいます。

特に定数関数$f(x)=k$の導関数は0となります。実際$f(x+h)=f(x)=k$なので

$$\frac{d}{dx}k=\lim_{h\to0}\frac{k-k}{h}=0$$

となります。

導関数には次のような性質があります。ここで$f(x)$と$g(x)$はxの関数で、kは定数です。

$$\frac{d}{dx}\left(f(x)+g(x)\right)=\frac{d}{dx}f(x)+\frac{d}{dx}g(x)$$
$$\frac{d}{dx}\left(kf(x)\right)=k\frac{d}{dx}f(x)$$

式03-16

これらの式は極限の性質から簡単に証明できます。

多項式の微分

多項式の微分を計算してみます。まず準備として二項定理を紹介します。次の式が成り立つことが知られており、これを二項定理と呼びます。

$$(a+b)^n={}_n\mathrm{C}_0a^n+{}_n\mathrm{C}_1a^{n-1}b+{}_n\mathrm{C}_2a^{n-2}b^2+\cdots{}_n\mathrm{C}_nb^n$$

ここで

$$ {}_n\mathrm{C}_k = \frac{n!}{k!(n-k)!} $$

であり、特に ${}_n\mathrm{C}_0 = 1$、${}_n\mathrm{C}_1 = n$ です。

これを使って多項式の微分を考えます。一般の多項式の微分を考えるには**式03-16**により、x^n の微分を考えれば十分で、後は定数倍と和で導関数を求めることができます。ここで x^n の微分を考えてみます。

$$ \begin{aligned} \frac{d}{dx}x^n &= \lim_{h\to 0}\frac{(x+h)^n - x^n}{h} \\ &= \lim_{h\to 0}\frac{x^n + nhx^{n-1} + {}_n\mathrm{C}_2 h^2 x^{n-2} + \cdots {}_n\mathrm{C}_n h^n - x^n}{h} \\ &= \lim_{h\to 0}\frac{nhx^{n-1} + {}_n\mathrm{C}_2 h^2 x^{n-2} + \cdots {}_n\mathrm{C}_n h^n}{h} \\ &= \lim_{h\to 0}\left(nx^{n-1} + {}_n\mathrm{C}_2 h x^{n-2} + \cdots {}_n\mathrm{C}_n h^{n-1}\right) \\ &= nx^{n-1} \end{aligned} $$

となり、つまり

$$ \frac{d}{dx}x^n = nx^{n-1} $$

となります。これはよく使うので公式として覚えておくとよいでしょう。

このことを使うと、例えば

$$ x^4 - 2x^2 + 3 $$

の導関数は次のように求めることができます。

$$ \begin{aligned} \frac{d}{dx}(x^4 - 2x^2 + 3) &= \frac{d}{dx}(x^4) + \frac{d}{dx}(-2x^2) + \frac{d}{dx}(3) \\ &= \frac{d}{dx}(x^4) - 2\frac{d}{dx}(x^2) + \frac{d}{dx}(3) \\ &= 4x^3 - 2 \times 2x + 0 \\ &= 4x^2 - 4x \end{aligned} $$

例題

1 次の関数の導関数を求めなさい。

a $f(x) = x^3$　b $f(x) = x^5 + 3x^2 - 2x + 2$

解答

1 a $f'(x) = 3x^2$

b
$$
\begin{aligned}
f'(x) &= (x^5)' + 3(x^2)' - 2(x)' + (2)' \\
&= 5x^4 + 3 \times 2x - 2 \times 1 + 0 \\
&= 5x^4 + 6x - 2
\end{aligned}
$$

積・商の微分と高階導関数

関数の積の微分については、次の式が成り立ちます。

$$
\frac{d}{dx}\left(f(x)g(x)\right) = f'(x)g(x) + f(x)g'(x)
$$

この式は以下により証明されます。

$$
\begin{aligned}
\frac{d}{dx}\left(f(x)g(x)\right) &= \lim_{h \to 0} \frac{f(x+h)g(x+h) - f(x)g(x)}{h} \\
&= \lim_{h \to 0} \frac{f(x+h)g(x+h) - f(x)g(x+h) + f(x)g(x+h) - f(x)g(x)}{h} \\
&= \lim_{h \to 0} \frac{\left(f(x+h) - f(x)\right)g(x+h) + f(x)\left(g(x+h) - g(x)\right)}{h} \\
&= \lim_{h \to 0} \frac{f(x+h) - f(x)}{h} \cdot \lim_{h \to 0} g(x+h) + \lim_{h \to 0} f(x) \cdot \lim_{h \to 0} \frac{g(x+h) - g(x)}{h} \\
&= f'(x)g(x) + f(x)g'(x)
\end{aligned}
$$

また、関数の商の微分については次の式が成り立ちます。

$$
\frac{d}{dx}\frac{f(x)}{g(x)} = \frac{f'(x)g(x) - f(x)g'(x)}{g(x)^2}
$$

上記を証明するには、まず先に $\frac{d}{dx}(1/g(x))$ の計算をします。

$$\frac{d}{dx}\left(\frac{1}{g(x)}\right)=\lim_{h\to0}\frac{\dfrac{1}{g(x+h)}-\dfrac{1}{g(x)}}{h}$$
$$=\lim_{h\to0}\frac{g(x)-g(x+h)}{hg(x)g(x+h)}$$
$$=\lim_{h\to0}\frac{-(g(x+h)-g(x))}{h}\cdot\lim_{h\to0}\frac{1}{g(x)g(x+h)}$$
$$=-\frac{g'(x)}{g(x)^2}$$

次に上記の式を $\frac{d}{dx}\frac{f(x)}{g(x)}$ に当てはめて積の微分の公式を使うと、次のようになります。

$$\frac{d}{dx}\left(\frac{f(x)}{g(x)}\right)=\frac{d}{dx}\left(f(x)\cdot\frac{1}{g(x)}\right)$$
$$=f'(x)\cdot\frac{1}{g(x)}+f(x)\cdot\left(\frac{1}{g(x)}\right)$$
$$=f'(x)\cdot\frac{1}{g(x)}+f(x)\cdot\left(-\frac{g'(x)}{g(x)^2}\right)$$
$$=\frac{f'(x)g(x)-f(x)g'(x)}{g(x)^2}$$

関数 $y=f(x)$ の導関数 $f'(x)$ のさらに導関数を取ることがあります。それを**2階導関数**と呼び、$f''(x)$、$\frac{d^2}{dx^2}f(x)$ または $\frac{d^2y}{dx^2}$ で表します。さらに一般には微分を n 回行うこともあり、$f(x)$ を n 回微分したものを n 階導関数と呼び、$f^{(n)}(x)$ または $\frac{d^n}{dx^n}f(x)$ などで表します。

すべての関数が n 回微分可能とは限らず、特に何度でも(無限回)微分可能な関数を**滑らか**であるといいます。任意の多項式関数は滑らかです。実際 n 次式を微分すると $n-1$ 次式になるので、何度か微分すると定数になり、定数を微分すると0です。0は何度微分しても0になるので多項式関数は滑らかです。

例題

1 次の関数の導関数を求めなさい。

a $f(x)=(x^2+1)(x^2+2x+5)$ b $f(x)=\dfrac{x^2+x+1}{x^2+1}$

2 次の関数の2階導関数を求めなさい。

a $f(x) = x^3$　b $f(x) = \dfrac{1}{x^2 + 1}$

解答

1 a

$$\begin{aligned} f'(x) &= (x^2+1)'(x^2+2x+5) + (x^2+1)(x^2+2x+5)' \\ &= 2x(x^2+2x+5) + (x^2+1)(2x+2) \\ &= 2x^3+4x^2+10x+2x^3+2x^2+2x+2 \\ &= 4x^3+6x^2+12x+2 \end{aligned}$$

b

$$\begin{aligned} f'(x) &= \frac{(x^2+x+1)' \cdot (x^2+1) - (x^2+x+1) \cdot (x^2+1)'}{(x^2+1)^2} \\ &= \frac{(2x+1)(x^2+1) - (x^2+x+1) \cdot 2x}{(x^2+1)^2} \\ &= \frac{1-x^2}{(x^2+1)^2} \end{aligned}$$

2 a

$$\begin{aligned} f'(x) &= 3x^2 \\ f''(x) &= 6x \end{aligned}$$

b

$$\begin{aligned} f'(x) &= \frac{-(x^2+1)'}{(x^2+1)^2} \\ &= \frac{-2x}{(x^2+1)^2} \end{aligned}$$

$$\begin{aligned} f''(x) &= \frac{(-2x)' \cdot (x^2+1)^2 - (-2x) \cdot \left((x^2+1)^2\right)'}{\{(x^2+1)^2\}} \\ &= \frac{-2(x^2+1)^2 + 8x^2(x^2+1)}{(x^2+1)^4} \\ &= \frac{6x^2-2}{(x^2+1)^3} \end{aligned}$$

合成関数の微分と逆関数の微分

wについての関数$y = f(w)$とxについての関数$w = g(x)$が与えられたとき、関数$y = f(g(x))$は**合成関数**と呼ばれます。これはつまりxに対して、関数gを作用させた後にfを作用させるという関数です。$f(x)$と$g(x)$が微分可能であるとき、合成関数の微分について次の式が成り立ちます。

$$\frac{dy}{dx} = \frac{dy}{dw} \cdot \frac{dw}{dx}$$

ここで$\frac{dy}{dx}$はxにyを対応させる関数の導関数ということで、つまり合成関数の導関数です。この式は合成関数の導関数は$f(x)$と$g(x)$の導関数を使って計算できるということです。

例を見てみます。次のような関数$h(x)$の導関数を求めてみます。

$$h(x) = (x^2 + 2x + 5)^3$$

これは次のwについての関数$f(w)$とxについての関数$g(x)$の合成関数です。

$$f(w) = w^3,\ g(x) = x^2 + 2x + 5$$

実際、$h(x) = f(g(x))$となります。ここで$y = h(x)$、$y = f(w)$、$w = g(x)$とすると、$h(x)$の導関数は次で求められます。

$$\begin{aligned}\frac{dy}{dx} &= \frac{dy}{dw} \cdot \frac{dw}{dx} \\ &= 3w^2 \cdot (2x + 2) \\ &= 3(x^2 + 2x + 5)^2 \cdot (2x + 2) \\ &= 6(x + 1)(x^2 + 2x + 5)^2\end{aligned}$$

ここでは$f(w)$をwの関数として微分していますが、$h(x)$はxの関数として求めたいので最終的には$w = g(x)$を代入しなければいけない点に注意してください。

次に逆関数について説明します。関数$y = f(x)$について、もしこの関数の値域にあるすべてのyに対して、$y = f(x)$となるxが1つしかないという条件を満たすとすると、yを1つ決めると$y = f(x)$を満たすxは1つ決まることになり、この対応関係も関数$x = g(y)$とみなすことができます。この関数を$f(x)$の**逆関数**と呼びます。gの変数もxとして$y = g(x)$と表すことにします。このgをf^{-1}と書くことにします。

ここでの説明でxとyを途中で入れ替える操作は慣れないと不思議に思うかもしれませんが、xとyという文字には特に意味はなく、ただ「慣習として」関数を考えるときは、xが決まったときにそれに応じてyが決まるという関係で、xとyという記号を使うことが多いということです。

関数fを考えるときは$y=f(x)$と書くことで、慣習どおりxからyへの関数だと思いました。その逆関数f^{-1}を考えるときも慣習どおりに$y=f^{-1}(x)$とxからyへの関数だと思います。もしわかりづらいときはx、y以外の記号を使って考えてみるとわかりやすいかもしれません。aがfによりbに写るすると、$f(a)=b$であり、逆関数f^{-1}はこの場合bをaに写す性質があり、つまり$f^{-1}(b)=a$です。$f^{-1}(b)=a$に$f(a)=b$を代入すると、$f^{-1}(f(a))=a$が成り立ちます。同様に$f(f^{-1}(b))=b$も成り立ちます。つまり逆関数の性質として次が成り立ちます。

$$f^{-1}(f(x))=x$$
$$f(f^{-1}(x))=x$$

次にいくつか逆行列の例を見てみます。まず次の関数の逆関数を考えてみます。

$$y=3x+1$$

この式を変形してxについて解くと

$$x=\frac{y-1}{3}$$

を得ます。このxとyを入れ替えて

$$y=\frac{x-1}{3}$$

が逆関数になります。

次に

$$y=x^2$$

の逆関数を考えてみます。例えば$y=1$に対しては$x=1$と$x=-1$の2つがこの式を満たします。つまりyを1つ決めたときに対応するxが複数あることになり、この場合の逆関数は定義できません。しかし関数の定義域を$x\geq 0$に限定すると、yに対してこの式を満たすxは

$$x=\sqrt{y}$$

で、一意に定まります。つまり定義域を$x \geq 0$とすると逆関数が存在することになります。以上をまとめると、関数

$$y = x^2 \quad (x \geq 0)$$

の逆関数は次のようになります。

$$y = \sqrt{x}$$

ここで逆関数の微分の話をします。関数$y = f(x)$の逆関数を（ここではあえてxとyを入れ替えずに）yからxへの関数だと思うと$\frac{dx}{dy}$と書くことができます。この導関数については次の式がなりたちます。

$$\frac{dx}{dy} = \frac{1}{\frac{dy}{dx}}$$

これは式を見ただけでは意味することがわかりづらいかもしれません。これは逆関数をyからxの関数と考えたときに、その導関数はxからyの関数の導関数の逆数になるということです。言い換えると、逆関数$y = f^{-1}(x)$の導関数を考えるには、この定義域内の数bについて$x = b$における微分係数を求めればいいのですが、そのためには$f(a) = b$（つまり$f^{-1}(b) = a$）というaを考えて、$\frac{1}{f'(a)}$がその微分係数になります。

以下に具体的な計算例を示してみます。前述の

$$y = \sqrt{x}$$

を微分してみます。$f(x) = x^2 \ (x \geq 0)$とすると$\frac{df^{-1}(x)}{dx}$を求めたいわけです。f^{-1}の$x = b$における微分係数を求めると、$f(a) = b$となるaは$a = \sqrt{b}$で与えられます。$f'(x) = 2x$であるので

$$\frac{df^{-1}}{dx}(b) = \frac{1}{f'(a)} = \frac{1}{2a} = \frac{1}{2\sqrt{b}}$$

となります。つまり、以下が成り立ちます。

$$\frac{df^{-1}(x)}{dx} = \frac{1}{2\sqrt{x}}$$

ここでは説明のためa、bという文字をわざわざ導入して計算しましたが、慣れてくればx、yのまま計算できるようになると思います。

例　題

1 次の関数の導関数を求めなさい。

a $f(x) = (2x+1)^5$　　b $f(x) = (x^3+x^2+x+1)^3$

2 次の関数の逆関数を求めなさい。

a $f(x) = e^{2x}$　　b $f(x) = \dfrac{1}{1+\log x}\ (x>0)$　　c $f(x) = \dfrac{1}{1+e^{-x}}$

解　答

1 a

$$w = g(x) = 2x+1,\ y = h(w) = w^5$$

とおくと、

$$f(x) = h(g(x))$$

よって

$$\begin{aligned} f'(x) &= \frac{dy}{dw}\cdot\frac{dw}{dx} \\ &= 5w^4\cdot 2 \\ &= 10(2x+1)^4 \end{aligned}$$

b 　aと同様にして

$$\begin{aligned} f'(x) &= 3(x^3+x^2+x+1)^2\cdot(x^3+x^2+x+1)' \\ &= 3(3x^2+2x+1)(x^3+x^2+x+1)^2 \end{aligned}$$

2 a

$$y = e^{2x}$$

とおくと

$$\begin{aligned} \log y &= 2x \\ x &= \frac{1}{2}\log y \end{aligned}$$

よって

$$f^{-1}(x) = \frac{1}{2}\log x$$

ただし定義域は$x > 0$

b

$$y = \frac{1}{1 + \log x}$$

とおくと、

$$x = e^{\frac{1-y}{y}}$$

なので

$$f^{-1}(x) = e^{\frac{1-x}{x}}$$

ただし、定義域は$\mathbb{R}$全体。

c

$$y = \frac{1}{1 + e^{-x}}$$

とおくと

$$x = \log \frac{y}{1-y}$$

なので

$$f'(x) = \log \frac{x}{1-x}$$

ただし

$$\frac{x}{1-x} > 0$$

でないとならないので定義域は$0 < x < 1$である。

指数関数と対数関数の微分

指数関数の微分の計算の前にいろいろと準備をします。まずは自然対数の底eの定義の**式03-12**で、$\frac{1}{n} = t$とおくと、$n \to \infty$のとき$t \to 0$なので、次のようになります。

$$e = \lim_{t \to 0}(1 + t)^{\frac{1}{t}}$$

次の極限を計算したいとします。

$$\lim_{h \to 0} \frac{e^h - 1}{h}$$

$e^h - 1 = u$とおくと$h \to 0$のとき$u \to 0$であり、$e^h = 1 + u$から$h = \log(1+u)$となって、以下が導かれます。

$$\begin{aligned}
\lim_{h \to 0} \frac{e^h - 1}{h} &= \lim_{u \to 0} \frac{u}{\log(1+u)} \\
&= \lim_{u \to 0} \frac{1}{\frac{1}{u}\log(1+u)} \\
&= \lim_{u \to 0} \frac{1}{\log(1+u)^{\frac{1}{u}}} \\
&= \lim_{u \to 0} \frac{1}{\log e} \\
&= 1
\end{aligned}$$

ここで上記の結果を利用して指数関数$y = e^x$の微分をします。

$$\begin{aligned}
\frac{d}{dx} e^x &= \lim_{h \to 0} \frac{e^{x+h} - e^x}{h} \\
&= \lim_{h \to 0} \frac{e^x(e^h - 1)}{h} \\
&= e^x \cdot \lim_{h \to 0} \frac{e^h - 1}{h} \\
&= e^x
\end{aligned}$$

eという数が微分で特別な意味を持つことがわかるかと思います。xの関数$y = a^x$の導関数が、また$y = a^x$になるようなaがeということです。eは指数関数の微分の計算が簡単になる特別な数ということができます。

実際、一般の$a > 0$を底とする指数関数$y = a^x$を微分しても、あまりきれいな形にならないことを示します。$a^x = e^{x \log a}$であるので、合成関数の微分の公式を利用すると、以下のようになります。

$$\frac{d}{dx} a^x = e^{x \log a} \cdot \log a = a^x \log a$$

次に対数関数$y = \log x$の微分を考えます。

$$\begin{aligned}\frac{d}{dx}\log x &= \lim_{h\to 0}\frac{\log(x+h)-\log x}{h}\\ &= \lim_{h\to 0}\left(\frac{1}{h}\log\frac{x+h}{x}\right)\\ &= \frac{1}{x}\lim_{h\to 0}\left(\frac{x}{h}\log(1+\frac{h}{x})\right)\\ &= \frac{1}{x}\lim_{h\to 0}\log(1+\frac{h}{x})^{\frac{x}{h}}\end{aligned}$$

ここで$\frac{h}{x}=t$とおくと、$h\to 0$のとき$t\to 0$であるので

$$\lim_{h\to 0}\log(1+\frac{h}{x})^{\frac{x}{h}} = \lim_{t\to 0}\log(1+t)^{\frac{1}{t}} = \log e = 1$$

となり、つまり

$$\frac{d}{dx}\log x = \frac{1}{x}$$

です。これも対数の底をeにしていたことにより、結果が簡潔になることがわかります。実際一般の$a>0$を底とする対数関数$y=\log_a x$の導関数を求めると、$\log_a x=\dfrac{\log_e x}{\log_e a}$であることより、

$$\frac{d}{dx}\log_a x = \frac{1}{x\log a}$$

となり、底をeとしたときほど簡潔にはなりません。

以上で指数関数と対数関数で、eという数が特別な意味を持つことが確認できたと思います。指数関数・対数関数を微分した結果がシンプルな形になるように決められた数がeであると考えることもできます。

関数$\log x$の微分の話をしたときには$x>0$であることを暗黙に仮定していました。この関数は$x>0$でしか定義されていないからです。次に$\log|x|$の微分を考えます。この関数は$x\neq 0$で定義されています。

$$\log|x| = \begin{cases}\log x & (x>0)\\ \log(-x) & (x<0)\end{cases}$$

であり、$\log|x|$の導関数を計算するには、$x>0$については計算済みであるので、

$x<0$だけを考えればよいことになります。$x<0$の範囲では

$$\frac{d}{dx}\log(-x) = \frac{1}{-x}\times(-1) \qquad \text{（合成関数の微分）}$$
$$= \frac{1}{x}$$

であるので

$$\frac{d}{dx}\log|x| = \frac{1}{x}$$

が示されました。

例　題

1 次の関数の導関数を求めなさい。

a $f(x) = e^{x^2+x+1}$　　**b** $f(x) = \dfrac{1}{1+\log x}$

解　答

1 **a** 合成関数の微分の公式を使う。

$$f'(x) = e^{x^2+x+1}\cdot(x^2+x+1)' = (2x+1)e^{x^2+x+1}$$

b

$$\left(\frac{1}{1+x}\right)' = \frac{-1}{(1+x)^2}$$

と合成関数の公式を使って、以下のように導くことができる。

$$f'(x) = \frac{-1}{(1+\log x)^2}\cdot(1+\log x)' = \frac{-1}{x(1+\log x)^2}$$

べき乗の微分

nが自然数のときに、次が成り立つことを示しました。

$$\frac{d}{dx}x^n = nx^{n-1}$$

実はこの式はnを自然数に限定しなくても成り立ちます。任意の実数αについて次が成り立ちます。

$$\frac{d}{dx}x^{\alpha} = \alpha x^{\alpha-1}$$

ただし一般のαについては、$x \geq 0$でしか定義されないことに注意が必要です。ここではこの式の証明はしませんが、納得するために特にαがいくつかの条件を満たすときについて考察してみます。

まずαが自然数nによって、$\alpha = -n$で表される場合について考えてみます。$x^{-n} = \frac{1}{x^n}$なので、商の微分の公式により

$$\begin{aligned}\frac{d}{dx}x^{-n} &= \frac{(1)' \cdot x^n - 1 \cdot (x^n)'}{(x^n)^2} \\ &= -nx^{-n-1}\end{aligned}$$

となり、$\alpha = -n$のときも成り立つことが示されました。

次に整数qによって$\alpha = \frac{1}{q}$のときについて考えてみます。$y = x^{\frac{1}{q}}$は$y = x^q$の逆関数になります。逆関数の微分の公式により

$$\begin{aligned}\frac{d}{dx}x^{\frac{1}{q}} &= \frac{1}{\frac{d}{dy}y^q} \\ &= \frac{1}{qy^{q-1}} \\ &= \frac{1}{q(x^{\frac{1}{q}})^{q-1}} \\ &= \frac{1}{qx^{\frac{1}{q}\times(q-1)}} \\ &= \frac{1}{q}x^{\frac{1}{q}-1}\end{aligned}$$

となり、$\alpha = \frac{1}{q}$のときも成り立つことが確認できました。

整数p、qについて$\alpha = \frac{p}{q}$についても、$x^{\frac{p}{q}} = (x^{\frac{1}{q}})^p$とすることで合成関数の微分の公式を使って考えることができます。その計算は省略します。

例題

1 次の関数の導関数を求めなさい。

a $f(x) = \dfrac{1}{x^2}$　　b $f(x) = \dfrac{1}{\sqrt{2x+3}}$

解答

1 a

$$f(x) = x^{-2}$$

なので

$$f'(x) = -2x^{-3}$$

b

$$f(x) = (2x+3)^{-\frac{1}{2}}$$

なので

$$f'(x) = -\frac{1}{2}(2x+3)^{-\frac{3}{2}} \cdot (2x+3)' = -(2x+3)^{-\frac{3}{2}}$$

関数の増減と極大・極小

導関数の応用例としては、関数の増減を調べてグラフの概形をわかるようになるというのがあります。例えば次のような関数の増減を調べてみましょう。

$$f(x) = x^3 - 3x^2 - 9x + 5$$

この導関数は次のようになります。

$$f'(x) = 3x^2 - 6x - 9 = 3(x+1)(x-3)$$

この値は $x < -1$ では正になり、$x = -1$ では0になり、$-1 < x < 3$ では負になり、$x = 3$ では0になり、$x > 3$ では正になります。このことを表で表すと**tab03-01**の2行目のようになります。

Tab03-01 ‖ 増減表

x		-1		3	
$f'(x)$	+	0	−	0	+
$f(x)$	↗	極大	↘	極小	↗

導関数というのは接線の傾きを表していたので、これが正であるということは、関数$f(x)$はその区間で増加していることになります。同様に導関数が負の範囲では$f(x)$は減少しています。そのことを表に表すと**tab03-01**の3行目のようになり、この表を**増減表**と呼びます。また$y = f(x)$のグラフは次のようになります。

Fig03-23 ‖ $y = f(x)$のグラフ

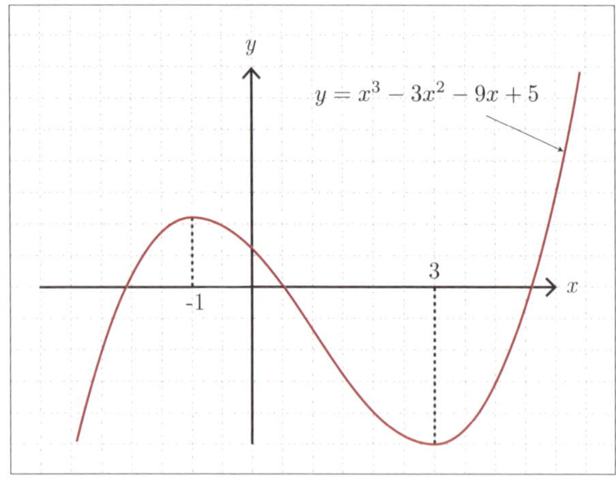

特に導関数が0に等しくなるときが重要で、このとき$f(x)$が極大または極小になることがあります。**極大**とは十分に小さい近傍では最大であるということで、**極小**とは十分に小さい近傍では最小であるということです（**tab03-01**参照）。

極大のときの関数値を極大値と呼び、極小のときの関数値を極小値と呼びます。極大値と極小値をまとめて**極値**と呼ぶこともあります。導関数は接線の傾きを表すことを思い出すと、極大または極小となる点では導関数が0になるのは直感的にわかるかと思います。一方導関数が0であっても、必ずしも極大または極小とは限らないので注意が必要です。例えば次のような関数を考えます。

$$f(x) = x^3$$

この導関数は

$$f'(x) = 3x^2$$

となり $x = 0$ で $f'(x) = 0$ となります。しかし導関数は $x < 0$ と $x > 0$ で正なので $f(x)$ は $x = 0$ の左でも右でも増加していることになり、$x = 0$ では極値を取りません。実際 $y = f(x)$ のグラフは次のようになります。

Fig03-24 $y = f(x)$ のグラフ

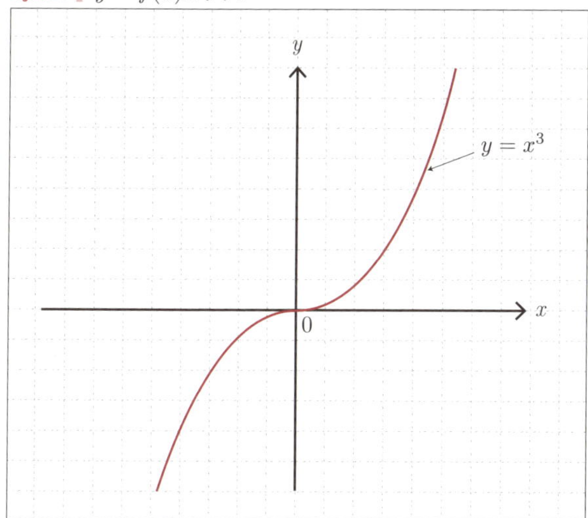

このように極値を取る x を見つけるためには導関数を考え、$f'(x) = 0$ という方程式を考えます。しかし、$f'(x) = 0$ が成り立つからといって、その x で極値を取るとは限らないので注意が必要です。$f'(x) = 0$ を満たす x で極大になるか、極小になるか、あるいは極値を取らないかを調べるには、増減表を書くか、2階導関数を調べる必要があります。

例　題

1 次の関数の極大と極小を求めなさい。

$$f(x) = x^3 - 3x$$

2 次の関数の最小値を求めなさい。

$$f(x) = 3x^4 - 8x^3 - 36x^2$$

解答

1 $f'(x) = 3x^2 - 3 = 3(x+1)(x-1)$

増減表により $x = -1$ のとき極大で $x = 1$ のとき極小、

x		-1		1	
$f'(x)$	$+$	0	$-$	0	$+$
$f(x)$	↗	極大	↘	極小	↗

極大値 $f(-1) = 2$、極小値 $f(1) = -2$ となる。

2 $f'(x) = 12x^3 - 12x^2 - 72x - = 12x(x-3)(x+2)$

増減表により極小値は2つあり、最小値はそのうちのいずれかになる。

	-2		0		3	
$-$	0	$+$	0	$-$	0	$+$
↘	極小	↗	極大	↘	極小	↗

$$f(-2) = -32$$
$$f(3) = -297$$

であるので、$x = 3$ のときに最小で最小値は-297 である。

不定積分

微分すると $f(x)$ になるような関数を、$f(x)$ の**不定積分**または**原始関数**と呼びます。$f(x)$ の不定積分は次で表されます。

$$\int f(x)dx$$

$f(x)$ の不定積分の1つを $F(x)$ とすると、定数を微分すると0になることにより、任意の定数Cについて $F(x) + C$ も $f(x)$ の不定積分になりますので、一般に次のように表されます。

$$\int f(x)dx = F(x) + C$$

このようなCは**積分定数**と呼ばれます。

微分についての性質から、不定積分について次が成り立つことがわかります。

$$\int (f(x) + g(x))\, dx = \int f(x)dx + \int g(x)dx$$
$$\int (kf(x))\, dx = k \int f(x)dx$$

ただし、ここでのイコールの扱いには注意が必要です。不定積分は定数分の不確実性があるので、上の式$\int (f(x) + g(x))\, dx = \int f(x)dx + \int g(x)dx$とは、「$f(x)$の不定積分の1つを$F(x)$、$g(x)$の不定積分の1つを$G(x)$とすると、$(f(x) + g(x))$の不定積分は$F(x) + G(x) +$（定数）で表される」という意味です。下の式についても同様です。

ここで多項式関数の不定積分の例を考えてみます。例えば次の式が成り立ちます。

$$\int (x^3 + 2x)dx = \frac{1}{4}x^4 + x^2 + C \qquad \text{ただし}C\text{ は積分定数}$$

実際に$\frac{1}{4}x^4 + x^2$を微分すると$x^3 + 2x$になることを確認してください。

微分の公式より、次の式はすぐにわかります。

$$\int x^p dx = \frac{1}{p+1}x^{p+1} + C$$
$$\int \frac{1}{x} dx = \log |x| + C$$
$$\int e^x dx = e^x + C$$

本書では不定積分のテクニックにはあえて触れず、計算結果を示して納得してもらうようにします。与えられた関数の不定積分を計算するためにはさまざまなテクニックが必要ですが、$f(x)$の不定積分が$F(x)$になることを確認するには、$F(x)$を微分して$f(x)$になることを確認すればいいからです。

例題

1 次の不定積分を計算しなさい。

a $\int (x^3 + 2x^2 + 1)dx$　　b $\int (x^2 + \frac{1}{x})dx$　　c $\int (\frac{1}{\sqrt{x}} + e^x)dx$

2 次の式が成り立つことを確認しなさい。

a $\int (x^2 + 3x + 1)e^x = \left(x^2 + x\right) e^x + C$

b $\int \frac{1}{1 - x^2} = \frac{1}{2} \left(\log|1 + x| - \log|1 - x|\right) + C$

解答

1 項別に不定積分を考えるとよい。

a
$$\begin{aligned}\int (x^3 + 2x^2 + 1)dx &= \int x^3 dx + 2\int x^2 dx + \int 1dx \\ &= \frac{1}{4}x^4 + \frac{2}{3}x^3 + x + C\end{aligned}$$

b
$$\int (x^2 + \frac{1}{x})dx = \frac{1}{3}x^3 + \log|x| + C$$

c
$$\begin{aligned}\int (\frac{1}{\sqrt{x}} + e^x)dx &= \int (x^{-\frac{1}{2}} + e^x)dx \\ &= 2x^{\frac{1}{2}} + e^x + C \\ &= 2\sqrt{x} + e^x + C\end{aligned}$$

2 それぞれ右辺を微分して確認する。

a
$$\begin{aligned}\frac{d}{dx}\left\{\left(x^2 + x\right) e^x + C\right\} &= \left(x^2 + x\right)' \cdot e^x + \left(x^2 + x\right) \cdot \left(e^x\right)' \\ &= \left(2x + 1\right) e^x + \left(x^2 + x\right) e^x \\ &= \left(x^2 + 3x + 1\right) e^x\end{aligned}$$

よって成り立つ。

b
$$\frac{d}{dx}\left\{\frac{1}{2}(\log|1+x| - \log|1-x|) + C\right\} = \frac{1}{2}\left\{(\log|1+x|)' - (\log|1-x|)'\right\}$$
$$= \frac{1}{2}\left(\frac{1}{1+x} + \frac{1}{1-x}\right)$$
$$= \frac{1}{1-x^2}$$

定積分

関数$f(x)$の不定積分の1つを$F(x)$とすると、与えられた定数a、bに対して、$f(x)$の**定積分**は次で定義されます。

$$\int_a^b f(x)dx = F(b) - F(a)$$

また、$F(b) - F(a)$を

$$\Big[F(x)\Big]_a^b$$

と書くこともあります。

特に区間$[a,b]$において$f(x) \geq 0$ならば、定積分$\int_a^b f(x)dx = F(b) - F(a)$は$a \leq x \leq b$、$0 \leq y \leq f(x)$の部分の面積（**Fig03-25**参照）になることが知られています。

Fig03-25 **定積分** $\int_a^b f(x)dx = F(b) - F(a)$

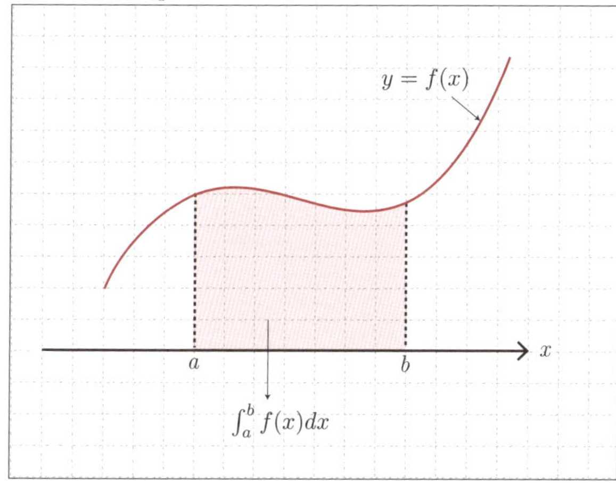

不定積気分の性質から次のことがわかります。

$$\int_a^b (f(x)+g(x))\,dx = \int_a^b f(x)dx + \int_a^b g(x)dx$$
$$\int_a^b kf(x)dx = k\int_a^b f(x)dx$$

例 題

1 次の計算をしなさい。

a $\int_0^2 (x^3+x)dx$　　b $\int_1^4 (x+\sqrt{x})\,dx$

解 答

1 a

$$\int_0^2 (x^3+x)dx = \left[\frac{1}{4}x^4+\frac{1}{2}x^2\right]_0^2$$
$$= \frac{1}{4}\times 2^4 + \frac{1}{2}2^2$$
$$= 6$$

b

$$\int_1^4 (x+\sqrt{x})\,dx = \left[\frac{1}{2}x^2+\frac{2}{3}x^{\frac{3}{2}}\right]_1^4$$
$$= \left(\frac{1}{2}\times 4^2+\frac{2}{3}\times 4^{\frac{3}{2}}\right) - \left(\frac{1}{2}\times 1^2+\frac{2}{3}\times 4^{\frac{3}{2}}\right)$$
$$= \frac{73}{6}$$

偏微分と勾配

2変数関数 $z=f(x,y)$ を考えます。これは (x,y) の値の組に対して、z の値を1つ対応付けるという写像です。$z=f(x,y)$ を満たすような (x,y,z) の集合は、3次元空間上の曲面と考えることができます。

次のような具体例を考えてみます。

$$f(x,y) = x^2+xy+y^2+x$$

このとき$f(x,y)$をxの関数とみなして(つまりyは定数とみなして)微分すると、次のようになります。

$$2x + y + 1$$

これを$f(x,y)$のxについての**偏導関数**と呼び、$\frac{\partial}{\partial x}f(x,y)$や$f_x(x,y)$などで表します。偏導関数を求めることを**偏微分**するといいます。

偏導関数は、注目している変数を固定したときの導関数を意味しています。上記の例でいうと、例えば$y=0$に固定した関数$f(x,0)=x^2+x$を考えてみると、これをxで微分したものは偏導関数で$y=0$としたもの$\frac{\partial}{\partial x}f(x,0)=2x+1$に一致します。すべての$y$についてこのような関係が成り立つので、$y=y_0$における導関数は偏導関数$\frac{\partial}{\partial x}f(x,y)$で$y=y_0$とおいたものであり、

$$\frac{\partial f}{\partial x}(x,y_0) = x^2 + xy_0 + y_0^2 + x$$

となります。xyz空間では$z=f(x,y)$は曲面を表し、これを平面$y=y_0$で切り取った曲線が$z=f(x,y_0)$となります(**Fig03-26**参照)。その切り口の曲線の偏導関数が偏導関数で$y=y_0$とおいたもので$z=\frac{\partial}{\partial x}f(x,y_0)$となります。

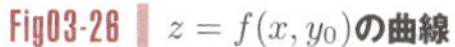

Fig03-26 $z=f(x,y_0)$**の曲線**

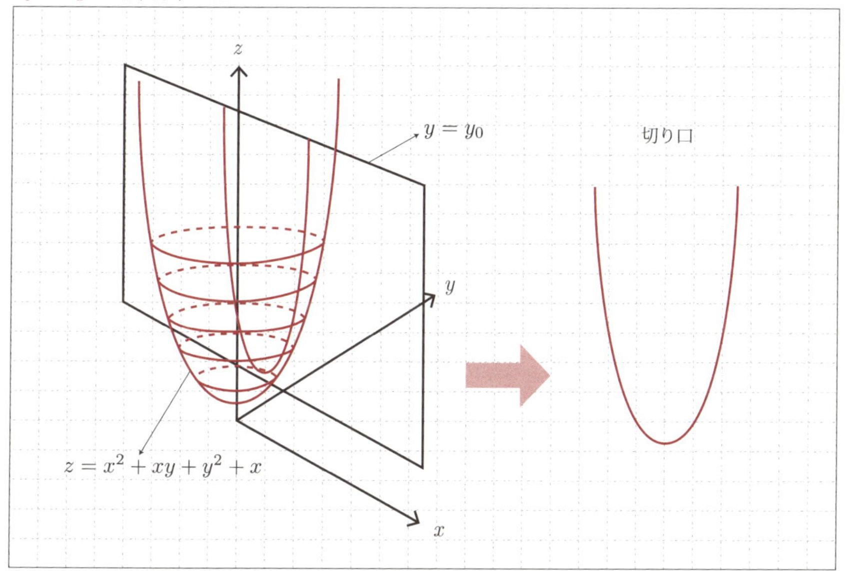

2変数関数 $z = f(x, y)$ についても極値を考えることができます。もし2変数関数 $z = f(x, y)$ が $(x, y) = (x_0, y_0)$ という点で極値を取るとすると、$z = f(x, y)$ の平面 $x = x_0$ による切り口が $y = y_0$ で極値を取り、$y = y_0$ による切り口が $x = x_0$ で極値を取らなければなりません。つまり必要条件は次のようになります。

$$\frac{\partial f}{\partial x}(x_0, y_0) = 0,\ \frac{\partial f}{\partial y}(x_0, y_0) = 0$$

ここで

$$\nabla f = \begin{pmatrix} \frac{\partial f}{\partial x} \\ \frac{\partial f}{\partial y} \end{pmatrix}$$

とおくと、この ∇f は $\mathbb{R}^2$ から $\mathbb{R}^2$ への写像だと考えることができます。ここで∇ではナブラと読みます。つまりベクトル $(x, y)^T \in \mathbb{R}$ を1つ考えると、それに対応してベクトル $\nabla f(x, y)$ が1つ決まります。よって $f(x, y)$ の極値を求めるためには

$$\nabla f(x, y) = \mathbf{0}$$

となる x、yを求めればいいことになります。

ここで具体的に計算すると、

$$\nabla f(x, y) = \begin{pmatrix} 2x + y + 1 \\ 2y + 1 \end{pmatrix} = \mathbf{0}$$

を解けばいいので、

$$x = -\frac{1}{4}, y = -\frac{1}{2}$$

となります。実際に $z = f(x, y)$ のグラフは**Fig03-26**のようになるので、$(x, y) = (-\frac{1}{4}, -\frac{1}{2})$ のときに極小でしかも最小になります。

以上の話を一般に n 変数関数について拡張してみます。n 変数関数は次で表されます。

$$y = f(x_1, x_2, \cdots, x_n)$$

または変数をこのようにカンマで区切るのではなく、ベクトル $\boldsymbol{x} = (x_1, x_2, \ldots, x_n)$ で表現して、

$$y = f(\boldsymbol{x})$$

と書くこともあります。これらの2つの表現は同じものだと思ってください。ここでfが偏微分可能であるとは、すべてのx_iについてfがx_iで偏微分可能であることをいいます。特にすべてのx_iについて無限回偏微分可能である場合、fは**滑らか**であるといいます。以下、fが滑らかな場合についてのみ考えます。

このときfの**勾配**∇fとは次で定義されます。

$$\nabla f = \begin{pmatrix} \frac{\partial f}{\partial x_1} \\ \frac{\partial f}{\partial x_2} \\ \vdots \\ \frac{\partial f}{\partial x_n} \end{pmatrix}$$

これはn次元ベクトル$x \in \mathbb{R}^n$が1つ決まると、それにn次元ベクトルを1つ対応付けるので、$\mathbb{R}^n$から$\mathbb{R}^n$への写像になっています。

関数fが$\boldsymbol{x}$で極値を取るためには、次の条件が必要です。

$$\nabla f(\boldsymbol{x}) = \boldsymbol{0}$$

これは必要条件にすぎず、この条件を満たしても極値を取らないこともあることに注意が必要です。

極値を取るための必要十分条件について考えるには、2階偏微分までを考える必要があります。まずその前に、関数を複数回偏微分することを考えます。$f(\boldsymbol{x})$をx_iで偏微分した後にx_jで偏微分したものを

$$\frac{\partial^2 f}{\partial x_j \partial x_i}(\boldsymbol{x})$$

または

$$f_{x_i x_j}(\boldsymbol{x})$$

と書くことにします。$f(\boldsymbol{x})$が滑らかなときは$f_{x_i x_j}(\boldsymbol{x}) = f_{x_j x_i}(\boldsymbol{x})$であることが知られているので、偏微分する順序については気にしなくても大丈夫です。このときfの**ヘッセ行列**は次で定義されます。

$$\nabla^2 f = \begin{pmatrix} \frac{\partial^2 f}{\partial x_1 \partial x_1} & \frac{\partial^2 f}{\partial x_1 \partial x_2} & \cdots & \frac{\partial^2 f}{\partial x_1 \partial x_n} \\ \frac{\partial^2 f}{\partial x_2 \partial x_1} & \frac{\partial^2 f}{\partial x_2 \partial x_2} & \cdots & \frac{\partial^2 f}{\partial x_2 \partial x_n} \\ \vdots & \vdots & \ddots & \vdots \\ \frac{\partial^2 f}{\partial x_n \partial x_1} & \frac{\partial^2 f}{\partial x_n \partial x_2} & \cdots & \frac{\partial^2 f}{\partial x_n \partial x_n} \end{pmatrix}$$

関数fのヘッセ行列は、このように$\nabla^2 f$と書いたり、$\boldsymbol{H}_f$と書くこともあります。$\frac{\partial^2}{\partial x_i \partial x_j}(\boldsymbol{x}) = \frac{\partial^2}{\partial x_j \partial x_i}(\boldsymbol{x})$であるのでヘッセ行列は対称行列です。多変数関数$f$が$\nabla f(\boldsymbol{x}) = \boldsymbol{0}$となる点で極値を取るかはヘッセ行列を調べるとわかります。極大であるための条件はヘッセ行列が負定値であることで、極小となるための条件はヘッセ行列が正定値であることです。

計算例として二次形式の勾配について考えてみます。ここで**二次形式**とはn次対称行列$\boldsymbol{A}$に対して

$$f(\boldsymbol{x}) = \boldsymbol{x}^T \boldsymbol{A} \boldsymbol{x} \qquad \text{式03-17}$$

で定義されるものです。これの勾配を考えてみます。$\boldsymbol{A} = (a_{ij})$とすると

$$f(\boldsymbol{x}) = \sum_{i=1}^{n} \sum_{j=1}^{n} a_{ij} x_i x_j$$

となります。1つの添字kに注目してx_kが、この右辺でいつ現れるかを考えると、$i = k$のときと$j = k$のときがあり、特に$i = j = k$のときは$a_{kk} x_k^2$という項があります。fをx_kで偏微分するとx_kが現れる項だけを考えればよく、他は0になります。x_kが現れる項を$i = j = k$のとき、$i = k$かつ$j \neq k$のとき、$j = k$かつ$i \neq k$のときの3通りに分けて計算すると次のようになります。

$$\begin{aligned} \frac{\partial f}{\partial x_k}(\boldsymbol{x}) &= \frac{\partial}{\partial x_k}\left[a_{kk} x_k^2 + \sum_{j \neq k} a_{kj} x_k x_j + \sum_{i \neq k} a_{ik} x_i x_k\right] \\ &= 2a_{kk} x_k + \sum_{j \neq k} a_{kj} x_j + \sum_{i \neq k} a_{ik} x_i \\ &= 2a_{kk} x_k + 2\sum_{j \neq k} a_{ki} x_j \\ &= 2\sum_{j=1}^{n} a_{kj} x_j \end{aligned}$$

ただしここで$\sum_{i \neq k}$というのは、iを1からnまで増やすが$i = k$のところだけは飛ばして和を取るという意味です。またここで$\boldsymbol{A}$が対称行列なので$a_{ik} = a_{ki}$であることを使いました。このことから勾配は次のようになります。

$$\nabla f(\boldsymbol{x}) = \begin{pmatrix} 2\sum_{j=1}^{n} a_{1j}x_j \\ 2\sum_{j=1}^{n} a_{2j}x_j \\ \vdots \\ 2\sum_{j=1}^{n} a_{nj}x_j \end{pmatrix} = 2\boldsymbol{A}\boldsymbol{x}$$

この二次形式の勾配は、二次関数$y = ax^2$の導関数が$y' = 2ax$であることと比べて形が似ているので覚えやすいと思います。

次にこのfのヘッセ行列を求めてみます。ヘッセ行列の(k, l)成分をh_{kl}とすると、h_{kl}は∇fの第k成分をx_lで偏微分したものになるので、

$$h_{kl} = \frac{\partial}{\partial x_l}\left(2\sum_{j=1}^{n} a_{kj}x_j\right) = 2a_{kl}$$

となります。したがってヘッセ行列は

$$\nabla^2 f(\boldsymbol{x}) = 2\boldsymbol{A}$$

です。

以上のことから**式03-17**が$\boldsymbol{x}$で極小となるための条件は

$Ax = 0$ かつ Aが正定値

となり、$\boldsymbol{x}$で極大となるための条件は

$Ax = 0$ かつ Aが負定値

となります。

例題

1 次の2変数関数の極値と極値を取るときのx、yの値を求めなさい。

$$f(x, y) = x^3 + 2xy + y^2 - x$$

解答

1 まずxとyで偏微分する。

$$\frac{\partial}{\partial x}f(x,y)=3x^2+2y-1$$
$$\frac{\partial}{\partial y}f(x,y)=2x+2y$$

これらを0とおいた方程式、つまり

$$\begin{cases} 3x^2+2y-1=0 \\ 2x+2y=0 \end{cases}$$

を解くと

$$(x,y)=\left(-\frac{1}{3},\frac{1}{3}\right),\left(1,-1\right)$$

を得る。これらが極値を取る(x,y)の候補であるが、実際に極値になるかを見るために2階偏導関数を計算する。

$$\frac{\partial^2}{\partial x\partial x}f(x,y)=6x$$
$$\frac{\partial^2}{\partial x\partial y}f(x,y)=2$$
$$\frac{\partial^2}{\partial y\partial y}f(x,y)=2$$

よって

$$\nabla^2 f(x,y)=\begin{pmatrix}6x & 2\\ 2 & 2\end{pmatrix}$$

となるが、

$$\nabla^2 f\left(-\frac{1}{3},\frac{1}{3}\right)=\begin{pmatrix}-2 & 2\\ 2 & 2\end{pmatrix},\ \nabla^2 f\left(1,-1\right)=\begin{pmatrix}1 & 2\\ 2 & 2\end{pmatrix}$$

$(x,y)=(-1/3,1/3)$のときは正定値にも負定値にもならないので、ここでは極値にならない。$(x,y)=(1,-1)$のときは正定値。$f(x,y)=-1$であるので、$(x,y)=(1,-1)$のとき極小値-1をとる。

第04章

Pythonによる数値計算

理論的な数学では厳密な解について議論することが多いですが、実用上の問題は近似解で十分なことも多く、またその計算にかかる時間も重要になります。本章では、数学の知識は前提とした上で、さまざまな問題の現実的な近似解を得るためのテクニックを紹介します。

04-01 数値計算の基本

数式は、数学で知られているものをそのままの形で計算機上に実装しても、うまくいかないことがあります。本節ではその例を見ていきます。

浮動小数点数の演算

まずは簡単な例として、REPLで0.001を1000個足し算するプログラムを実行して結果を見てみます。

誤差を生む演算の例

```
>>> s = 0
>>> for i in range(1000):
...     s += 0.001
...
>>> s
1.0000000000000007
```

数学的には0.001を1000個足すと1になるはずですが、ここでは誤差が生じています。これは数値の内部表現が原因です。計算機内では数値は2進数に変換され記憶され、0.001という数は完全に正確に記憶されているわけではなく、途中で丸められているからです。例えば$\frac{1}{3}$を十進数の有効数字5桁で計算すると、0.33333になりますが、これを3つ足すと0.99999になり1にはなりません。これと同じようなことが計算機内部で起こっていると思ってください。

Python内部の浮動小数点型は、十進数換算で約17桁程度の精度があります。十進表現でも$0.001=1.0\times10^{-3}$のように指数を使った表現を使いますが、計算機内部ではこの表現の2進数版、例えば$X.XXX\times2^{Y}$のような形で格納されています。

なので計算精度は正確には2進数で何桁かをいわないといけないのですが、それがおよそでいうと十進数で17桁くらいの精度になっています。かなりラフな見積もりにはなりますが、およそ17桁程度の精度があるということは、0.001という数は$1.0000000000000000 \times 10^{-3}$（1.の後に0が16個）くらいの桁までは正しい値で格納されていて、それ以下の桁に誤差が出るということです。

しかし、数学的に1であるべき計算結果が誤差により1.0000000000000007となったとしても、それほど問題にはならないことがほとんどだと思います。求めたい結果に十分に近い数値が得られれば実用上は問題ないことが多いからです。とはいっても、このような内部表現による誤差があるということを十分に注意しなければならないケースもあります。また、十進数で約17桁あるはずだった有効桁数が、計算の過程で大きく失われる可能性についても注意する必要があります。以下に注意すべきケースを具体例とともに説明します。

まず条件分岐に関する注意を説明します。浮動小数点に関する条件式は数値誤差を十部に考慮しなければいけません。特に浮動小数点の比較で==を使って完全一致を調べるのは悪手であることが多いです。例として次の実行例を見てください。

誤差により無限ループとなる例

```
>>> s = 0
>>> while s != 1.:    sが1と一致するまで繰り返す
...     print(s)
...     s += 0.1
...
0
0.1
0.2
0.30000000000000004
0.4
0.5
0.6
0.7
0.7999999999999999
0.8999999999999999
0.9999999999999999
1.0999999999999999
1.2
(無限に続く)
```

これは無限ループしてしまい終わらないので、Ctrl+Cで中断する必要があります。このプログラムは変数sを0で初期化して、0.1ずつ足しながらsが1と等しくない間繰り返すというものです。このループの終了条件が問題で、sが1とイコールになると終了するのですが、そのようなことは永遠に起こりません。0.1を10回足しても内部表現の誤差により1にはならないからです。

このように浮動小数点数の比較に==または!=を使って完全な一致を調べるのは、意図と異なる結果になることが多いです。ではそういう場合はどうするのがいいでしょうか。十分に小さい正の数を用意して、誤差がその数以内になるかをチェックするという手法がよく使われます。次の例を見てください。

誤差を生まない演算方法

```
>>> eps = 1e-10  ← 十分に小さい正の値
>>> s = 0
>>> while abs(s - 1.) > eps:  ← s - 1の絶対値がepsより大きい場合に繰り返す
...     print(s)
...     s += 0.1
...
0
0.1
0.2
0.30000000000000004
0.4
0.5
0.6
0.7
0.7999999999999999
0.8999999999999999
```

これは無限ループせずに無事に10回の繰り返しで終わりました。ここでは変数epsを`1e-10`（つまり10^{-10}）という十分に小さい値に設定して、s-1の絶対値がepsより大きい間繰り返します。つまりs-1の絶対値が十分に小さい数eps以下になるとループを終了するという条件です。数学でよく小さい値を表すのにεという記号を使いますが、この読み方「イプシロン（epsilon）」からepsという変数名を使っています。

ここではepsは1e-10に設定しましたが、この値はどのようにして決めるのがいいのでしょうか。それは解く問題によるので一概にはいえません。理論的に値が決められることもありますし、実験的にうまくいく値を採用することもあります。

演算による桁落ち

次に2次方程式の解を求める関数を考えてみます。2次方程式

$$ax^2 + bx + c = 0 \quad (a \neq 0)$$

の解は

$$x = \frac{-b \pm \sqrt{b^2 - 4ac}}{2a}$$

で与えられます。これを計算する関数を定義してみます。話を簡単にするため解が実数になる場合、つまり $b^2 - 4ac \geq 0$ の場合だけ考えることとします。

2次方程式を解く関数qeqを定義してみます。

List qeq.py

```
import numpy as np


def qeq(a, b, c):
    d = np.sqrt(b**2 - 4 * a * c)
    return ((-b + d) / (2 * a), (-b - d) / (2 * a))
```

ここでは非負平方根(つまり $\sqrt{\ }$)の計算をするsqrtを利用するためにNumPyをインポートしていますが、NumPyの詳細は次節以降に解説します。この関数では解の公式通りに解を計算して、2つの解をタプルとして返します。

次に答えがわかっている問題を解いてみましょう。$(x+2)(x+3) = x^2 + 5x + 6$ であるので、a=1、b=5、c=6とすると解は x=-2、-3になるはずです。REPLからインポートして実行してみます。

答えが正しい場合

```
>>> import qeq
>>> qeq.qeq(1, 5, 6)
(-2.0, -3.0)
```

正しく計算できました。では次に、

$$(x+1)(x+0.000000001)=x^2+1.000000001x+0.000000001$$

であるので、1、1.000000001、0.000000001を引数として与えてみます。正しい答えはx=-1、-0.000000001になるはずです。

間違っている場合

```
>>> qeq.qeq(1, 1.000000001, 0.000000001)
(-1.0000000272292198e-09, -1.0)
```

この左側の解は8桁までしか合ってないということに注意してください。誤差が大きくなってしまいました。なぜこのようなことが起こるのでしょう。これには桁落ちと呼ばれる現象が影響しています。分子の$-b+\sqrt{b^2-4ac}$が0に近いときに起こる現象です。実際に$\sqrt{b^2-4ac}$を計算してみます。

$\sqrt{b^2-4ac}$の計算

```
>>> np.sqrt(1.000000001**2 - 4 * 1 * 0.000000001)
0.999999999
```

これと$-b$=-1.000000001を足し算すると、小数第8位までは消えてしまいます。つまりもともとは約17桁まで信用できた数字が、9桁分までの数字が消えてしまったので信用できるのは残り8桁ということになります。このことにより計算結果が8桁程度までしか信用できなくなってしまいました。このように絶対値の近い数の引き算は、数値計算では有効桁数を大きく失う可能性があるので危険です。

ではどうすればいいかというと、絶対値が近い引き算が発生しそうな計算を回避できるように、数式を同値な式で置き換えればよいです。この2次方程式の例の場合、$\sqrt{\ }$の計算結果は必ず正になるはずなので、絶対値の近い数の引き算が必要になる可能性はbの符号によって分けて考える必要があります。$b \geq 0$のときは分子の$\pm$が$+$のときに近い数の引き算になり避けたいですが、

$$\frac{-b-\sqrt{b^2-4ac}}{2a}$$

は安心して計算できます。$b < 0$のときは逆に

$$\frac{-b+\sqrt{b^2-4ac}}{2a}$$

の方が安心して計算できます。これらをまとめて表すために符号関数sign(x)というものを考えます。これはxの符号によって-1、0、1のいずれかの値をとるもので、次で定義されます。

$$\mathrm{sign}(x) = \begin{cases} -1 & (x < 0) \\ 0 & (x = 0) \\ 1 & (x > 0) \end{cases}$$

上記で直接計算しても問題ない方の解はbの符号によって式が違ったのですが、符号関数signを使うとbの値にかかわらず次の式で表されます

$$\frac{-b-\mathrm{sign}(b)\sqrt{b^2-4ac}}{2a}$$

次にもう片方の解を計算する方法を考えます。2次方程式$ax^2+bx+c=0$の解をα、βとすると、次の式が成り立ちます。

$$\alpha\beta = \frac{c}{a}$$

実際計算してみると次のように簡単に示せます。

$$
\begin{aligned}
\alpha\beta &= \frac{-b+\sqrt{b^2-4ac}}{2a} \times \frac{-b+\sqrt{b^2-4ac}}{2a} \\
&= \frac{(-b)^2-\left(\sqrt{b^2-4ac}\right)^2}{4a^2} \\
&= \frac{b^2-(b^2-4ac)}{4a^2} \\
&= \frac{c}{a}
\end{aligned}
$$

この性質を利用して2つ目の解を求めます。つまり、次の順に計算します。

$$
\alpha = \frac{-b-\mathrm{sign}(b)\sqrt{b^2-4ac}}{2a}, \beta = \frac{c}{a\alpha}
$$

ではこれを実装してます。

List qeq2.py

```
import numpy as np


def qeq(a, b, c):
    alpha = (-b - np.sign(b) * np.sqrt(b**2 - 4 * a * c)) / (2 * a)
    beta = c / (a * alpha)
    return (alpha, beta)
```

符号関数はNumPyの中でsignとして定義されているのでこれを利用しています。ではこれを前回と同じ数字を使って試してみます。

関数qeqを使う

```
>>> import qeq2
>>> qeq2.qeq(1, 5, 6)
(-3.0, -2.0)
>>> qeq2.qeq(1, 1.000000001, 0.000000001)
(-1.0, -1e-09)
```

今度は前回よりも正確な値が計算できました。このように、誤差が比較的小さくおさえられる解法を**数値的に安定な解法**と呼ぶことがあります。

数値範囲の考慮

次にソフトプラス関数と呼ばれる次のような関数を考えます。

$$\mathrm{softplus}(x) = \log(1 + e^x)$$

この関数はxが十分に大きいと$\mathrm{softplus}(x) \approx x$で近似されます。実際$e^x$は$x$が大きくなると急激に大きくなるので、$1+e^x$の1はほぼ無視できるようになります。したがって$\mathrm{softplus}(x) \approx \log e^x = x$となります。ではこれをこの式の形のまま実装してみます。

List softplus.py

```
import numpy as np


def softplus(x):
    return np.log(1 + np.exp(x))
```

ではこれをREPLから呼び出してみます。

関数softplusを使う

```
>>> import softplus
>>> softplus.softplus(-1)
0.31326168751822286
>>> softplus.softplus(0)
0.6931471805599453
>>> softplus.softplus(1000)
/Users/kato/chap4/softplus.py:5: RuntimeWarning: overflow encountered
in exp
  return np.log(1 + np.exp(x))
inf
```

x=-1とx=0のときは順調に計算できましたが、x=1000のときは警告メッセージとともにinfという値が返されました。infというのは無限大という意味であり、Pythonの浮動小数点型で扱える限度を超えて大きい値になったということを意味しています。

ところが前述の考察によるとsoftplus(1000)は1000に近い数になるはずです。浮動小数点型で十分に計算できる値の範囲のはずですが、infになってしまうのはなぜでしょう。それはnp.exp(1000)の計算がすでにinfになってしまうからです。実際にやってみましょう。

e^{1000}の計算

```
>>> import numpy as np
>>> np.exp(1000)
__main__:1: RuntimeWarning: overflow encountered in exp
inf
```

ここですでにinfになっているので、infに1を足してもinfになり、さらにそれのlogをとってもinfになるのです。

ここでの問題点は数学的に考えれば計算結果はさほど大きくない(Pythonの浮動小数点型として十分取り扱える)のに、計算過程でinfが発生してその後の計算がinfになるという点です。この問題を克服するには、もとの式を同値な式に変形し、途中でinfが発生しないようにすることです。次のように式変形をしてみます。

$$
\begin{aligned}
\log(1+e^x) &= \log\left\{e^x(e^{-x}+1)\right\} \\
&= \log e^x + \log(e^{-x}+1) \\
&= x + \log(e^{-x}+1)
\end{aligned}
$$

これでxが十分に大きいときにinfが発生する問題は回避できます。実際xが十分大きくなるとe^{-x}は0に近づくからです。しかし、今度はxが十分小さいときはe^{-x}が無限に大きくなるので、もとの式の方がよいことがわかります。つまりどこかを境目にして2つの式を使い分けるのがよさそうです。ここでは$x=0$を境目にしてみましょう。次の式が得られます。

$$
\begin{aligned}
\mathrm{softplus}(x) &= \begin{cases} \log(1+e^x) & (x<0) \\ x+\log(1+e^{-x}) & (x \geq 0) \end{cases} \\
&= \max(0,x) + \log(1+e^{-|x|})
\end{aligned}
$$

ここで$\max(a,b)$とはa、bのうち小さくない方という意味です。ではここで実装してみます。

List softplus2.py

```
import numpy as np


def softplus(x):
    return max(0, x) + np.log(1 + np.exp(-abs(x)))
```

それでは動作を確認してみます。

改良した関数softplusを使う

```
>>> import softplus2
>>> softplus2.softplus(-1)
0.31326168751822286
>>> softplus2.softplus(0)
0.6931471805599453
>>> softplus2.softplus(1000)
1000.0
>>> softplus2.softplus(-1000)
0.0
```

今度はx=1000のときもx=-1000のときも問題なく計算できるようになりました。

以上数値計算で気をつけるべき点を例を挙げながら見てきましたが、ポイントをまとめると次のようになります。

- 原則として、浮動小数点型の比較には==や!=などの完全一致するかの比較は行わないことにする。
- 数値が近いものの引き算は、桁落ち現象により有効桁数が失われるので注意。
- 計算結果が計算機内で扱えるはずなのに、途中でinfや-infが生じてしまう計算には注意。

これらの問題の回避には数学的な考察が役に立つことが多いです。計算したいと思う数式と数学的に同値な式を思い付けるかということが鍵になります。言い換えると、数学的に同値な式も計算機内の計算手順としては同じ結果を生まないことがあるので注意が必要です。

04-02 NumPyの基本

NumPyはPythonで数学的な計算をするためのライブラリです。以下REPLによる例では、NumPyを次のようにインポートしていると仮定して話を進めます。

```
import numpy as np
```

もちろんnumpyをどのような名前でインポートしても構わないのですが、慣習としてnpとしてインポートすることが多いようですし、NumPyの公式ドキュメントにもそのように書いてあるので、本書でもそれに従うことにします。

すでに前節で見てきたように、NumPyには数学でよく使われる関数が含まれます。以下に計算例を示します。

NumPyの関数

```
>>> np.exp(2)          eのべき乗
7.38905609893065
>>> np.log(np.e)       自然対数
1.0
>>> np.sin(np.pi)      正弦
1.2246467991473532e-16
>>> np.sqrt(3)         平方根
1.7320508075688772
```

これは上から順にe^2、$\log e$、$\sin \pi$、$\sqrt{3}$を計算しています。np.eとnp.piは定数で、

それぞれe（自然対数の底）とπ（円周率）を示します。数学的に正確には$\sin\pi = 0$ですが、数値計算の誤差で0に近い数が返ってきています。

NumPyの配列

次にNumPyに特徴的な配列型を説明します。NumPyの配列型は**ndarray**というクラスです。配列はリストのように要素を並べたものですが、すべての要素の型は同じでなければなりません。

NumPy配列の操作

```
>>> a = np.array([2, 3, 5, 7, 8])
>>> a[0]  ← 先頭の要素
2
>>> a[1:3]  ← インデックス1～2の要素
array([3, 5])
>>> a[2:-1]  ← インデックス3～5-1=4までの要素
array([5, 7])
>>> b = np.arange(5)  ← arange関数による配列の作成
>>> b
array([0, 1, 2, 3, 4])
>>> c = np.arange(1, 3, 0.2)  ← ステップを0.2にする
>>> c
array([1. , 1.2, 1.4, 1.6, 1.8, 2. , 2.2, 2.4, 2.6, 2.8])
>>> a.dtype  ← 型の確認
dtype('int64')
>>> c.dtype
dtype('float64')
>>> d = np.array([1, 2, 3], dtype=np.float64)  ← 作成時に型を指定する
>>> d
array([1., 2., 3.])
>>> d.dtype
dtype('float64')
>>> e = np.arange(5.)  ← 引数に浮動小数点数を指定
>>> e
array([0., 1., 2., 3., 4.])
```

```
>>> e.dtype
dtype('float64')
```

最初にnp.arrayを使って変数aに代入していますが、引数にはリストが与えられています。このようにリストによって初期化することができます。a[0]のようにインデックスを使ったアクセスができるのと、a[1:3]のようなスライシングができるのはリストと同様です。

次にnp.arangeにより連続値を要素に持つ配列を生成しています。np.arangeはrangeと使い方は似てますが、戻り値がndarray型である点が異なります。またここでのcへの代入のように、np.arangeはステップ値を浮動小数点型にすることも可能です(rangeではできません)。

最後にデータ属性dtypeにより、配列の要素の型を表示しています。配列は全要素が同じ型である必要があり、その型はdtypeで確認することができます。aのdtypeはint64となっていますが、これは64ビットで表される整数という意味です。cのdtypeはfloat64になっていますが、これは64ビットで表される浮動小数点数という意味です。int64とfloat64以外にもNumPyには組み込みの数値型があるのですが、本書で扱う範囲ではNumPyの整数型といえばint64型に限定し、浮動小数点数型といえばfloat64型に限定することにします。

配列aのように、整数値のみからなるリストを元に配列を作ると要素の型はint64になりますが、dのように名前付き引数dtypeを指定して配列を定義すると、明示的に型を指定することもできます。arangeについても引数がすべて整数のときは整数型を要素に持つ配列を生成しますが、dtypeで型を明示的に指定することもできます。

また、dtypeを使う代わりに引数を浮動小数点数にするという手もあります。例えば5の代わりに5.とすればよいです。

配列はベクトルや行列を表現するものとして扱うことが多いので、要素の型は浮動小数点数にする方が都合がいいことが多いです。これ以降のサンプルコードではfloat64型を要素に持つ配列を中心に扱っていくことにします。

2次元配列

インデックスを2つ持つような配列は2次元配列と呼ばれます。

2次元配列の操作

```
>>> a = np.array([[2, 3, 4], [5, 6, 7]], dtype=np.float64)
>>> a
array([[2., 3., 4.],        ← 2次元配列の作成
       [5., 6., 7.]])
>>> a[0, 1]                 ← 第0行・第1列の要素
3.0
>>> a[:, 1]                 ← 第1列のすべての要素
array([3., 6.])
>>> a[1, :]                 ← 第1行のすべての要素
array([5., 6., 7.])
>>> a[0, 2:]                ← 第0行の第2列以降
array([4.])
>>> a[0, :2]                ← 第0行の第2列より前
array([2., 3.])
```

ここではリストのリストを使って2次元配列を初期化しています。2次元配列の要素には、行列と同様に2つのインデックスでアクセスします。数学の行列の添字は1から始まることが多いのですが、配列のインデックスは0から始まるので注意が必要です。これ以降NumPyの2次元配列の話をするときには、行は上から順に第0行、第1行、と呼び、列は左から順に第0列、第1列と呼ぶことにします。

`a[0, 1]`は第0行・第1列の要素を参照します。`a[:, 1]`というのはスライシングの一種で、第1列の要素すべてを取り出し、結果を1次元配列として返します。`a[1, :]`は第1行を取り出します。`a[0, 2:]`は第0行の第2列以降を取り出します。`a[0, :2]`は第0行の第2列より前を取り出します。

このように1つ目のインデックスと2つ目のインデックスについて、それぞれ別にスライシングを指定できます。スライシングの指定のしかたはリストと同様です。

ここで配列についての「次元」といういう用語が、数学の次元とは意味が違い混乱しやすいので注意が必要です。

```
v = np.array([2., 3., 4.])
a = np.array([[1., 2.], [3., 4.]])
```

このようにvとaを設定するとvは1次元配列と呼ばれ、aは2次元配列と呼ばれます。一方で、これらは数学でいうとベクトルと行列に対応しているように見えます。vは3次元ベクトルだと思うことができます。このように配列についての「次元」という言葉と、数学でいうベクトルの「次元」は意味が違うので注意してください。

配列のデータ属性

配列について、重要なデータ属性を見てみます。

配列のデータ属性

```
>>> a = np.arange(15.).reshape(3, 5)   ← 3行5列の2次元配列に変更
>>> a
array([[ 0.,  1.,  2.,  3.,  4.],
       [ 5.,  6.,  7.,  8.,  9.],
       [10., 11., 12., 13., 14.]])
>>> a.shape   ← 配列の形状
(3, 5)
>>> a.ndim   ← 配列の次元数
2
>>> a.size   ← 要素数
15
>>> b = np.arange(4.)   ← 1次元配列のまま
>>> b.shape
(4,)
>>> b.ndim
1
>>> b.size
4
```

最初にarange(15.)は0.から14.の整数で構成される1次元配列を作りますが、それに対して.reshape(3,5)は、配列の形状を3行5列に変形します。ここでいう形状とは、行列でいうところのサイズにあたるものです。

配列のデータ属性shapeを見ることで、形状を確認できます。ndimは配列としての次元を意味していて、aは2次元配列なのでa.ndimは2になります。a.sizeはaの全

体での要素数です。次にbに1次元配列を設定するとshapeは要素数1つだけのタプルになり、ndimは1になります。sizeはshape中の要素と同じになります。

reshapeメソッドと形状の変更

reshapeについては、一部の値を指定せずに自動的に形状を変更することもできます。

形状のいろいろな変更方法

```
>>> a = np.arange(16.)  ← 配列の生成
>>> c = a.reshape(4, -1)  ← 列数自動で形状の変更
>>> c
array([[ 0.,  1.,  2.,  3.],
       [ 4.,  5.,  6.,  7.],
       [ 8.,  9., 10., 11.],
       [12., 13., 14., 15.]])
>>> c.ravel()  ← 1次元配列に戻す
array([ 0.,  1.,  2.,  3.,  4.,  5.,  6.,  7.,  8.,  9., 10., 11.,
12.,
       13., 14., 15.])
>>> c.reshape(-1)  ← ravelと同じ効果
array([ 0.,  1.,  2.,  3.,  4.,  5.,  6.,  7.,  8.,  9., 10., 11.,
12.,
       13., 14., 15.])
>>> b = np.arange(4.)
>>> b.reshape(-1, 1)  ← 行数自動で形状の変更
array([[0.],
       [1.],
       [2.],
       [3.]])
>>> b[:, np.newaxis]  ← 同じ効果
array([[0.],
       [1.],
       [2.],
       [3.]])
```

```
>>> b[:, None]                    noneでも同じ
array([[0.],
       [1.],
       [2.],
       [3.]])
>>> b.reshape(1, -1)              列数自動で形状の変更
array([[0., 1., 2., 3.]])
>>> b[np.newaxis, :]              同じ効果
array([[0., 1., 2., 3.]])
```

最初に要素数16の配列aを用意していますが、.reshape(4, -1)により行数を4に指定し形状を変更します。引数が-1になっているインデックスはそこの部分は自動で設定するということです。aのサイズが16なので、行数を4にすると列数は自動的に4に設定されます。特に配列を1次元に変換することはよくあるので、**ravel**という特別なメソッドが用意されています。メソッド.ravel()を呼ぶことは.reshape(-1)と同等です。次にbにサイズ4の１次元配列を代入します。

次にb.reshape(-1,1)により、行数自動、列数1の2次元配列に変換します。つまり形状が(4,1)の2次元配列ができます。b[:, np.newaxis]としても同様の結果になります。np.newaxisはNoneのエイリアス（言い換え）なのですが、**newaxis**は新しい軸という意味なので、こう書いた方が意図が伝わりやすいです。

次にb.reshape(1,-1)では行数を1にし、列数自動で変換します。今度の形状は(1,4)になります。次の[np.newaxis, :]でも同じ結果になります。

ここで注意すべきなのは、サイズ4の1次元配列、形状が(4,1)の2次元配列、(1,4)の2次元配列はすべて別のものだということです。それぞれ次のように表されます。

```
array([0., 1., 2., 3.])           1次元配列
array([[0.],
       [1.],                      形状が(4,1)の2次元配列
       [2.],
       [3.]])
array([[0., 1., 2., 3.]])         形状が(1,4)の2次元配列
```

つまり1次元配列は一組の角括弧で表されますが、2次元配列では角括弧は必ず2重

になっています。数学ではベクトルと列数1の行列は同一視しましたが、NumPyでは1次元配列と2次元配列は別物として扱われるので注意が必要です。

その他の配列の操作

配列の操作についていくつか便利な機能を紹介します。

いろいろな配列の作成

```
>>> a = np.zeros((3, 4))  ← 要素がすべて0である配列の作成
>>> a
array([[0., 0., 0., 0.],
       [0., 0., 0., 0.],
       [0., 0., 0., 0.]])
>>> b = np.ones((2, 2))  ← 要素がすべて1である配列の作成
>>> b
array([[1., 1.],
       [1., 1.]])
>>> c = np.empty((2, 5))  ← 任意の要素を持つ配列の作成
>>> c
array([[-4.44659081e-323,  0.00000000e+000,  2.12199579e-314,
         0.00000000e+000,  0.00000000e+000],
       [ 0.00000000e+000,  1.75871011e-310,  3.50977866e+064,
         0.00000000e+000,  2.17292369e-311]])  ← この結果は環境依存
>>> d = np.linspace(0, 1, 10)  ← 等差数列を用そして持つ配列の作成
>>> d
array([0.        , 0.11111111, 0.22222222, 0.33333333, 0.44444444,
       0.55555556, 0.66666667, 0.77777778, 0.88888889, 1.        ])
```

zerosは形状を指定してすべての要素が0であるような配列を用意します。ゼロベクトルやゼロ行列にあたるものを作るのに便利です。onesはすべての要素が1であるような配列を用意します。

emptyは与えられた形状の行列を用意しますが、その中身は保証されません。つまりメモリ上のゴミを拾ってくる可能性があるので、初期値はどうなるかわからず、異なる環境で試すとこの例で示した結果と異なることがあります。これは再現できな

い結果を生む可能性があり使い方に気をつけないと危険なのですが、後ですべての要素を設定することが確実な場合は、余計な初期化をせずに配列を用意するというメリットがあります。

最後にlinspaceの使用例を示しましたが、これは第1引数と第2引数で表される区間を等分した結果を返します。返ってくる配列のサイズは第3引数で指定した数です。区間の両端が含まれるように等分するので、第3引数をnとすると区間は$n-1$等分されるので注意が必要です。上記の例だと、`[0,1]`区間を9等分しています。結果には0と1が含まれるので、全部で10個の要素から構成される配列になります。このlinspaceは、後で出てくるグラフの描画に便利です。

行列の連結

行列の連結のしかたも見てみます。

いろいろな行列の連結

```
>>> a
array([[0, 1, 2],
       [3, 4, 5]])
>>> b
array([[ 6,  7,  8],
       [ 9, 10, 11]])
>>> np.r_[a, b]
array([[ 0,  1,  2],
       [ 3,  4,  5],
       [ 6,  7,  8],
       [ 9, 10, 11]])
>>> np.c_[a, b]
array([[ 0,  1,  2,  6,  7,  8],
       [ 3,  4,  5,  9, 10, 11]])
>>> c = np.arange(3)
>>> d = np.arange(3, 6)
>>> c
array([0, 1, 2])
>>> d
array([3, 4, 5])
```

```
>>> np.r_[c, d]
array([0, 1, 2, 3, 4, 5])
>>> np.c_[c, d]
array([[0, 3],
       [1, 4],
       [2, 5]])
>>> np.r_[a, c] ←形状が合わないとエラー
Traceback (most recent call last):
  File "<stdin>", line 1, in <module>
  File "…", line 340, in __getitem__
    res = self.concatenate(tuple(objs), axis=axis)
ValueError: all the input arrays must have same number of dimensions
>>> np.r_[a, c.reshape(1, -1)] ←2次元配列に変換してから連結
array([[0, 1, 2],
       [3, 4, 5],
       [0, 1, 2]])
```

2つの行列を縦方向に連結するには**r_**を使います。r_は関数でなくクラスであり、角括弧の中に連結したい行列を並べるという特殊な使い方をします。横方向に並べるには**c_**を使い、呼び出し時に角括弧を使うのもr_と同様です。もちろんr_を使うときは適用する行列の列数が一致する必要がありますし、c_を使うときは行数が一致する必要があります。

2次元配列のときは縦方向と横方向の連結の違いはわかりやすいと思うのですが、1次元配列のときは少し注意が必要です。1次元配列は縦ベクトルだとみなされると思ってください。2つの1次元ベクトルにr_を使うと縦ベクトルを縦につなげるので縦に長い行列になり、それを1次元配列として表現するので、結局は2つの配列を横につなげたように見えます。

一方で2つの1次元配列にc_を適用すると、2つの縦ベクトルを横につなげるので、列数2の行列になります。また、2次元配列の下に1次元配列を新しい行として追加したいときは単純にr_を使うとうまくいきません。上記の例では`r_[a, c]`はエラーになっています。これはcは縦ベクトルだとみなされているからです。意図通り連結するにはcのreshapeメソッドで形状(1,3)に変換してからr_を呼び出します。

04-03 配列の基本計算

まずは配列の集計計算を見てみます。

いろいろな集計関数

```
>>> a = np.arange(5.)
>>> a
array([0., 1., 2., 3., 4.])
>>> a.sum() ← 合計
10.0
>>> a.mean() ← 平均
2.0
>>> a.max() ← 最大値
4.0
>>> a.min() ← 最小値
0.0
```

ここでは合計(sum)、平均(mean)、最大値(max)、最小値(min)を計算しています。次に2次元配列の場合も見てみます。

2次元配列の合計

```
>>> b = np.arange(9.).reshape(3, 3)
>>> b
array([[0., 1., 2.],
       [3., 4., 5.],
       [6., 7., 8.]])
>>> b.sum()
36.0
>>> b.sum(axis=0)
array([ 9., 12., 15.])
>>> b.sum(axis=1)
array([ 3., 12., 21.])
```

変数bには形状(3,3)の2次元配列を設定しています。b.sum()では全要素の合計をとります。

sumの名前付き引数axisを指定すると行ごと、列ごとの合計をとることができます。b.sum(axis=0)とすると、行方向に和を計算し、つまり列ごとに合計を出します。このときの戻り値は合計のスカラーではなく配列であることに注意してください。

b.sum(axis=1)は逆に列方向に和を計算し、行ごとに合計を出します。このようにaxisを使って計算の方向を指定できるのは、mean、max、minでも同様です。

ブロードキャスト

NumPyの配列には、その配列を含む演算を行う場合に次元数や形状を自動的に調整する機能があります。これをブロードキャストといいます。

関数使用時のブロードキャスト

```
>>> a = np.arange(3., 8.)
>>> a
array([3., 4., 5., 6., 7.])
>>> np.exp(a)
array([  20.08553692,   54.59815003,  148.4131591 ,  403.42879349,
        1096.63315843])
>>> np.log(a)
array([1.09861229, 1.38629436, 1.60943791, 1.79175947, 1.94591015])
>>> np.sqrt(a)
array([1.73205081, 2.        , 2.23606798, 2.44948974, 2.64575131])
>>> b = np.arange(9.).reshape(3, 3)
>>> b
array([[0., 1., 2.],
       [3., 4., 5.],
       [6., 7., 8.]])
>>> np.exp(b)
array([[1.00000000e+00, 2.71828183e+00, 7.38905610e+00],
       [2.00855369e+01, 5.45981500e+01, 1.48413159e+02],
       [4.03428793e+02, 1.09663316e+03, 2.98095799e+03]])
```

aは1次元配列ですが、それにnp.expを作用させると、それぞれの要素にnp.expを計算したものを返します。np.log(自然対数)とnp.sqrt(非負平方根)についても同様です。

また、bは2次元配列ですが、これについてもnp.expを作用させると全要素にnp.expを計算したものが返されます。このように配列に関数を作用させると全要素に対してその関数を計算する操作をすることになり、この操作をブロードキャストと呼びます。配列に作用させたときにすべての関数がブロードキャストされるわけではないですが、ブロードキャストされる関数はユニバーサル関数と呼ばれています。

ブロードキャストは関数だけでなく演算子にも使えます。

配列とスカラの演算

```
>>> a = np.arange(5)
>>> a
array([0, 1, 2, 3, 4])
>>> a + 3
array([3, 4, 5, 6, 7])
>>> a * 3
array([ 0,  3,  6,  9, 12])
>>> a ** 2
array([ 0,  1,  4,  9, 16])
>>> a >= 2
array([False, False,  True,  True,  True])
>>> a != 3
rray([ True,  True,  True, False,  True])
>>> b = np.arange(9).resize(3, 3)
>>> b > 3
array([[False, False, False],
       [False,  True,  True],
       [ True,  True,  True]])
```

ここでは配列aに対してさまざまな演算をしています。まずは「`a + 3`」ですべての要素に3を足しています。「`a * 3`」はすべての要素を3倍します。ここでaをベクトルだと思うとベクトルのスカラ倍に対応しています。「`a ** 2`」という演算もブロードキャストできて、すべての要素を2乗します。

また、条件式についてもブロードキャステングができて、「`a >= 2`」は2以上である要素にTrueを、それ以外にはFalseを割り当てます。「a != 3」についても同様で、全要素について3と一致するかを判定します。また2次元配列についても同様なことができることをbで確認しています。

ブロードキャストと同等な計算を、for文やリスト内包表記を使って行うこともできます。例えば、1次元配列aに対して、

```
a ** 2
```

という計算は

```
b=np.array([x**2 for x in a])
```

としても同じですし、

```
b = np.empty(a.shape[0])
for i, x in enumerate(a):
    b[i] = x**2
```

としても同じ結果になります。しかし計算速度の面でブロードキャストの方が優れています。特にサイズが大きい配列の計算をするときに便利です。したがって、本書ではブロードキャストが使える場面ではできるだけ使って説明します。

ブール値を要素に持つ配列を配列の角括弧の中に入れると、Trueに対応する要素だけ取り出します。

ブール値を要素として持つ配列の演算

```
>>> a = np.array([10, 20, 30, 40])
>>> b = np.array([False, True, True, False])  ブール値を要素とする配列
>>> a[b]  配列をインデックスとして指定
array([20, 30])  Trueに対応する要素のみ抽出される
>>> c = np.array([[3, 4, 5], [6, 7, 8]])  2次元配列の場合
>>> c
array([[3, 4, 5],
```

```
       [6, 7, 8]])
>>> d = np.array([[False, False, True], [False, True, True]])
>>> d
array([[False, False,  True],
       [False,  True,  True]])
>>> c[d]
array([5, 7, 8])
```

ブール値を要素に持つ1次元配列bについてはb[1]とb[2]がTrueなので、a[b]を計算するとa[1]とa[2]の値が取り出され、それらを要素に持つ配列が返されます。2次元配列でも同様で、dについてはd[0,2]、d[1,1]、d[1,2]がTrueなので、c[d]とするとc[0,2]、c[1,1]、c[1,2]が取り出されます。いずれの場合も、もとの配列と角括弧の中に入れられる配列は同じ形状でなければなりません。

この仕組みとブロードキャストを使うと、配列のある条件を満たす要素を取り出すことが簡単にできます。

条件を指定した要素の抽出

```
>>> a = np.arange(10)
>>> a[a > 5]
array([6, 7, 8, 9])
>> a[(a >= 3) & (a < 6)]
array([3, 4, 5])
>>> a[(a < 2) | (a > 7)]
array([0, 1, 8, 9])
>>> a[a % 3 != 0]
array([1, 2, 4, 5, 7, 8])
```

a[a > 5]ではaの要素で5より大きいものを抽出します。なぜそうなるのかというと、「a > 5」はブロードキャストによってaの各要素に「> 5」が作用し、5より大きい要素についてはTrueが、それ以外はFalseが対応づいた配列になります。それが角括弧の中に入ったa[a > 5]は、「a > 5」がTrueの値だけを取り出すということに対応し、つまりaの5より大きい要素を取り出すことになります。

論理積や論理和(「かつ」や「または」)は、通常if文の中などで使うときはandやorを

使いますが、andやorは配列でブロードキャストされないという問題があります。そのためブロードキャストさせたいときはその代わりに&や|を使います。この例では、(a >= 3) & (a < 6)という演算では、3以上でありかつ6より小さい要素がTrueで、それ以外はFalseであるような配列が生成されます。それをaのブラケットの中に入れることで3以上かつ6より小さい要素を抽出しています。

次のa[(a < 2) | (a > 7)]も同様で、2より小さいか7より大きい要素を抽出してます。ここで気をつけるべきなのは、&と|を2つの条件に作用させるときには条件に丸括弧を付けないといけないということです。もともと&と|はビット演算子として使われていたので、演算の優先順位が等号・不等号より高くなっているからです。

また不等号!=もブロードキャストされるので、a[a % 3 != 0]は3で割り切れない要素を抽出します。

配列の演算

次に配列の演算を見てみます。

配列同士の演算

```
>>> u = np.arange(4)
>>> v = np.arange(3, 7)
>>> u
array([0, 1, 2, 3])
>>> v
array([3, 4, 5, 6])
>>> u + v
array([3, 5, 7, 9])
>>> u - v
array([-3, -3, -3, -3])
>>> u * v
array([ 0,  4, 10, 18])
>>> np.dot(u, v) ・・・・・・・・ ベクトルの内積
32
>>> (u * v).sum() ・・・・・・・・ sumメソッドを使う
32
```

変数uとvにサイズ4の1次元配列を格納し、計算をしています。「u + v」と「u - v」は要素ごとの足し算と引き算であり、それぞれベクトルの足し算と引き算に対応します。「u * v」と「u / v」はそれぞれ要素ごとの掛け算とわり算で、これらはベクトルの演算ということだとあまり必要とされない計算だと思いますが、それ以外の計算で便利なこともあります。

np.dotで2つのベクトルの内積を計算します。「u * v」は要素ごとの掛け算だったのでその全要素を足すと内積になります。つまり`(u * v).sum()`としても内積を計算できます。

2次元配列の場合も見てみます。

2次元配列の演算

```
>>> a = np.arange(9.).reshape(3, 3)
>>> b = np.arange(4., 13.).reshape(3, 3)
>>> a
array([[0., 1., 2.],
       [3., 4., 5.],
       [6., 7., 8.]])
>>> b
array([[ 4.,  5.,  6.],
       [ 7.,  8.,  9.],
       [10., 11., 12.]])
>>> a + b
array([[ 4.,  6.,  8.],
       [10., 12., 14.],
       [16., 18., 20.]])
>>> a - b
array([[-4., -4., -4.],
       [-4., -4., -4.],
       [-4., -4., -4.]])
>>> a * b
array([[ 0.,  5., 12.],
       [21., 32., 45.],
       [60., 77., 96.]])
>>> a / b
array([[0.        , 0.2       , 0.33333333],
```

```
       [0.42857143, 0.5       , 0.55555556],
       [0.6       , 0.63636364, 0.66666667]])
>>> np.dot(a, b)                                   dot関数
array([[ 27.,  30.,  33.],
       [ 90., 102., 114.],
       [153., 174., 195.]])
>>> a.dot(b)                                       dotメソッド
array([[ 27.,  30.,  33.],
       [ 90., 102., 114.],
       [153., 174., 195.]])
>>> a@b                                            @演算子でも内積が計算できる
array([[ 27.,  30.,  33.],
       [ 90., 102., 114.],
       [153., 174., 195.]])
```

1次元のときと同様に、四則演算はそれぞれ要素ごとの演算を意味しています。特に2次元配列の和と差は行列の和と差に一致します。要素ごとの積ではなく行列積を求めたいときは関数dotを使います。`np.dot(a,b)`でaとbを行列と見て積を計算します。

配列aのメソッドとしてもdotというのがあり、`a.dot(b)`でも行列積を計算します。また、行列積を表す@という演算子もありますが、これはPython 3.5から導入された比較的新しい機能です。この本の執筆時点ではNumPyのドキュメントもdot関数を使った説明が多く、まだ@はあまり使われてないので、本書でも行列積はdot関数を使うことにします。

行列積についてもう少し詳しく見てみます。

形状の違う行列の積

```
>>> a = np.arange(9.).reshape(3, 3)
>>> v = np.arange(1., 4.)
>>> a
array([[0., 1., 2.],
       [3., 4., 5.],                               2次元配列
       [6., 7., 8.]])
>>> v
array([1., 2., 3.])                                1次元配列
```

```
>>> np.dot(a, v)                              積を求める
array([ 8., 26., 44.])
>>> np.dot(v, a)                              引数を逆にする
array([24., 30., 36.])
>>> u = v.reshape(-1, 1)                      形状を(3,1)の2次元配列に
>>> np.dot(a, u)
array([[ 8.],
       [26.],
       [44.]])
>>> np.dot(u, a)                              引数を逆にするとエラー
Traceback (most recent call last):
  File "<stdin>", line 1, in <module>
ValueError: shapes (3,1) and (3,3) not aligned: 1 (dim 1) != 3 (dim 0)
>>> w = v.reshape(1, -1)                      形状を(3,1)の2次元配列に
>>> w
array([[1., 2., 3.]])
>>> np.dot(w, a)
array([[24., 30., 36.]])
```

ここでは2次元配列aと1次元配列vについてdotの計算をしています。2次元配列と1次元配列の積をとるときは、1次元配列の方向(縦ベクトルか横ベクトルか)を自動的に都合のよいように解釈してくれます。つまり

$$\boldsymbol{A} = \begin{pmatrix} 0 & 1 & 2 \\ 3 & 4 & 5 \\ 6 & 7 & 8 \end{pmatrix}, \boldsymbol{v} = \begin{pmatrix} 1 \\ 2 \\ 3 \end{pmatrix}$$

がそれぞれaとvに対応するものなのですが、np.dot(a,v)は$\boldsymbol{A}\boldsymbol{v}$を意味し、np.dot(v, a)は$\boldsymbol{v}^T\boldsymbol{A}$を意味します。$\boldsymbol{v}$に右から$\boldsymbol{A}$を掛けようとすると、転置しないと積が定義できないからです。

一方で、reshapeによってuは形状(3,1)の2次元配列になっていますが、これは厳密に3行1列の行列だとみなされます。なので、np.dot(a, u)は計算できますが、np.dot(u, a)をしようとすると積が定義できないのでエラーになります。同様に形状(1,3)であるwは、np.dot(w, a)の方だけが計算できます。

次に複雑なブロードキャストについて見てみます。ここではよく使われる1次元配列と2次元配列に絞って説明します。

配列同士の演算におけるブロードキャスト

```
>>> a = np.arange(12.).reshape(4, 3)   # 形状(4,3)の2次元配列
>>> a
array([[ 0.,  1.,  2.],
       [ 3.,  4.,  5.],
       [ 6.,  7.,  8.],
       [ 9., 10., 11.]])
>>> b = np.arange(3.).reshape(1, 3)   # 形状(1,3)の2次元配列
>>> c = np.arange(4.).reshape(4, 1)   # 形状(4,1)の2次元配列
>>> b
array([[0., 1., 2.]])
>>> c
array([[0.],
       [1.],
       [2.],
       [3.]])
>>> a + b
array([[ 0.,  2.,  4.],
       [ 3.,  5.,  7.],
       [ 6.,  8., 10.],
       [ 9., 11., 13.]])
>>> a * c
array([[ 0.,  0.,  0.],
       [ 3.,  4.,  5.],
       [12., 14., 16.],
       [27., 30., 33.]])
>>> b - c
array([[ 0.,  1.,  2.],
       [-1.,  0.,  1.],
       [-2., -1.,  0.],
       [-3., -2., -1.]])
```

配列aの形状は(4,3)で、配列bの形状は(1,3)です。ここで「a + b」という計算はaの[i,j]成分にbの[0,j]成分を足す計算になります。つまり

```
s = a + b
```

という代入式は次の計算と同じ意味です。

```
s = np.empty((4, 3))
for i in range(4):
    for j in range(3):
        s[i, j] = a[i, j] + b[0, j]
```

配列cの形状は(4,1)であり、「a * c」という計算はa[i,j]にc[i,0]を掛ける計算になります。つまり

```
s = a * b
```

という代入式は、次の計算と同じ意味です。

```
s = np.empty((4, 3))
for i in range(4):
    for j in range(3):
        s[i, j] = a[i, j] * c[i, 0]
```

次のb-cは[i,j]成分がb[0,j]-c[i,0]であるような行列を計算しています。つまり

```
s = b - c
```

という代入式は、次の計算と同じ意味です。

```
s = np.empty((4, 3))
for i in range(4):
    for j in range(3):
        s[i, j] = b[0, j] - c[i, 0]
```

このような計算もブロードキャストと呼ばれるものです。ここで説明のためにブロードキャストと等価なコードをいくつか示しましたが、これは説明のためのものであり、ブロードキャストを利用した方が処理速度の面でメリットが大きいです。

以上で2次元配列の計算のブロードキャストを見てきましたが、まとめると、2次元配列aとbが与えられたときに、それらに二項演算子(例えば「+」)を作用させることができるのは、aとbの形状の各次元の大きさが等しいか、片方が1である場合です。特にaとbの形状が完全に一致するときは、前述の要素ごとの2項演算になります。

2次元配列と1次元配列のブロードキャストも見てみます。

2次元配列と1次元配列の演算

```
>>> a = np.arange(12.).reshape(4, 3)
>>> v = np.arange(3.)
>>> a + v
array([[ 0.,  2.,  4.],
       [ 3.,  5.,  7.],
       [ 6.,  8., 10.],
       [ 9., 11., 13.]])
```

ここでは2次元配列aに1次元配列vを足していますが、この結果はvの形状が(1,3)だとした場合と同じになります。一般にサイズdの1次元配列と2次元配列の二項演算を考えるときは、1次元配列の方の形状が$(1, d)$だと思って考えても同じ結果になります。

以上で見てきたブロードキャストの計算は、2次元配列を行列とみなした場合の数学の式としてはあまり必要性がなさそうですが、数列に同じパターンの計算をするという観点で見ると便利なことが多いです。また、for文を使うよりもブロードキャストを使った方が処理効率がいいので、うまく使いこなすことで計算を高速化できることがあります。

04-04 疎行列

機械学習では、ほとんどの要素が0であるような行列を扱うことがよくありますが、そのような行列を疎行列といいます。疎行列は通常の2次元配列を使って扱うとメモリ使用量の面でも、計算量の面でも効率が悪いので、SciPyには疎行列専用のデータ型が用意されています。

疎行列に対して、通常の行列を密行列と呼ぶこともあります。疎行列と密行列は、抽象的な数学のレベルでは同じものなのですが、実際に計算機で計算するときには状況に応じて疎行列専用のデータ形式を使うと便利なことがあります。

まずは使い方の例から見てみます。

疎行列の操作

```
>>> from scipy import sparse      ← scipy.sparseモジュールのインポート
>>> a = sparse.lil_matrix((4, 5))  ┐
>>> a[0, 1] = 1                    │
>>> a[0, 3] = 2                    ├ lil_matrix型の行列（疎行列）を作成
>>> a[2, 2] = 3                    │
>>> a[3, 4] = 4                    ┘
>>> a.toarray()                   ← 通常の行列に変換
array([[0., 1., 0., 2., 0.],
       [0., 0., 0., 0., 0.],
       [0., 0., 3., 0., 0.],
       [0., 0., 0., 0., 4.]])
>>> b = sparse.lil_matrix((5, 4))
>>> b[0, 2] = 1
>>> b[1, 2] = 2
>>> b[2, 3] = 3
>>> b[3, 3] = 4
>>> b.toarray()
array([[0., 0., 1., 0.],
       [0., 0., 2., 0.],
```

```
        [0., 0., 0., 3.],
        [0., 0., 0., 4.],
        [0., 0., 0., 0.]])
>>> c = a.dot(b)   ← 行列積の計算
>>> c.toarray()
array([[0., 0., 2., 8.],
        [0., 0., 0., 0.],
        [0., 0., 0., 9.],
        [0., 0., 0., 0.]])
>>> a1 = a.tocsr()   ← csr_matrix型に変換
>>> b1 = b.tocsr()
>>> c1 = a1.dot(b1)
>>> c1.toarray()
array([[0., 0., 2., 8.],
        [0., 0., 0., 0.],
        [0., 0., 0., 9.],
        [0., 0., 0., 0.]])
>>> a2 = a.tocsc()   ← csc_matrix型に変換
>>> b2 = b.tocsc()
>>> c2 = a2.dot(b2)
>>> c2.toarray()
array([[0., 0., 2., 8.],
        [0., 0., 0., 0.],
        [0., 0., 0., 9.],
        [0., 0., 0., 0.]])
```

疎行列を表す型はモジュールscipy.sparseの下にあります。ここではlil_matrixという型を使って行列を設定しています。lil_matrixのコンストラクタでは行列のサイズ(行数と列数)を指定します。こうしてできた疎行列は全要素が0であるので、必要な要素に値を設定していきます。疎行列型を使った計算が威力を発揮するのは、サイズがとても大きくてしかもほとんどの要素が0の場合ですが、ここでは使い方を示すために小さめのサイズで試しています。

また、toarrayメソッドで疎行列を密行列に変換していますが、これはわかりやすく表示するためであって、通常大きなサイズの疎行列を扱うときにはtoarrayメソッドは実用的ではありません。

疎行列aはtocsrメソッドによってcsr_matrix型（後述）に変換されてa1に格納されています。同様にbもcsr_matrix型に変換されてb1に格納されています。a1.dot(b1)はa1とb1の行列積を意味しています。また同様にtocscメソッドというのもあって、これはcsc_matrix型（後述）に変換します。aとbをcsc_matrix型に変換したものが、a2とb2に格納されています。そしてa2.dot(b2)で積を計算します。

このように疎行列による計算をする場合は、csr_matrix型またはcsc_matrix型（この2つの違いは後述）に変換してから計算します。lil_matrixでも計算はできるのですが、計算速度の面でcsr_matrixとcsc_matrixの方が勝っています。一方で、csr_matrixとcsc_matrixは行列の要素に逐次値を設定するというのができないので、値の設定にはlil_matrixの方が便利です。つまり疎行列を扱う場合の一般的な流れは、次のようになります。

- lil_matrix型の変数を用意して、各要素に値を設定する
- 設定されたlil_matrixをcsr_matrixまたはcsc_matrixに変換する
- 変換された疎行列について計算をする

ここでcsr_matrixとcsc_matrixの違いについて説明します。csr_matrixは行を取り出す操作が高速で、csc_matrixは列を取り出す操作が高速であるという違いがあります。

3つの型を使い分ける

```
>>> from scipy import sparse
>>> a = sparse.lil_matrix((4, 4))
>>> a[0, 1] = 1
>>> a[1, 2] = 2
>>> a[2, 3] = 3
>>> a[3, 3] = 4
>>> a1 = a.tocsr()
>>> a2 = a.tocsc()
>>> type(a1)
<class 'scipy.sparse.csr.csr_matrix'>
>>> type(a2)
```

（注釈：a = sparse.lil_matrix((4, 4)) 〜 a[3, 3] = 4 … lil_matrix型の行列／a1 = a.tocsr() … csr_matrix型に変換／a2 = a.tocsc() … csc_matrix型に変換）

```
<class 'scipy.sparse.csc.csc_matrix'>
>>> b1 = a1.getrow(1)        第1行(2行目)を取り出す
>>> b1.toarray()
array([[0., 0., 2., 0.]])
>>> b2 = a2.getcol(3)        第3行(4行目)の列を取り出す
>>> b2.toarray()
array([[0.],
       [0.],
       [3.],
       [4.]])
>>> type(a1.T)        csr_matrix型を転置
<class 'scipy.sparse.csc.csc_matrix'>
>>> type(a2.T)        csc_matrix型を転置
<class 'scipy.sparse.csr.csr_matrix'>
```

ここではlil_matrix型にa値を設定して、それをcsr_matrixに変換したものをa1に、csc_matrixに変換したものをa2にそれぞれ格納しています。type関数によってa1とa2の型を確かめています。a1にはcsr_matrix型が入っているので、**getrow**メソッドで指定した行の値を取得することが効率よくできます。

a2についてはcsc_matrixが入っているので、**getcol**メソッドで指定した列の取得が効率よくできます。csr_matrixにもgetcolメソッドは存在し、csc_matrixにもgetrowメソッドが存在するのですが、効率(計算速度)がよくないのであまり使うべきではありません。

また、密行列(2次元配列)と同様に疎行列も.Tで転置をとることができるのですが、csr_matrixの転置はcsc_matrixになり、csc_matrixの転置はcsr_matrixになるので注意が必要です。

04-05 NumPy/SciPyによる線形代数

次の行列の逆行列をNumPyを使って計算してみます。

$$\begin{pmatrix} 3 & 1 & 1 \\ 1 & 2 & 1 \\ 0 & -1 & 1 \end{pmatrix}$$

numpyの下にlinalgというモジュールがあり、その中のinvという関数で逆行列を計算します。

逆行列を求める

```
>>> a = np.array([[3, 1, 1], [1, 2, 1], [0, -1, 1]])
>>> np.linalg.inv(a)
array([[ 0.42857143, -0.28571429, -0.14285714],
       [-0.14285714,  0.42857143, -0.28571429],
       [-0.14285714,  0.42857143,  0.71428571]])
```

それでは、次の方程式の解を数値的に求めるにはどうすればいいでしょうか。

$$\begin{pmatrix} 3 & 1 & 1 \\ 1 & 2 & 1 \\ 0 & -1 & 1 \end{pmatrix} \begin{pmatrix} x \\ y \\ z \end{pmatrix} = \begin{pmatrix} 1 \\ 2 \\ 3 \end{pmatrix}$$

先ほどのinv関数で逆関数が求められるので、それを使えばいいと思うかもしれません。もちろんそれでも求められるのですが、それよりも高速でかつ数値的に安定な方法があります。1次方程式を解く関数np.linalg.solveというのがあります。次のようにして求めます。

solve関数を使う

```
>>> a = np.array([[3, 1, 1], [1, 2, 1], [0, -1, 1]])
>>> b = np.array([1, 2, 3])
>>> np.linalg.solve(a, b)
array([-0.57142857, -0.14285714,  2.85714286])
```

アルゴリズムの詳細については触れませんが、逆行列を求めるアルゴリズムと1次方程式を求めるアルゴリズムは別で、1次方程式を解く方が高速かつ数値的安定なアルゴリズムが知られているのです。

しかしこのsolve関数を使った方法は1つの方程式を解くときに効率がよいというだ

けで、同じ係数の複数の方程式を解くことには効率がよくありません。つまり係数の行列を$\boldsymbol{A}$とし未知数を$\boldsymbol{x}$としたときに、次のような方程式の集まりを同時に解きたいことがあります。

$$\boldsymbol{Ax} = \boldsymbol{b}_1,\ \boldsymbol{Ax} = \boldsymbol{b}_2,\ \ldots,\ \boldsymbol{Ax} = \boldsymbol{b}_m \quad \text{式04-01}$$

この問題を解くのにはsolveを使うと、それぞれの方程式を解くときに重い計算が走ってしまい効率が悪くなります。それでは今度こそinvを使って逆行列を計算するのが正しいのでしょうか。実際$\boldsymbol{A}^{-1}$を求めてしまえば上記の方程式群の解は

$$\boldsymbol{A}^{-1}\boldsymbol{b}_1,\ \boldsymbol{A}^{-1}\boldsymbol{b}_2,\ \ldots,\ \boldsymbol{A}^{-1}\boldsymbol{b}_m \quad \text{式04-02}$$

で得られるので効率がよさそうです。しかし実はもっとよい方法があります。LU分解と呼ばれるアルゴリズムを利用すると、直接逆行列を求めるより高速かつ数値的に安定に計算できます。

ここではLU分解のアルゴリズムの詳細の説明は省きますが、仕組みの概要とSciPyを使った計算のしかたを説明します。LU分解とは与えられたn次正方行列を置換行列$\boldsymbol{P}$、対角成分が1の下三角行列$\boldsymbol{L}$、上三角行列$\boldsymbol{U}$（それぞれの用語の解説は後述）を使って

$$\boldsymbol{A} = \boldsymbol{PLU}$$

と表すことです。

置換行列とは各行に1である成分がちょうど1つだけあり、ほかは全部0であるような行列であり、下三角行列とは対角成分より右上がすべて0である行列で、上三角行列とは対角成分より左下がすべて0であるような行列です。$\boldsymbol{L}$は対角成分がすべて1であるという条件もあったので、$\boldsymbol{L}$と$\boldsymbol{U}$は次のように表されます。

$$\boldsymbol{L} = \begin{pmatrix} 1 & & & & \\ * & 1 & & & \\ * & * & 1 & & \\ \vdots & \vdots & \vdots & \ddots & \\ * & * & * & \cdots & 1 \end{pmatrix},\ \boldsymbol{U} = \begin{pmatrix} * & * & * & * & * \\ & * & * & * & * \\ & & \ddots & \vdots & \vdots \\ & & & * & * \\ & & & & * \end{pmatrix}$$

ただしここで$*$はどんな値でもいいという意味です。このような行列$\boldsymbol{P}$、$\boldsymbol{L}$、$\boldsymbol{U}$を

係数に持つ連立方程式は高速に解けることがわかっています。もともと解きたかったのは方程式 $\boldsymbol{Ax} = \boldsymbol{b}$ だったので

$$\boldsymbol{PLUx} = \boldsymbol{b} \qquad \text{式04-03}$$

を満たす $\boldsymbol{x}$ を求めればいいことになります。これを求めるには、次の方程式の解を逐次求めていきます。

$$\begin{aligned} \boldsymbol{Pz} &= \boldsymbol{b} & (1) \\ \boldsymbol{Ly} &= \boldsymbol{z} & (2) \\ \boldsymbol{Ux} &= \boldsymbol{y} & (3) \end{aligned} \qquad \text{式04-04}$$

このようにして求められた $\boldsymbol{x}$ は、もとの連立方程式（**式04-03**）の解になっています。このそれぞれの方程式は効率的に解くことができ、この3つの方程式を解くための計算量は、n 次正方行列とベクトルの積を計算する計算量とほぼ同じになっています。

LU分解のための（$\boldsymbol{P}$、$\boldsymbol{L}$、$\boldsymbol{U}$ を求めるための）計算量は $\boldsymbol{A}^{-1}$ を求める計算量より少なく、**式04-04**を計算する計算量が行列の掛け算の計算量と同じなので、**式04-01**を計算することや、**式04-02**のように $\boldsymbol{A}^{-1}$ を求めて連立方程式を解くより、LU分解をした方が効率がよいということになります。

では実際にSciPyにあるLU分解の関数を使って計算してみましょう。

LU分解により連立方程式を解く

```
>>> a = np.array([[3, 1, 1], [1, 2, 1], [0, -1, 1]])
>>> b = np.array([1, 2, 3])
>>> from scipy import linalg  ・・・・・ scipy.linalgモジュールのインポート
>>> lu, p = linalg.lu_factor(a)  ・・・・・ LU分解の実行
>>> linalg.lu_solve((lu, p), b)
array([-0.57142857, -0.14285714,  2.85714286])
```

まず今までとは異なりnumpy.linalgではなく、scipy.linalgを使っているので気をつけてください。関数lu_factorはLU分解をし、$\boldsymbol{L}$、$\boldsymbol{U}$、$\boldsymbol{P}$ に相当する行列を取得します。実際には $\boldsymbol{L}$ と $\boldsymbol{U}$ は1つの行列で表わされていて、戻り値は2つの行列のタプルとなっています。関数lu_solveはlu_factorの戻り値とベクトル $\boldsymbol{b}$ にあたる配列を引数にとり、**式04-04**の解を求めます。

04-06 乱数

乱数を扱うためのモジュールはPythonの標準であるrandomとNumPyに含まれるnp.randomがあります。後者の方が多機能であり数学的計算をするのに便利なので、本書では後者のみ扱うこととします。

まずは使い方を見てみます。

numpy.randomモジュールを使う

```
>>> np.random.rand()
0.918760884878622
>>> np.random.rand()
0.058031439340037405
>>> np.random.rand(3, 2)
array([[0.9606555 , 0.06891664],
       [0.53096803, 0.68097269],
       [0.93684757, 0.35192626]])
>>> np.random.rand(5)
array([0.15407288, 0.86120517, 0.28072302, 0.13589998, 0.3513342 ])
>>> np.random.randint(4)
2
>>> np.random.randint(10, 20)
19
>>> np.random.randint(5, size=(3, 3))
array([[2, 1, 1],
       [1, 1, 0],
       [4, 4, 1]])
```

0～1の範囲の浮動小数点数を返す

引数を指定すると配列を返す

整数型の乱数を返す

引数sizeを指定すると配列を返す

ここでの結果はすべて乱数なので、実際の実行結果はこのとおりにはならないことに注意してください。関数randは区間`[0,1)`での一様乱数を取得します。randに引数3,2を与えると、形状が(3,2)で各成分が`[0,1)`範囲の乱数であるような配列を返します。引数が1つならば、それをサイズとする1次元配列になります。

randintは与えられた範囲で整数値の乱数を返します。引数が1つだとその数より小さく0以上の乱数を返します。引数が2つの場合は、1つ目の引数以上で2つ目の引数より小さい整数の乱数を返します。randint(4)は4より小さく0以上の整数値の乱数を返し、randint(10,20)は10以上20未満の整数値の乱数を返します。

またrandint関数で配列を返したい場合は、引数sizeに形状を指定します。

再現性と乱数の種

機械学習アルゴリズムでは、内部的に乱数を使うものがあります。乱数を使うので結果はある程度偶然により決まるのはしかたがないのですが、一方で同じデータに対しては同じ結果を返してほしいということがあります。そういうときは乱数の種(シード)の設定を利用することになります。ここでわかりやすい例として、サイコロをn回振ってその出た目の和を返す関数を考えます。

List dice1a.py

```
import numpy as np


def throw_dice(n):
    return np.random.randint(1, 7, size=n).sum()
```

ここでnp.random.randint(1, 7, size=n)は、1～6の範囲の乱数をn個からなる配列を用意します。それに対してsumメソッドを計算しているので、その和を返します。

これをREPLから読み込んで実行してみます。

throw_dice関数の実行

```
>>> import dice1a
>>> dice1a.throw_dice(10)
36
>>> dice1a.throw_dice(10)
```

```
29
>>> dice1a.throw_dice(10)
44
```

このように関数を呼び出すたびに結果が異なります。ここでは非常に単純な例を示していますが、もしこの関数throw_diceが機械学習のアルゴリズムだとした場合、同じ引数(この場合n=10)に対しては同じ結果を返してほしいことがあります。

計算機の中で得られる乱数は疑似乱数と呼ばれるもので、これはある規則に基づく数列なのですが、にもかかわらず十分にデタラメに見えるような数列を工夫しています。その数列発生装置を初期化して最初から乱数を得ることができ、そうすると何度も同じ数列(乱数列)を繰り返すことができます。

乱数列もいくつか選択肢があって、どの乱数列を選ぶかにあたるのが乱数の種(シード)と呼ばれるものです。乱数の種は整数値で与えられますが、同じ種で初期化すれば同じ乱数列が得られるということが保証されています。

乱数の種を指定する

```
>>> np.random.seed(10)
>>> np.random.rand(5)
array([0.77132064, 0.02075195, 0.63364823, 0.74880388, 0.49850701])
>>> np.random.seed(10)
>>> np.random.rand(5)
array([0.77132064, 0.02075195, 0.63364823, 0.74880388, 0.49850701])
>>> np.random.seed(100)
>>> np.random.rand(5)
array([0.54340494, 0.27836939, 0.42451759, 0.84477613, 0.00471886])
>>> np.random.seed(100)
>>> np.random.rand(5)
array([0.54340494, 0.27836939, 0.42451759, 0.84477613, 0.00471886])
```

ここでは先にseed関数を使って乱数の種を設定し、その後でrand関数を実行しています。seedの引数は整数値で、これよって次に出てくる乱数列が決定されます。この例では種を10に設定してから5つの乱数を取り出し、その後また種を10に設定して5つの乱数を取り出していますが、それらの値は完全に一致しています。次に種を

100に設定した場合は、種を10に設定したときの異なる乱数が出てきます。再び種を100に設定すると、その前に種を100にしたときと同じ結果になります。

このようにseed関数を使うと乱数列を再現することができるので、それを利用して結果が再現するようにthrow_diceを書き換えてみます。

List dice1b.py

```
import numpy as np


def throw_dice(n, random_seed=10):
    np.random.seed(random_seed)
    return np.random.randint(1, 7, size=n).sum()
```

ここではseed関数の呼び出しを加えました。seed関数は変数random_seedを引数としていて、これはデフォルトでは10に設定されています。つまり、引数random_seedを指定しなければ、同じnに対しては何度呼んでも同じ結果が返ります。ここで引数random_seedというのを付け足したのは、関数の外側から乱数列を選択したいことがあるかもしれないからです。例えば同じ計算を乱数列を変えて何度も繰り返してみたいというようなときに便利です。次にこれをREPLから呼び出してみます。

改良したthrow_dice関数を使う

```
>>> import dice1b
>>> dice1b.throw_dice(10)
34
>>> dice1b.throw_dice(10)
34
>>> dice1b.throw_dice(100)
328
>>> dice1b.throw_dice(100)
328
```

今度は引数が同じであれば同じ結果を返すようになりました。

乱数を使うアルゴリズムが1つだけで、それを一度呼び出すだけならこれで特に問題ありませんが、状況はもっと複雑なことが多いです。機械学習のアルゴリズムが2

種類あって、それらを少しずつ呼び出しながら最後に結果を得るようなケースを考えましょう。そのような状況を模倣するために、次のような簡単なクラスDiceを考えてみます。

List dice2a.py（よくない実装の例）

```
import numpy as np


class Dice:
    def __init__(self):
        np.random.seed(0)
        self.sum_ = 0

    def throw(self):
        self.sum_ += np.random.randint(1, 7)

    def get_sum(self):
        return self.sum_
```

クラスDiceではthrowメソッドを呼ぶとサイコロを1度投げ、過去に出たサイコロの目の和を記録します。get_sumメソッドを呼ぶと、今までの目の和を得ることができます。コンストラクタ内でseed関数を呼んで種を設定していますので、これを単独利用したとき、throwを呼んだ回数が同じならば常に同じ結果になります。これをREPLから呼んでみます。

Diceクラスを使う

```
>>> import dice2a
>>> d1 = dice2a.Dice()          ← Diceクラスのインスタンスの生成
>>> for _ in range(10):         ← サイコロを10回振る
...     d1.throw()
...
>>> d1.get_sum()                ┐
39                              ┘ 合計の出力
>>> d2 = dice2a.Dice()
>>> for _ in range(10):
```

```
...     d2.throw()
...
>>> d2.get_sum()
39
>>> d1 = dice2a.Dice()
>>> d2 = dice2a.Dice()
>>> for _ in range(10):
...     d1.throw()
...     d2.throw()
...
>>> d1.get_sum()
34
>>> d2.get_sum()
33
```

合計は同じになる

合計が異なる

最初にDiceクラスをインスタンスを作り、throwメソッドを10回呼び出して結果を表示しています。その後にもう1つDiceクラスのインスタンスを作り10回呼び出したあと結果を表示すると、前回と同じ結果になります。これはDiceクラスのコンストラクタで乱数の種を設定しているためで、その後に続けて10回乱数を発生させる操作によって取得される乱数は同じものになるからです。

一方で、その後新たにインスタンスを2つ作りd1とd2に入れ、それぞれのthrowメソッドを交互に10回ずつ呼んでいます。その後に取得される結果は異なってしまいます。これはseed関数はグローバルな状態を変化させるからです。インスタンスを2つ作る時点でグローバルな乱数発生器の初期化が行われ、d1とd2で交互に呼ばれるthrowメソッドはそのグローバルな乱数発生器から1つずつ乱数を取得するので、d1とd2で取得する乱数が異なってしまいます。

このような場合に、インスタンスごとに乱数列の再現性を保証するにはどうすればよいでしょうか。これはseed関数がグローバルな乱数生成器の初期化であることが問題だといえます。インスタンスごとに異なる乱数発生器を持たせれば解決するはずです。そのためにはnp.random.RandomStateクラスを使います。以下がその使い方です。

RandomStateクラスを使う

```
>>> rs = np.random.RandomState(10)
>>> rs.rand()
0.771320643266746
>>> rs.rand()
0.0207519493594015
```

RandomStateクラスのコンストラクタの引数は乱数の種を意味します。このクラスには、randやrandintなどの、np.randomモジュールのグローバル関数と同等のメソッドが一通り用意されています。RandomStateクラスをインスタンス化して乱数生成のメソッドを呼ぶことで、他の状態とは独立に再現性のある乱数列を得ることができます。ではこれを使ってDiceクラスを書き換えて、結果に再現性を持たせてみます。

List dice2b.py

```
import numpy as np


# コンストラクタの引数に種を与えると結果に再現性がある例
class Dice:
    def __init__(self, random_seed=None):
        self.random_state_ = np.random.RandomState(random_seed)
        self.sum_ = 0

    def throw(self):
        self.sum_ += self.random_state_.randint(1, 7)

    def get_sum(self):
        return self.sum_
```

今度はあえて乱数の種にあたる引数random_seedのデフォルト値をNoneにしてみました。RandomStateクラスは、種としてNoneを与えると乱数生成器の再現性を保証しません。つまりこのクラスはインスタンス時に引数を与えないと再現性のない結果になり、引数を与えるとそれを種として再現性を持つことになります。

機械学習のライブラリを使うときも、状況によって再現性にこだわる場合とこだわらない場合があって、このようにしておくとデフォルトでは再現性にこだわらないことになり便利です。

動作の確認

```
>>> import dice2b
>>> d1 = dice2b.Dice(123)
>>> d2 = dice2b.Dice(123)
>>> for _ in range(10):
...     d1.throw()
...     d2.throw()
...
>>> d1.get_sum()
34
>>> d2.get_sum()
34
```

同じ結果になった

今度は交互に呼んでも同じ結果になりました。

ここではアルゴリズムで使う乱数列に再現性を持たせる方法を見てきました。乱数なのに再現性を持たせなければいけないというのは一見矛盾するようですが、ある種の機械学習アルゴリズムにおいては、内部的に乱数を使うにもかかわらず同じ訓練データに対して毎回異なるモデルが生成されては困るということがあります。そういう場合に、ここで説明したテクニックが役に立ちます。

04-07 データの可視化

ここではMatplotlibを使ったデータの可視化について説明します。Matplotlibは非常に多機能で、ここで紹介できるのはその機能の一部にすぎません。詳細はMatplotlibのオフィシャルサイトのドキュメントを参照してください。

Matplotlib: Python plotting
https://matplotlib.org/

折れ線グラフ

まずは折れ線グラフを描いてみます。まずは次のような人工的なデータについて、xとyの関係をグラフに書いてみます。

x	0	1	2	3
y	3	7	4	8

List **plot1.py**

```
import numpy as np
import matplotlib.pyplot as plt

x = np.array([0, 1, 2, 3])
y = np.array([3, 7, 4, 8])

plt.plot(x, y, color="r")
plt.show()
```

実行結果

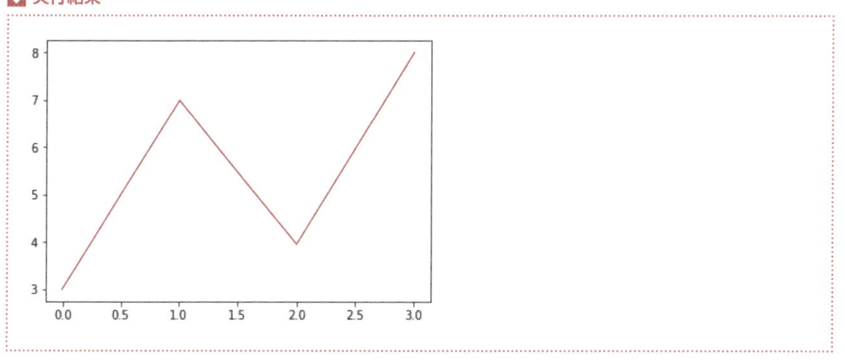

ここで**matplotlib.pyplot**を`plt`としてインポートしているのは、慣習としてこのようにすることが多いようなのでそれに従ってます(Matplotlibのドキュメントにもそう書かれています)。関数**plot**は折れ線グラフを描きますが、折れ線をつなぎたい点

のx座標の配列とy座標の配列が引数になります。つまりこの場合は(0,3)、(1,7)、(2,4)、(3,8)の4点を折れ線でつなぎたいので、それらのx座標を並べたものとy座標を並べたものがplotの引数になります。

plotの引数のcolor="r"は、グラフの色を指定しています。"r"は赤色、"g"は緑色、"b"は青色、"k"は黒を意味します。その他、指定可能な色は下記のURLにまとめられています。

color examples
https://matplotlib.org/examples/color/named_colors.html

最後に関数**show**を呼ぶことでグラフを表示します。

散布図

次に同じデータで散布図を描画してみます。

List scatter1.py

```
import numpy as np
import matplotlib.pyplot as plt

x = np.array([0, 1, 2, 3])
y = np.array([3, 7, 4, 8])

plt.scatter(x, y, color="r")
plt.show()
```

実行結果

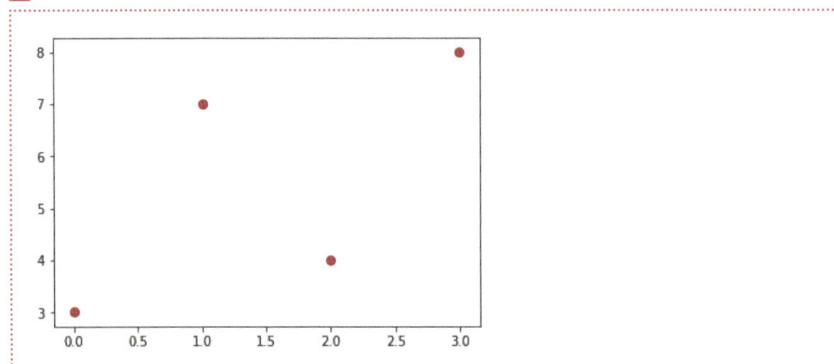

scatter1.pyはplot1.pyのplot関数をscatter関数に変更しただけです。これで散布図が描けます。

曲線のグラフ

ここまで人工データに関する描画を見てきましたが、折れ線ではなくて曲線を描きたい場合はどうすればよいでしょうか。例として次の関数の描画をしてみます。

$$y = x^2$$

これをなめらかな曲線として見えるように書くには、ある区間について点をたくさんとってそれをxの値とし、それらに対して$y = x^2$の値を計算します。xの値としてとった点の数が十分に多ければ、それを折れ線で結んだグラフは見た目は曲線になります。

List plot2.py

```
import numpy as np
import matplotlib.pyplot as plt

x = np.linspace(-5, 5, 300) ❶
y = x**2 ❷

plt.plot(x, y, color="r")
plt.show()
```

実行結果

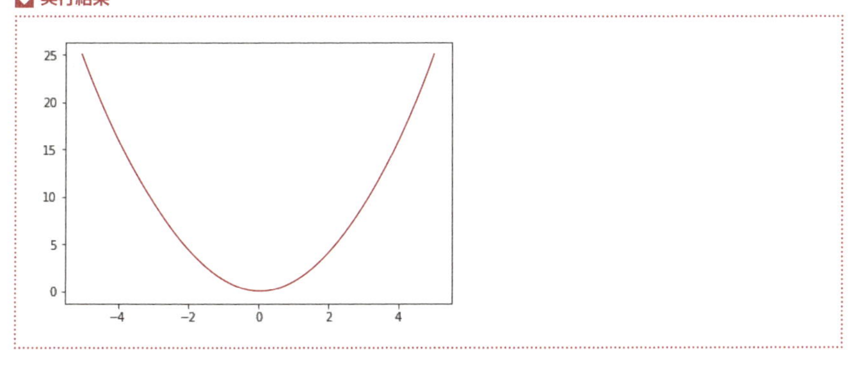

plot2.pyでは❶のlinspace関数で、範囲[-5,5]を等間隔に刻んで300個の点の数値

を得ています。300という数字は特に意味があるわけではなく、十分に大きい数字ならばなんでもよく見た目が曲線に見える程度に調整しますが、これがあまり大きすぎると計算に時間がかかるようになります。

次に❷ではブロードキャストにより変数xに入っているすべての数について2乗して変数yに入れています。そして、plotでは300個の点を折れ線でつないで描画するので、見た目には曲線のように見えます。

複数の線を表示する

1つの図の中に複数のグラフを描画することもできます。

List plot3.py

```
import numpy as np
import matplotlib.pyplot as plt

x = np.linspace(-5, 5, 300)
y1 = x**2
y2 = (x - 2)**2

plt.plot(x, y1, color="r")
plt.plot(x, y2, color="k", linestyle="--")
plt.show()
```

❶ (上記 plt.plot の2行)

実行結果

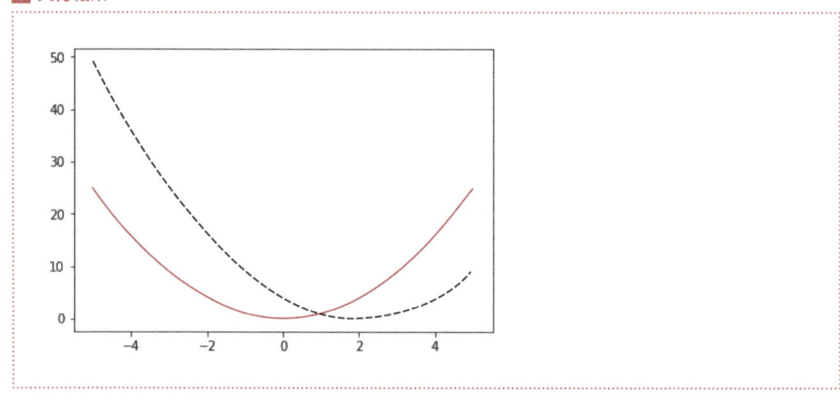

ここでは$y = x^2$と$y = (x - 2)^2$のグラフを描画しています。❶のように2回plotを呼んでからshowを呼ぶと、2つのグラフが描画されます。2回目のplotの引数でlinestyle="--"が与えられているのは、破線で描画することを意味しています。

ヒストグラム

次にヒストグラムを描画してみます。サイコロを10回振って目の合計を計算するということを1000回やったときの、目の合計の分布がどうなるかをヒストグラムで表してみます。

List hist1.py

```
import numpy as np
import matplotlib.pyplot as plt

np.random.seed(0)
l = []
for _ in range(1000):
    l.append(np.random.randint(1, 7, size=10).sum())

plt.hist(l, 20, color="gray")
plt.show()
```

❶ `l = []` ～ `l.append(...)`
❷ `plt.hist(l, 20, color="gray")`

実行結果

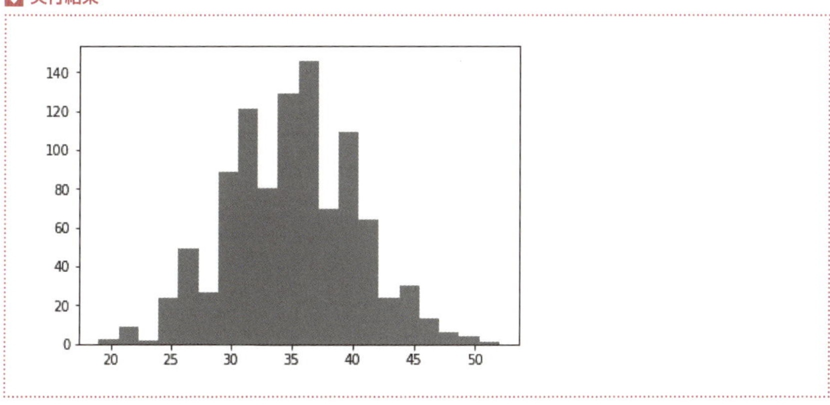

ヒストグラムを描画するには関数histを使いますが、そのときに与えられるデータ

は数値で構成されるシーケンスです。hist1.pyでは、❶でサイコロを振るシミュレーションをして、1000回分の結果をリストlに入れています。それを引数として❷で描画しています。

この関数histの2つ目の引数(この場合は20)では、ビンの数を指定します。ヒストグラムで、ビンとは各データが分類される区間のことです。つまりビンの数を指定すると、データの最大値から最小値の間をそのビンの数で等分した区間を考え、それぞれのビンの中に属するサンプルの数を棒で表します。ビンは数で指定することもできますが、次のように区間を明示的に指定することもできます。

```
plt.hist(l, np.arange(15, 55, 2))
```

np.arange(15, 55, 2)という配列の中身は[15,17,19,21 ･･･]となるので、ビンとしては[15,17)、[17,19)、[19,21) ･･･という区間を利用することになります。

複数のグラフを並べて表示する

次にグラフを並べて描画する方法を見てみます。

List subplot1.py

```
import numpy as np
import matplotlib.pyplot as plt

x = np.linspace(-5, 5, 300)        ❶
sin_x = np.sin(x)
cos_x = np.cos(x)

fig, axes = plt.subplots(2, 1)     ❷
axes[0].set_ylim([-1.5, 1.5])      ❸
axes[1].set_ylim([-1.5, 1.5])
axes[0].plot(x, sin_x, color="r")  ❹
axes[1].plot(x, cos_x, color="k")

plt.show()
```

実行結果

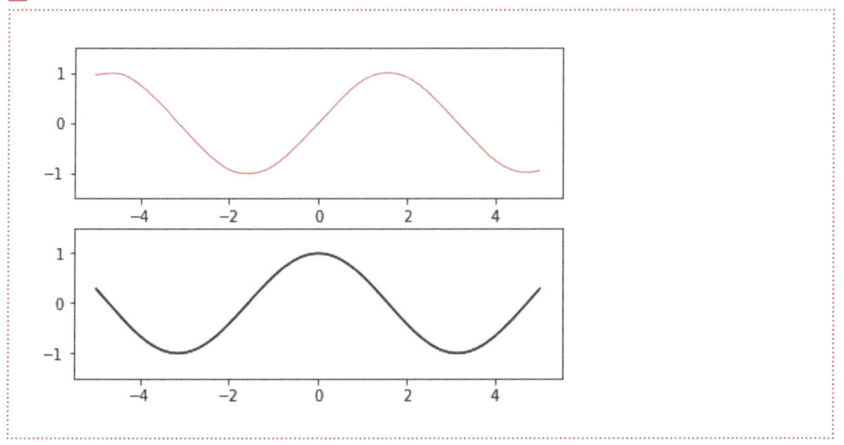

四角で囲まれたそれぞれの描画領域をサブプロットと呼ぶことにします。この場合は縦に2つのサブプロットが並んでいます。これは$y = \sin x$と$y = \cos x$のグラフを描いています。

❶では描画のためのデータを用意しています。❷ではsubplots関数によりサブプロットを作成しています。引数の2、1は2行1列にサブプロットを並べることを意味します。例えば2つのサブプロットを横に並べるときにはこの引数は1、2とし、4つのサブプロットを2行2列に並べるときは2、2と指定します。この戻り値としてfigとaxesを受け取りますが、figは本書では扱わないので説明を省きます。axesは配列になっており、それぞれの要素についてのメソッドを呼ぶことで設定や描画ができます。

❸ではset_ylimメソッドによりy軸の描画範囲を設定しています。これはそれぞれのサブプロットについて設定しています。❹ではそれぞれのサブプロットについてグラフの描画をしています。ここではplotメソッドを呼んでいますが、これは関数matplotlib.pyplot.plotとほぼ同じ使い方になります。

関数subplotsの2つ目の戻り値(正確には戻り値はタプルなので、その2つ目の要素)はクラスmatplotlib.axes.Axesのインスタンスのリストになります。このAxesクラスが持つメソッド群は、matplotlib.pyplotの下にある関数群とかなり似ているのですが、完全に一致しているわけではないので注意が必要です。細かい設定をするためのメソッド名(関数名)が異なっていることもあります。

本書ではグラフの見た目の細かい設定までは触れないので、詳細については

Matplotlibのドキュメントを参照してください。それらの細かい違いを気にする場合は、サブプロットが1つしかない場合でもsubplots関数を使うという手もあります。例えば次のコードを実行するとplot2.pyと同じ結果になります。

List subplots2.py

```
import numpy as np
import matplotlib.pyplot as plt

x = np.linspace(-5, 5, 300)
y = x**2

fig, ax = plt.subplots()
ax.plot(x, y, color="r")
plt.show()
```

このように関数subplotsを引数なしで呼び出すとサブプロットを1つだけ作ります。また、このとき2つ目の引数は配列にならずにAxesクラスのインスタンスになります。

等高線の描画

次に等高線の描画のしかたを説明します。いくつかのkについて

$$x^2 + \frac{y^2}{4} = k$$

を満たす曲線を描画してみます。これはkを固定すると楕円になります。ここではk=1,2,3,4,5のときの曲線を描いてみることにします。

List contour1.py

```
import matplotlib.pyplot as plt
import numpy as np


def f(x, y):
    return x**2 + y**2 / 4
```

```
x = np.linspace(-5, 5, 300)
y = np.linspace(-5, 5, 300)
xmesh, ymesh = np.meshgrid(x, y)
z = f(xmesh.ravel(), ymesh.ravel()).reshape(xmesh.shape)

plt.contour(x, y, z, colors="k", levels=[1, 2, 3, 4, 5])
plt.show()
```

❶ ❷ ❸

実行結果

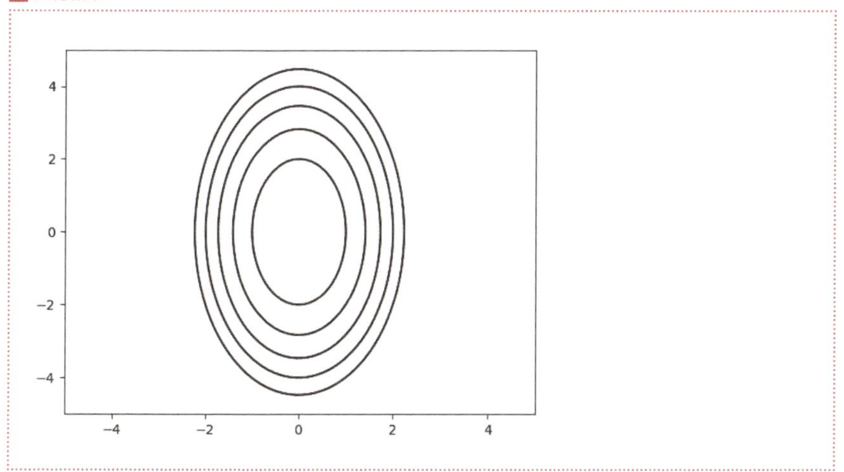

ここで出てくる関数meshgridがなにかを説明するために、REPL上で次のような計算をしてみます。

x 座標、y 座標の配列を作成する

```
>>> import numpy as np
>>> x = np.array([1, 2, 3])
>>> y = np.array([4, 5, 6])
>>> xmesh, ymesh = np.meshgrid(x, y)
>>> xmesh
array([[1, 2, 3],
       [1, 2, 3],
       [1, 2, 3]])
```

```
>>> ymesh
array([[4, 4, 4],
       [5, 5, 5],
       [6, 6, 6]])
```

等高線を描くには平面を細かいグリッド(格子)に区切って、それぞれの点で関数の値を評価する必要があるのですが、meshgridはそれを補助するための関数です。話を簡単にするためにx座標の値として1、2、3を、y座標の値として4、5、6を考え、その値に対するグリッド上の9つの点の座標を考えると次のようになります。

Fig04-01 meshgrid関数の働き

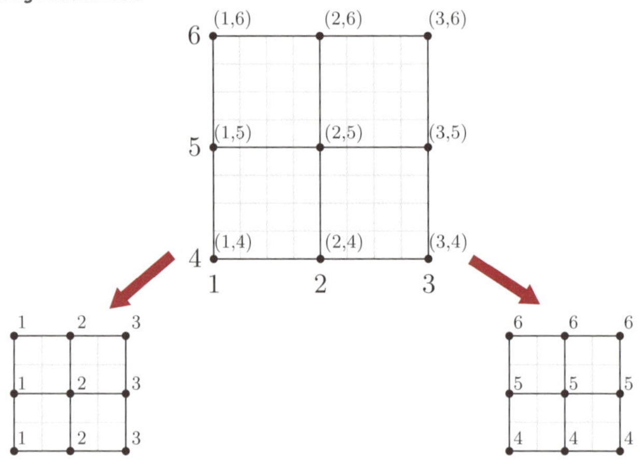

そのような点の座標を計算するのがmeshgridです。変数xとして1、2、3からなる配列を、変数yとして4、5、6からなる配列を用意し、そのxとyを引数としてmeshgridを呼び出すと、2つの2次元配列が返ってきます。それらにはそれぞれグリッド点のx座標とy座標が並んでいます。

それではcontour1.pyの解説に戻ります。❶ではxとyに[-5,5]区間を細かく刻んだものを入れ、それをもとにmeshgridを呼んでいます。つまりここでは目の細かいグリッドを考えています。

xとyは2次元配列なのですが、❷ではそれについて関数を評価しています。関数fの中身は四則演算とべき乗だけなのですべてブロードキャストが効いて、2つの引数が2次元配列でも計算でき、その結果も2次元配列になります。一般にはここで評価する関数は2次元配列に対応しているとは限らず、特に機械学習関係の関数は1次元配列にしか対応してないこともあるので注意してください。その場合はravelメソッドなどを使って一度1次元配列になおしてから評価を行い、その後reshapeで2次元配列に変換することになります。とにかく❷の実行が終わった時点では、xmeshとymeshにはそれぞれグリッド点のx座標とy座標がそれぞれ入っており、zにはグリッド点上の関数の評価値が入っています。

xmesh、ymesh、zはすべて2次元配列で同じ形状になっています。❸ではこれらを引数にして等高線を描いています。引数levelsでは等高線を描く関数値を指定しています。つまりこの場合は関数fの評価値が1,2,3,4,5のところで等高線を描きます。

関数contourは等高線の線だけを描画しますが、関数の評価値によって領域を塗り分けるにはcontourfを使います。

List contour2.py

```
import matplotlib.pyplot as plt
import numpy as np


def f(x, y):
    return x**2 + y**2 / 4


x = np.linspace(-5, 5, 300)
y = np.linspace(-5, 5, 300)
xmesh, ymesh = np.meshgrid(x, y)
z = f(xmesh, ymesh)

colors = ["0.1", "0.3", "0.5", "0.7"]
levels = [1, 2, 3, 4, 5]
plt.contourf(x, y, z, colors=colors, levels=levels)
plt.show()
```

実行結果

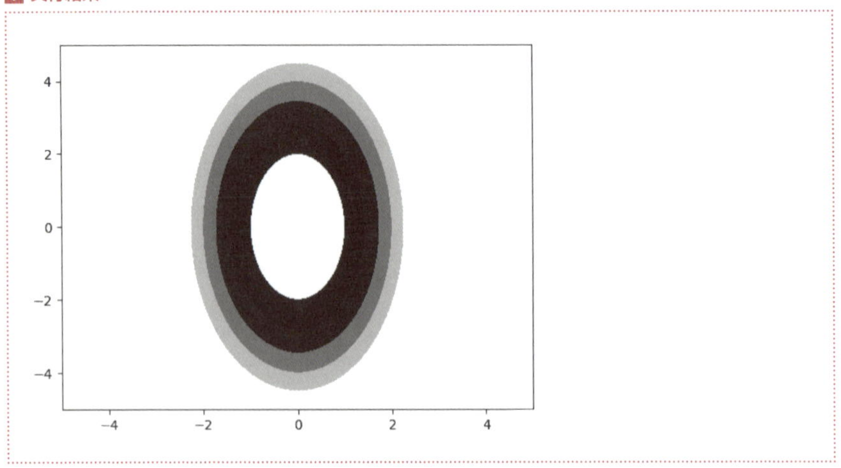

contour2.pyではcontourfを呼び出しており、その引数としてcolorsとlevelsを与えています。levelsはcontourのときと同様で、関数の評価値をどの値で切るかを指定していて、colorsは塗りつぶす色を指定しています。colorsの要素数はlevelsの要素数より1つ少なく設定します。

この場合は関数値が1から2の間では色"0.1"で塗りつぶされ、2から3の間では"0.3"で塗りつぶされます。この"0.1"のような浮動小数点数を文字列で表現したものは、グレースケールでの濃さをしていします。"1.0"が白で"0.0"が黒ですが、その中間の数値は数値に応じて濃さを意味します。

04-08 数理最適化

与えられた制約の中で、ある関数の値を最大化(あるいは最小化)する問題を数理最適化問題と呼びます。本節では、数理最適化の典型的な問題とその解法を、機械学習で使われるものを中心に紹介します。

線形計画問題

線形計画問題そのものは機械学習のアルゴリズムで現れることはあまりないのですが、数理最適化問題の基本としてここでは簡単に解説します。

次のような問題を考えます。

> **ある工場では製品X, Yを製造している。これらは原料A、B、Cから作られており、それぞれの製品1個（1単位）を作るのに必要な原料（kg）は次の表のとおりである。**
>
> | | A | B | C |
> |---|---|---|---|
> | X | 1 | 2 | 2 |
> | Y | 4 | 3 | 1 |
>
> **工場の倉庫にある原料の量（kg）は次の表のとおりである。**
>
> | A | B | C |
> |---|---|---|
> | 1700 | 1400 | 1000 |
>
> **製品X, Yを売ると、それぞれ利益は1つあたり3ドルと4ドルになる。このとき利益を最大化するにはX, Yをそれぞれどれだけ製造すればよいか。**

ここでは話を簡単にするため、製造する量は整数とは限らないとします。1個、2個と数えられるような製品をイメージすると整数として制約しなければいけませんが、例えば合金や化学薬品のようなものをイメージし、製造単位を重さで考えると整数でなくとも不思議はないと思います。

これを式で表してみます。まず、XとYを製造する量をそれぞれx、yとおくと、このとき使われる原料Aは$x+4y$となるので、原料Aの在庫についての制約から

$$x + 4y \leq 1700$$

となります。同様に原料Bと原料Cについて考えると次の式を得ます。

$$2x + 3y \leq 1400$$
$$2x + y \leq 1000$$

また、各製品の製造量は0以上でないとならないので

$$x \geq 0,\ y \geq 0$$

となります。これらの条件のもと、利益$3x+4y$を最大化するという問題になります。以上のことをまとめて次のように書くことがあります。

$$\begin{aligned} \text{Maximize} \quad & 3x+4y \\ \text{Subject to} \quad & x+4y \leq 1700 \\ & 2x+3y \leq 1400 \\ & 2x+y \leq 1000 \\ & x \geq 0 \\ & y \geq 0 \end{aligned} \qquad \text{式04-05}$$

このように、最適化したい関数を先に書き、最大化したいのか最小化したいのかをMaximizeまたはMinimizeで表します。ここに書かれる関数を目的関数と呼びます。そしてSubject toの後に制約式を書きます。このように、ある制約のもとに目的関数を最大化あるいは最小化したいという問題を、数理最適化問題と呼びます。

ここではxとyを動かしますが、これらは変数と呼ばれます。制約式を満たすような変数の値を実行可能解と呼びます。目的関数を最適化（問題によって最大化または最小化）する変数を最適解と呼びます。そのときの目的関数の値を最適値と呼びます。

変数を明示したいときには目的関数のところで、例えば

$$\underset{x,y}{\text{Maximize}}\ 3x+4y$$

または

$$\text{Maximize}_{x,y}\ 3x+4y$$

のように書きますが、書かなくても文脈から明らかなときには省略します。

式04-05は特に目的関数も制約式も両方とも1次式（つまり線形）であるので、このような最適化問題は特に線形計画問題と呼ばれます。

では次にこれを図示してみます。

Fig04-02 ▍制約式を満たす領域と最適解

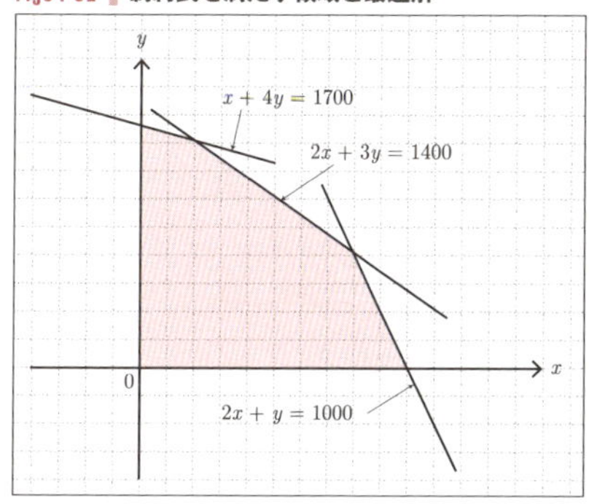

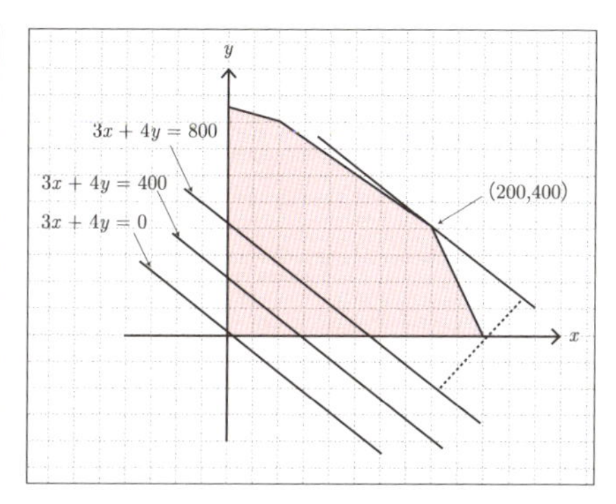

制約式を満たす領域は**Fig04-02（左）**のようになります。この赤色部分の点は境界線上の点を含めて、すべて実行可能解ということになります。ここで最適解を求めてみます。

この赤色の領域について目的関数$3x+4y$が最大になる点を見つければいいのですが、ここでは視点を変えていろいろなkについて$3x+4y=k$を満たす点の集合を考えてみます。$3x+4y=k$を満たす点の集合は直線になりますが、(x,y)が赤色領域内にあるときに$3x+4y$を最大化するという問題は、つまり直線$3x+4y=k$が斜線部分を通過するという条件でkを最大にするという問題になります。kを変えていったときに$3x+4y=k$で表される直線群はすべて平行になります（**Fig04-02（右）**参照）。

これは$3x+4y$の等高線です。ここでの等高線とは、P.226に出てきたのと同じ意味です。したがって、直線を平行にずらしていきながらぎりぎり斜線部分と共有点を保つ場合を考えればよいことになります。そのときの共有点が最適解で、kの値が最適値になります。この場合は図を見ると$3x+4y=k$が点(200,400)を通過するときに最大になることがわかります。これをx、yに代入して3×200+4×400=2000が最適値になります。

ここまでは例として2変数の場合の線形計画問題を見てきましたが、一般にはn変数の場合に線形計画問題を考えることができます。n次元ベクトル$\boldsymbol{x}$を変数とすると、線形計画法の一般型は次のように表されます。

$$
\begin{aligned}
&\text{Minimize} && \boldsymbol{c}^T\boldsymbol{x} \\
&\text{Subject to} && \boldsymbol{G}\boldsymbol{x} \le \boldsymbol{h} \\
& && \boldsymbol{A}\boldsymbol{x} = \boldsymbol{b}
\end{aligned}
\qquad \text{式04-06}
$$

ここでは後で使う関数の仕様に合わせて目的関数の最小化という形にしています。ここでの等号制約は**式04-05**には含まれませんが、一般には等号制約があることもあります。

では**式04-05**を一般型に当てはめてみます。**式04-05**は最大化の問題だったので、これを最小化の問題にするには、目的関数の符号を反転して$-(3x+4y)$の最小化とすればよいです。このように標準形に当てはめることは実際に計算してみるときに役立ちます。

$$
\begin{aligned}
&\text{Minimize} && \begin{pmatrix} -3 \\ -4 \end{pmatrix}^T \begin{pmatrix} x \\ y \end{pmatrix} \\
&\text{Subject to} && \begin{pmatrix} 1 & 4 \\ 2 & 3 \\ 2 & 1 \\ -1 & 0 \\ 0 & -1 \end{pmatrix} \begin{pmatrix} x \\ y \end{pmatrix} \le \begin{pmatrix} 1700 \\ 1400 \\ 1000 \\ 0 \\ 0 \end{pmatrix}
\end{aligned}
$$

つまり、

$$
\boldsymbol{c} = \begin{pmatrix} -3 \\ -4 \end{pmatrix}, \boldsymbol{G} = \begin{pmatrix} 1 & 4 \\ 2 & 3 \\ 2 & 1 \\ -1 & 0 \\ 0 & -1 \end{pmatrix}, \boldsymbol{h} = \begin{pmatrix} 1700 \\ 1400 \\ 1000 \\ 0 \\ 0 \end{pmatrix}
$$

ということになります。

次にPythonのライブラリで**式04-05**を計算してみます。数理最適化問題を解くシステムはソルバと呼ばれますが、線形計画問題のソルバは商用のものも含めてさまざまなものがあります。ここではSciPyの関数scipy.optimize.linprogを使ってみます。この関数では、標準形（**式04-06**）で$\boldsymbol{c}$にあたるものは引数cで、$\boldsymbol{G}$、$\boldsymbol{h}$、$\boldsymbol{A}$、$\boldsymbol{b}$にあたるものはそれぞれA_ub、b_ub、A_eq、b_eqで指定します。

また、すべての変数の上限と下限を引数boundsで設定できるので、制約式のうち最後の2つはこちらの引数を指定することでA_ubは3行の行列にすることができます。この場合下限は0で上限はないので、boundsの指定は(0, None)とします。このように上限または下限がないときはNoneで指定します。実装は次のようになります。

List lp1.py

```
import numpy as np
from scipy import optimize

c = np.array([-3, -4], dtype=np.float64)
G = np.array([[1, 4], [2, 3], [2, 1]], dtype=np.float64)
h = np.array([1700, 1400, 1000], np.float64)
sol = optimize.linprog(c, A_ub=G, b_ub=h, bounds=(0, None))

print(sol.x)
print(sol.fun)
```

実行結果

```
[ 400.  200.]
-2000.0
```

これはつまり$(x, y) = (400, 200)$のとき最適値は-2000ということです。標準形に変形するために目的関数の符号を変えているので、もとの**式04-05**の最適値は2000ということになります。これは手で計算したものと結果が一致しました。

2次計画法

次のような2変数の2次関数を考えます。

$$f(x, y) = x^2 + xy + y^2 + 2x + 4y \qquad \text{式04-07}$$

これの最小値を求めるのですが、これは2次計画問題と呼ばれるものです。これは手で計算することもできるのですが、あえてPythonのパッケージcvxoptを使ってみることにします。

cvxoptはAnacondaにも含まれていないので、別途インストールする必要があります。Anacondaをインストールした人はパッケージ管理ツールのcondaを使います。シェルから次のように入力してインストールします。Windowsを使用している方は、Anaconda Promptを使用するのを忘れないでください。

```
$ conda install -c anaconda cvxopt
```

Anaconda以外の方法でインストールした人はpipを使います。シェルから次のように入力します。

```
$ pip install cvxopt
```

ここで2次計画問題を解くのですが、ライブラリの関数に入力するには標準形に変換しなければいけません。cvxoptでは、制約条件なしの2次計画問題の標準形は次の形を仮定します。

$$\frac{1}{2}\boldsymbol{x}^T\boldsymbol{P}\boldsymbol{x}+\boldsymbol{q}^T\boldsymbol{x}$$

ここで$\boldsymbol{x}$が変数で、$\boldsymbol{P}, \boldsymbol{q}$が係数です。$f(x,y)$をこの形になるように変形すると次のようになります。

$$f(x,y)=\frac{1}{2}\begin{pmatrix}x & y\end{pmatrix}\begin{pmatrix}2 & 1\\1 & 2\end{pmatrix}\begin{pmatrix}x\\y\end{pmatrix}+\begin{pmatrix}2 & 4\end{pmatrix}\begin{pmatrix}x\\y\end{pmatrix}$$

ここで$\boldsymbol{x}=(x,y)^T$だと思えば、標準形と係数を比べると次を得ます。

$$\boldsymbol{P}=\begin{pmatrix}2 & 1\\1 & 2\end{pmatrix}, \boldsymbol{q}=\begin{pmatrix}2\\4\end{pmatrix}$$

関数cvxopt.solvers.qpを使ってこの問題を解きますが、上記の係数を引数として与えます。

List qp1.py

```
import numpy as np
import cvxopt

P = cvxopt.matrix(np.array([[2, 1], [1, 2]], dtype=np.float64))  ❶
q = cvxopt.matrix(np.array([2, 4], dtype=np.float64))              ❶

sol = cvxopt.solvers.qp(P, q)  ❷

print(np.array(sol["x"]))
print(np.array(sol["primal objective"]))
```

実行結果

```
[[  2.22044605e-16]
 [ -2.00000000e+00]]
-4.0
```

cvxoptで扱う行列、ベクトルは独自の型を使っており、NumPyの配列を使うには変換する必要があります。わざわざ独自型に変換しなければいけないというのは手間なのですが、これは、NumPyとは独立したモジュールとして単独で動くように考えられているためだと思われます。

qp1.pyの❶ではNumPyの配列を用意し、それをcvxopt.matrix型に変換することで係数Pとqを用意しています。❷で最適解を求めていますが、解に関する情報は辞書型で得られます。最適解は`sol["x"]`で得られ、そのときの目的関数の値は`sol["primal objective"]`で得られます。計算してみると、最適解$(x, y) = (0, -2)$ (2.22044605e-16をほぼ0とみなしました)、最適値-4が得られました。

次に制約条件付きの問題を考えてみます。cvxoptに制約条件として入力できるのは次のような式です。

$$\boldsymbol{A}\boldsymbol{x} = \boldsymbol{b},\ \boldsymbol{G}\boldsymbol{x} \leq \boldsymbol{h}$$

指定はこのうちの片方だけでもかまいません。ここで、次のような2つの制約付きの2次計画問題を考えてみます。

$$\begin{aligned}&\text{Minimize } f(x,y)=x^2+xy+y^2+2x+4y\\&\text{Subject to } x+y=0\end{aligned}\qquad\text{式04-08}$$

$$\begin{aligned}&\text{Minimize } f(x,y)=x^2+xy+y^2+2x+4y\\&\text{Subject to } 2x+3y\leq 3\end{aligned}\qquad\text{式04-09}$$

式04-08の実装は次のようになります。

List **qp2.py**

```
import numpy as np
import cvxopt

P = cvxopt.matrix(np.array([[2, 1], [1, 2]], dtype=np.float64))
q = cvxopt.matrix(np.array([2, 4], dtype=np.float64))
A = cvxopt.matrix(np.array([[1, 1]], dtype=np.float64))
b = cvxopt.matrix(np.array([0], dtype=np.float64))

sol = cvxopt.solvers.qp(P, q, A=A, b=b)

print(np.array(sol["x"]))
print(np.array(sol["primal objective"]))
```

実行結果

```
[[ 1.]
 [-1.]]
-1.0000000000000018
```

$x+y=0$という条件は

$$\begin{pmatrix}1 & 1\end{pmatrix}\begin{pmatrix}x\\y\end{pmatrix}=0$$

と同値なので

$$\boldsymbol{A}=\begin{pmatrix}1 & 1\end{pmatrix}, \boldsymbol{b}=\begin{pmatrix}0\end{pmatrix}$$

としています。また、$\boldsymbol{b}$は1次元のベクトル（サイズ1×1の行列）として変数bに代入しています。この制約は関数qpの名前付き引数A、bで与えます。

式04-09の実装は次のようになります。

List qp3.py

```
import numpy as np
import cvxopt

P = cvxopt.matrix(np.array([[2, 1], [1, 2]], dtype=np.float64))
q = cvxopt.matrix(np.array([2, 4], dtype=np.float64))
G = cvxopt.matrix(np.array([[2, 3]], dtype=np.float64))
h = cvxopt.matrix(np.array([3], dtype=np.float64))

sol = cvxopt.solvers.qp(P, q, G=G, h=h)

print(np.array(sol["x"]))
print(np.array(sol["primal objective"]))
```

実行結果

```
pcost       dcost       gap    pres   dres
0:  1.8858e+00  2.9758e-01  2e+00  5e-18  2e+00
1: -2.1066e+00 -2.1546e+00  5e-02  4e-16  7e-01
2: -3.9999e+00 -4.0665e+00  7e-02  1e-16  1e-16
3: -4.0000e+00 -4.0007e+00  7e-04  1e-15  7e-17
4: -4.0000e+00 -4.0000e+00  7e-06  3e-16  6e-17
5: -4.0000e+00 -4.0000e+00  7e-08  4e-16  6e-17
Optimal solution found.
[[ -2.45940139e-09]
[ -2.00000001e+00]]
-4.0
```

$2x + 3y \leq 3$という式は

$$\begin{pmatrix} 2 & 3 \end{pmatrix} \begin{pmatrix} x \\ y \end{pmatrix} \leq 3$$

で表されるので

$$\boldsymbol{G} = \begin{pmatrix} 2 & 3 \end{pmatrix}, \boldsymbol{h} = \begin{pmatrix} 0 \end{pmatrix}$$

と考えます。今度は名前付き引数Gとhを指定すること以外は、指定のしかたはqp2.pyと同じです。

ここで実行結果を見てみると、今までの例とは違って途中の計算の実行ログが表示されるようになりました。ログの読み方はここでは説明しませんが、最適解を探索する様子が表示されていると思ってください。

計算結果を見ると近似的には最適解は$(x, y) = (0, -1)$、最適値は-4となっており、qp1.pyの結果と一致します。これは少し考えると当然のことで、成約のない最適化問題**式04-07**の最適解が$(x, y) = (0, -1)$であり、これは$2x + 3y \leq 3$を満たしているので、この制約を加えても最適解は同じになります。理論的には同じ最適解になるはずですが、結果に多少の違いがあるのは計算誤差が原因です。

以上の話をまとめると、一般の2次計画問題とは次で与えられます。

$$\begin{aligned} \text{Minimize} \quad & \frac{1}{2}\boldsymbol{x}^T\boldsymbol{P}\boldsymbol{x} + \boldsymbol{q}^T\boldsymbol{x} \\ \text{Subject to} \quad & \boldsymbol{A}\boldsymbol{x} = \boldsymbol{b} \\ & \boldsymbol{G}\boldsymbol{x} \leq \boldsymbol{h} \end{aligned}$$

つまり線形計画問題に対して、目的関数のところが2次関数になった形をしています。

勾配降下法

次のような制約条件のない最適化問題を考えます。

$$\text{Minimize } 5x^2 - 6xy + 3y^2 + 6x - 6y$$

ここで$f(x, y) = 5x^2 - 6xy + 3y^2 + 6x - 6y$とし、$f(x, y) = k$を満たす点の集合を考えると次ページの図のようになります。つまりさまざまなkに対して等高線が描けます。

Fig04-03 ｜ kの変化とそれを満たす点の集合

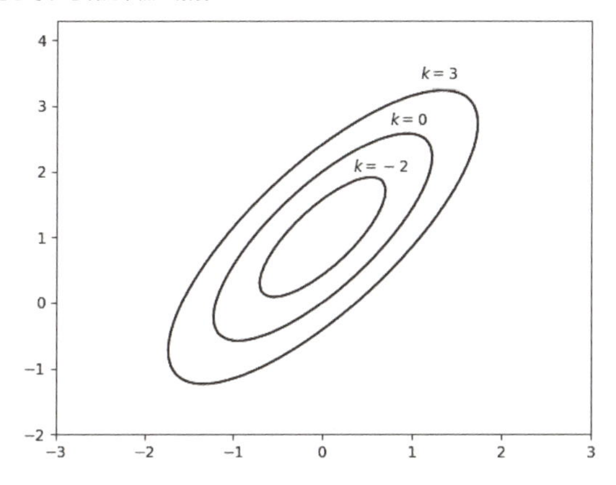

一方でfの勾配

$$\nabla f = \begin{pmatrix} \frac{\partial f}{\partial x} \\ \frac{\partial f}{\partial y} \end{pmatrix}$$

を考えます。点(x_0, y_0)においてはその点を通る等高線の接線に垂直方向で、kが大きくなる方向を向いたベクトルが$\nabla f(x_0, y_0)$になります（**Fig04-04**参照）。なので、kを小さくするには$-\nabla f$の方向に進めばよいです。

Fig04-04 ｜ fの勾配

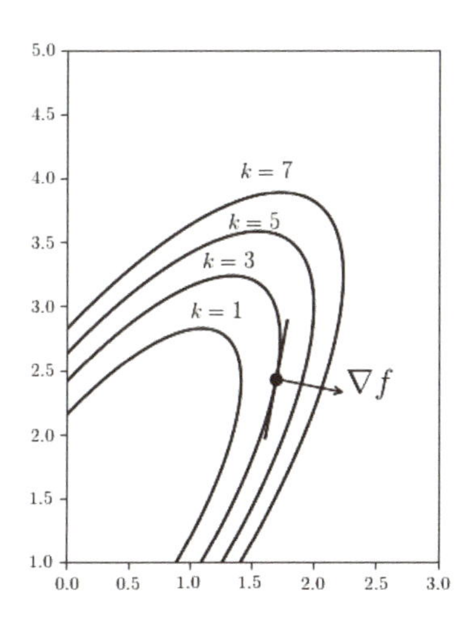

あるパラメータαと初期点$\boldsymbol{x}_0 = (x_0, y_0)$を最初に決めておいて、現在の地点$\boldsymbol{x}_k$か

ら$\boldsymbol{x}_{k+1} = \boldsymbol{x}_k - \alpha \nabla f(\boldsymbol{x}_k)$に移動するということを繰り返していけば、目的関数の値は小さくなっていくことになります。極値においては$\nabla f(x, y) = 0$となるので、そのような点が見つかればそれで計算は終了です。

以上ではわかりやすくするために2変数関数の場合を考えてきましたが、一般にn変数関数で同じアルゴリズムを考えることができます。アルゴリズムをまとめると以下のとおりになります。

- パラメータα, ϵが入力値として与えられる。
- 初期点$\boldsymbol{x}_k$を決める。
- kを0から1ずつ増やしながら以下を繰り返す。
    1. $\|\nabla f(\boldsymbol{x}_k)\| \leq \epsilon$であれば終了。
    2. $\boldsymbol{x}_{k+1} = \boldsymbol{x}_k - \alpha \nabla f(\boldsymbol{x}_k)$を計算する。

このアルゴリズムは**勾配降下法**または**最急降下法**と呼ばれます。パラメータαは最適値の探索時にどのくらい大きく移動するかを表すものです。αとしてどのような値がよいかは、問題によって実験的に決められます。この値はあまり大きすぎると計算が発散してしまい、小さすぎるとなかなか収束しません。

パラメータϵは計算の終了条件を決めていて、小さくすればするほど正確に最適解を求められますが、計算に時間がかかるようになります。ここで気持ちとしては$\nabla f(\boldsymbol{x}) = \boldsymbol{0}$となる$\boldsymbol{x}$を見つけたいのですが、P.172で説明したように、もしアルゴリズム内で$\boldsymbol{0}$に完全一致するかの判定を終了条件とすると、計算が不安定になり無限ループに陥ることが多くなります。

ではこのアルゴリズムを実装します。

List gd.py

```
import numpy as np


class GradientDescent:
    def __init__(self, f, df, alpha=0.01, eps=1e-6):
        self.f = f
```

```
        self.df = df
        self.alpha = alpha
        self.eps = eps
        self.path = None

    def solve(self, init):
        x = init
        path = []
        grad = self.df(x)
        path.append(x)
        while (grad**2).sum() > self.eps**2:
            x = x - self.alpha * grad
            grad = self.df(x)
            path.append(x)
        self.path_ = np.array(path)
        self.x_ = x
        self.opt_ = self.f(x)
```

このクラスは変数の数が一般の場合に解けるようにしました。コンストラクタの引数のfとdfには、最小化したい関数と導関数を指定します。n変数関数の最適化をする場合、fはn次元ベクトル(長さnの1次元配列)を引数にとり、浮動小数点型の戻り値を返します。dfはn次元ベクトルを引数にとり、戻り値もn次元ベクトルを戻り値として返します。そのようなfとdfを引数として与えることで一般の場合に解けます。

また、デフォルト値付きの引数alphaは、アルゴリズム中のαで、探索時の移動の大きさを表します。引数epsはアルゴリズムの終了条件の基準を表します。∇fのL2ノルムがeps以下のときに終了します。メソッドsolveでは引数として初期値(アルゴリズム中の$\boldsymbol{x}_0$)をとり、計算結果としての最適解はデータ属性x_に保存され、最適値はデータ属性opt_に保存されます。

では実際に前述の関数$f(x,y)=5x^2-6xy+3y^2+6x-6y$の最小値を計算してみます。まずこれを偏微分してみます。

$$\nabla f = \begin{pmatrix} \frac{\partial f}{\partial x} \\ \frac{\partial f}{\partial y} \end{pmatrix} = \begin{pmatrix} 10x-6y+6 \\ -6x+6y-6 \end{pmatrix}$$

となります。これをもとに実装をしますが、ただ最適値を計算するだけではなく計算途中の様子も可視化してみます。

List gd_test1.py

```
import numpy as np
import matplotlib.pyplot as plt
import gd


def f(xx):
    x = xx[0]
    y = xx[1]
    return 5 * x**2 - 6 * x * y + 3 * y**2 + 6 * x - 6 * y
                                                                  ❶

def df(xx):
    x = xx[0]
    y = xx[1]
    return np.array([10 * x - 6 * y + 6, -6 * x + 6 * y - 6])


algo = gd.GradientDescent(f, df)
initial = np.array([1, 1])
algo.solve(initial)                                               ❷
print(algo.x_)
print(algo.opt_)

plt.scatter(initial[0], initial[1], color="k", marker="o")        ❸
plt.plot(algo.path_[:, 0], algo.path_[:, 1], color="k",           ❹
         linewidth=1.5)
xs = np.linspace(-2, 2, 300)
ys = np.linspace(-2, 2.300)
xmesh, ymesh = np.meshgrid(xs, ys)
xx = np.r_[xmesh.reshape(1, -1), ymesh.reshape(1, -1)]            ❺
levels = [-3, -2.9, -2.8, -2.6, -2.4,
          -2.2, -2, -1, 0, 1, 2, 3, 4]
```

```
plt.contour(xs, ys, f(xx).reshape(xmesh.shape),
            levels=levels,
            colors="k",  linestyles="dotted")

plt.show()
```
❺

実行結果

```
[3.45722846e-07 1.00000048e+00]
-2.9999999999997073
```

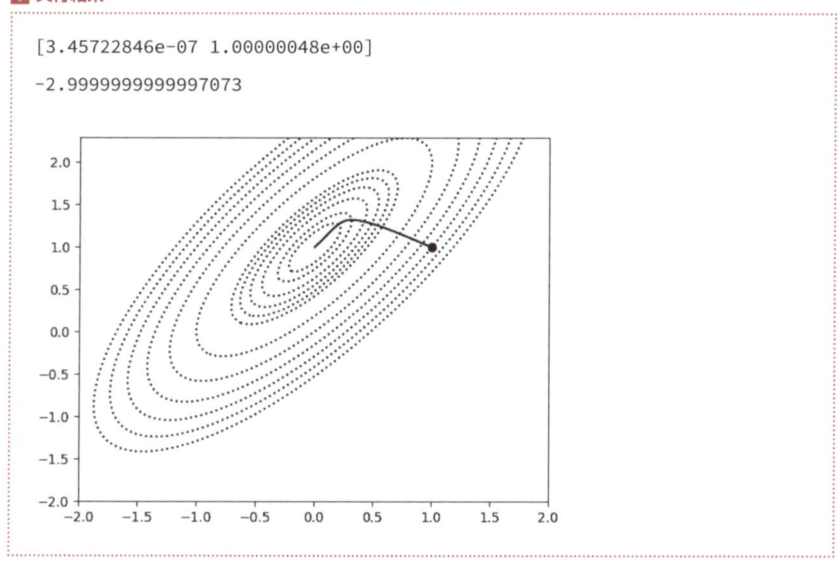

gd_teest1.pyで、❶で最適化したい関数とその導関数を定義しています。❷では最適化の計算をして結果を表示しています。それ以降が図の描画で、❸は始点を、❹は収束までの点の移動を描いています。❺で等高線の描画をしています。

ここでalphaの値を変えるとどうなるかを見てみようと思います。

List gd_test2.py

```
import numpy as np
import matplotlib.pyplot as plt
import gd


def f(xx):
    x = xx[0]
```

```
    y = xx[1]
    return 5 * x**2 - 6 * x * y + 3 * y**2 + 6 * x - 6 * y


def df(xx):
    x = xx[0]
    y = xx[1]
    return np.array([10 * x - 6 * y + 6, -6 * x + 6 * y - 6])


xmin, xmax, ymin, ymax = -3, 3, -3, 3

algos = []
initial = np.array([1, 1])
alphas = [0.1, 0.2]
for alpha in alphas:
    algo = gd.GradientDescent(f, df, alpha)
    algo.solve(np.array(initial))
    algos.append(algo)


xs = np.linspace(xmin, xmax, 300)
ys = np.linspace(ymin, ymax, 300)
xmesh, ymesh = np.meshgrid(xs, ys)
xx = np.r_[xmesh.reshape(1, -1), ymesh.reshape(1, -1)]
fig, ax = plt.subplots(1, 2)
levels = [-3, -2.9, -2.8, -2.6, -2.4,
          -2.2, -2, -1, 0, 1, 2, 3, 4]
for i in range(2):
    ax[i].set_xlim((xmin, xmax))
    ax[i].set_ylim((ymin, ymax))
    ax[i].set_title("alpha={}".format(alpha[i]))
    ax[i].scatter(initial[0], initial[1], color="k", marker="o")
    ax[i].plot(algos[i].path_[:, 0], algos[i].path_[
                   :, 1], color="k", linewidth=1.5)
    ax[i].contour(xs, ys, f(xx).reshape(xmesh.shape),
                      levels=levels,
```

```
                                colors="k",  linestyles="dotted")


plt.show()
```

実行結果

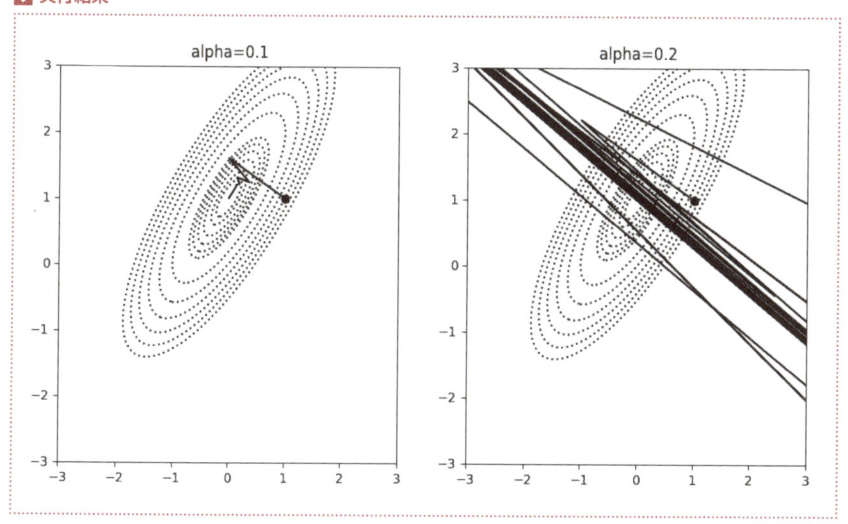

gd_test2.pyはgd_test1.pyと共通点も多いので詳細は説明しませんが、実行結果はalphaを0.1にしたときと0.2にしたときの最適化計算の様子を図示しています。alphaのデフォルト値は0.01なので、gd_test1.pyの実行結果（→P.245）はalpha=0.01のときの図です。これと上図を比べてみましょう。

実行結果の左側は折れ線の動きが少し暴れているように見えます。alphaの値が0.1と大きくなったので、1ステップ分の動きが大きくなったのが原因です。暴れながらも最終的には最適値に収束しています。それと比べる右側はさらに動きが暴れるようになって、結果として収束しません。このようにalphaを大きくしすぎると収束しなくなるということがありますが、一方で小さくしすぎると収束まで時間がかかります。

ニュートン法

ニュートン法は与えられた方程式の解を数値的に求める手法です。最適化の問題でも導関数が0になる点を求めることはつまり最適値を求めることになるので、ニュートン法が利用できることもあります。

与えられた滑らかな関数$f(x)$ $(x \in \mathbb{R})$について、次の方程式の解を求めたいとします。

$$f(x) = 0$$

ニュートン法では初期値x_0から逐次x_1、$x_2\cdots$を解に近づけていきます。$y=f(x)$の$x=x_k$における接線とx軸との交点をx_{k+1}とし、ある十分小さい値ϵについて$|x_{k+1} - x_k| \leq \epsilon$となったら終了とします。

Fig04-05 ニュートン法

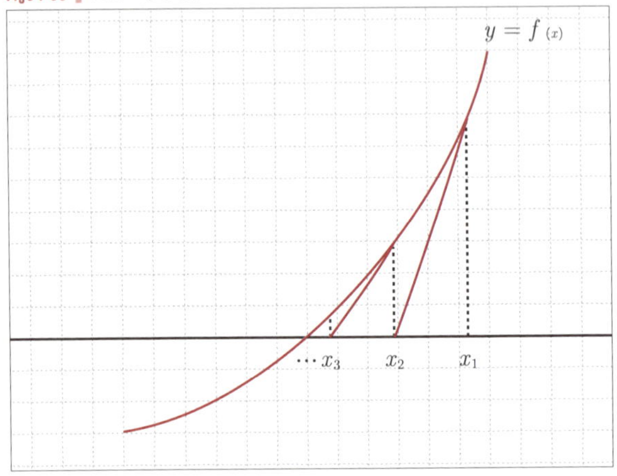

$y=f(x)$の$x=x_k$における接線の傾きは$f'(x_k)$なので、ここでの接線の方程式は次で表されます。

$$y = f'(x_k)(x - x_k) + f(x_k)$$

これとx軸の交点が$x=x_{k+1}$となります。$x=x_{k+1}$、$y = 0$とおくと次の式が得られます。

$$x_{k+1} = x_k - \frac{f(x_k)}{f'(x_k)}$$

この式でx_kが与えられたときのx_{k+1}を求めます。

では実際に次の方程式の解を求めてみます。

$$x^3 - 5x + 1 = 0$$

List newton1dim.py

```
def newton1dim(f, df, x0, eps=1e-10, max_iter=1000):
    x = x0
    iter = 0
    while True:
        x_new = x - f(x)/df(x)
        if abs(x-x_new) < eps:
            break
        x = x_new
        iter += 1
        if iter == max_iter:
            break
    return x_new


def f(x):
    return x**3-5*x+1


def df(x):
    return 3*x**2-5


print(newton1dim(f, df, 2))
print(newton1dim(f, df, 0))
print(newton1dim(f, df, -3))
```

実行結果

```
2.1284190638445777
0.20163967572340463
-2.330058739567982
```

newton1dim.pyでは関数newton1dimで解を計算しています。引数のfは解を求めたい関数で、dfはその導関数です。x0は初期値で、epsは収束条件に使うϵです。デフォルト値付き引数としてmax_iterを指定していますが、これは初期値によっては無限ループする可能性があるので、繰り返しの最大回数を指定しています。最大繰り返し回数を超えた場合には、そのままループを抜けることにしています。この場合はたまたま解に収束していますが、かならずしも収束するとは限らないので注意が必要です。

この実行結果は、初期値の指定によって異なる3つの解が得られたことになります。実際$x^3 - 5x + 1$のグラフは次のようになるので、解が3つあることがわかります。

Fig04-06 ▌ $x^3 - 5x + 1$**のグラフ**

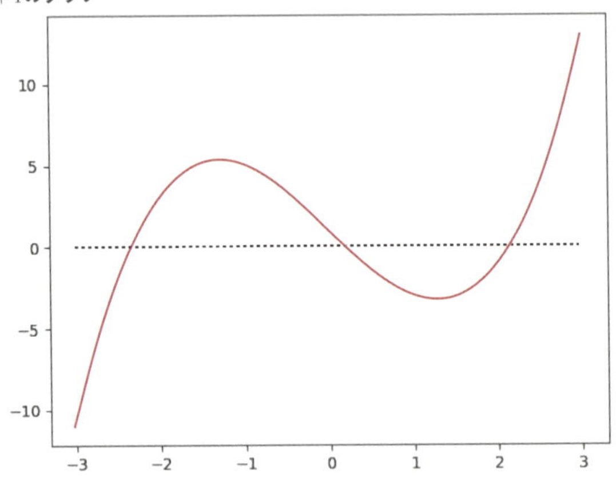

ニュートン法は多次元の場合にも拡張できます。例として、次のような連立方程式を解くことを考えます。

$$\begin{cases} f_1(x, y) = x^3 - 2y = 0 \\ f_2(x, y) = x^2 + y^2 - 1 = 0 \end{cases}$$

fを$\mathbb{R}^2$から$\mathbb{R}^2$への写像として、次のように定義します。

$$f(\boldsymbol{x}) = \begin{pmatrix} f_1(\boldsymbol{x}) \\ f_2(\boldsymbol{x}) \end{pmatrix}$$

ここで

$$\boldsymbol{x} = \begin{pmatrix} x \\ y \end{pmatrix}$$

としています。

このときfのヤコビアン行列J_fを次で定義します。

$$J_f(\boldsymbol{x}) = \begin{pmatrix} \frac{\partial f_1}{\partial x}(\boldsymbol{x}) & \frac{\partial f_1}{\partial y}(\boldsymbol{x}) \\ \frac{\partial f_2}{\partial x}(\boldsymbol{x}) & \frac{\partial f_2}{\partial y}(\boldsymbol{x}) \end{pmatrix}$$

このときのニュートン法は次の更新式で与えられます。

$$\boldsymbol{x}_{k+1} = \boldsymbol{x}_k - J_f(\boldsymbol{x}_k)^{-1} f(\boldsymbol{x}_k)$$

このときの収束条件は$\|x_{k+1} - x_k\| \leq \epsilon$とします。ここではなぜこれでうまくいくかの説明は省きますが、1変数の場合の一般化になっていることがわかるかと思います。

それではこれを実装してみます。

List newton.py

```
import numpy as np
from numpy import linalg


class Newton:
    def __init__(self, f, df, eps=1e-10, max_iter=1000):
        self.f = f
        self.df = df
        self.eps = eps
        self.max_iter = max_iter

    def solve(self, x0):
        x = x0
        iter = 0
        self.path_ = x0.reshape(1, -1)
        while True:
            x_new = x - np.dot(linalg.inv(self.df(x)), self.f(x))  ❶
            self.path_ = np.r_[self.path_, x_new.reshape(1, -1)]
            if ((x-x_new)**2).sum() < self.eps*self.eps:
                break
```

```
            x = x_new
            iter += 1
            if iter == self.max_iter:
                break
        return x_new
```

ここではクラスとして実装し、xの値の軌跡も保存するようにしています。更新式の計算をしているのが❶です。逆行列の計算には関数np.linalg.invを使っています。

それでは実際の例を解いてその様子を可視化してみます。

List newton_test1.py

```
import numpy as np
import matplotlib.pyplot as plt
import newton


def f1(x, y):
    return x**3-2*y


def f2(x, y):
    return x**2+y**2-1


def f(xx):
    x = xx[0]
    y = xx[1]
    return np.array([f1(x, y), f2(x, y)])


def df(xx):
    x = xx[0]
    y = xx[1]
    return np.array([[3*x**2, -2], [2*x, 2*y]])
```

```
xmin, xmax, ymin, ymax = -3, 3, -3, 3
plt.xlim(xmin, xmax)
plt.ylim(ymin, ymax)
x = np.linspace(xmin, xmax, 200)
y = np.linspace(ymin, ymax, 200)
xmesh, ymesh = np.meshgrid(x, y)
z1 = f1(xmesh, ymesh)
z2 = f2(xmesh, ymesh)
plt.contour(xmesh, ymesh, z1, colors="r", levels=[0])
plt.contour(xmesh, ymesh, z2, colors="k", levels=[0])
solver = newton.Newton(f, df)

initials = [np.array([1, 1]),
            np.array([-1, -1]),
            np.array([1, -1])]
markers = ["+", "*", "x"]

for x0, m in zip(initials, markers):
    sol = solver.solve(x0)
    plt.scatter(solver.path_[:, 0],
                solver.path_[:, 1], color="k", marker=m)
    print(sol)

plt.show()
```

実行結果

```
[0.92071038 0.39024659]
[-0.92071038 -0.39024659]
[-0.92071038 -0.39024659]
```

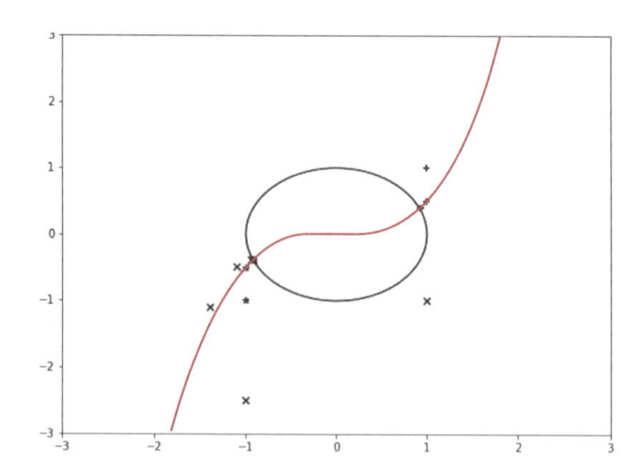

ここでは初期値(1,1)、(-1,-1)、(1,-1)を使ってそれぞれ方程式を解いていて、そのときの$\boldsymbol{x}_k$の動きを可視化しています。$f_1(x,y)$=0と$f_2(x,y)$=0を表す曲線は、等高線のしくみを使って描画しています。

実行結果のグラフを見ると、(1,1)、(-1,-1)と比べて初期値(1,-1)から始めた場合（バツ印）は、少し遠回りしてから収束している様子がわかると思います。

ここでは2変数の場合の具体例を見てきましたが、一般に$\mathbb{R}^d$から$\mathbb{R}^d$への写像fについてもニュートン法は適用できます。一般に$\boldsymbol{x} = (x_1, x_2, \ldots, x_d)^T \in \mathbb{R}^d$に対して、

$$f(\boldsymbol{x}) = \begin{pmatrix} f_1(\boldsymbol{x}) \\ f_2(\boldsymbol{x}) \\ \vdots \\ f_d(\boldsymbol{x}) \end{pmatrix} \in \mathbb{R}$$

という写像が与えられたとき、そのヤコビアンは次で定義されます。

$$J_f = \begin{pmatrix} \frac{\partial f_1}{\partial x_1} & \frac{\partial f_1}{\partial x_2} & \cdots & \frac{\partial f_1}{\partial x_d} \\ \frac{\partial f_2}{\partial x_1} & \frac{\partial f_2}{\partial x_2} & \cdots & \frac{\partial f_2}{\partial x_d} \\ \vdots & \vdots & \ddots & \vdots \\ \frac{\partial f_d}{\partial x_1} & \frac{\partial f_d}{\partial x_2} & \cdots & \frac{\partial f_d}{\partial x_d} \end{pmatrix}$$

このときも$\|\boldsymbol{x}_{k+1} - \boldsymbol{x}_k\| \leq \epsilon$となるまで、次の更新式を繰り返すと$f(\boldsymbol{x}) = \boldsymbol{0}$の解を計算できます。

$$\boldsymbol{x}_{k+1} = \boldsymbol{x}_k - J_f(\boldsymbol{x}_k)^{-1} f(\boldsymbol{x}_k)$$

数値微分に関する補足

以上の実装では、関数fとfの導関数を引数に与えるようなインターフェースでした。この引数を関数fだけにして、その導関数をアルゴリズムの内部で計算したほうがシンプルになると思うかもしれません。しかし、微分の定義

$$f'(x) = \lim_{h \to 0} \frac{f(x+h) - f(x)}{h}$$

において、$f(x+h) - f(x)$の部分が、P.175で説明した「値の近い数の引き算」になり、あまり高い計算制度が出せません。ブラックボックスで中身がわかってない関数でない限り、関数とその導関数は別に用意して与えたほうがよいです。

ラグランジュ未定乗数法

今度は、制約式も線形とは限らない最適化問題を考えてみます。まずは等号制約のみの次の最適化問題を考えます。

$$\begin{aligned} &\text{Minimize} \quad f(x,y) = 5x^2 + 6xy + 5y^2 - 26x - 26y \\ &\text{Subject to} \quad g(x,y) = x^2 + y^2 - 4 = 0 \end{aligned}$$

式04-10

これを解くためには、次のような3変数関数Lを考えます。

$$\begin{aligned} L(x,y,\lambda) &= f(x,y) + \lambda g(x,y) \\ &= 5x^2 + 6xy + 5y^2 - 26x - 26y + \lambda(x^2 + y^2 - 4) \end{aligned}$$

そしてこれを最大化すればよいです。つまり、次の式を解くことで最適解が求められます。

$$\nabla L(x,y,\lambda) = 0$$

このような手法を**ラグランジュ未定乗数法**と呼びます。また、このときに関数Lを**ラグランジュ関数**と呼び、λを**ラグランジュ乗数**と呼びます。なぜこれを解けばよいのかを以下に直感的に説明します。

次の図は、制約式$g(x,y)=0$とさまざまなkについて、$f(x,y)=k$にあたる等高線を図示したものです。

Fig04-05 等号制約時の等高線

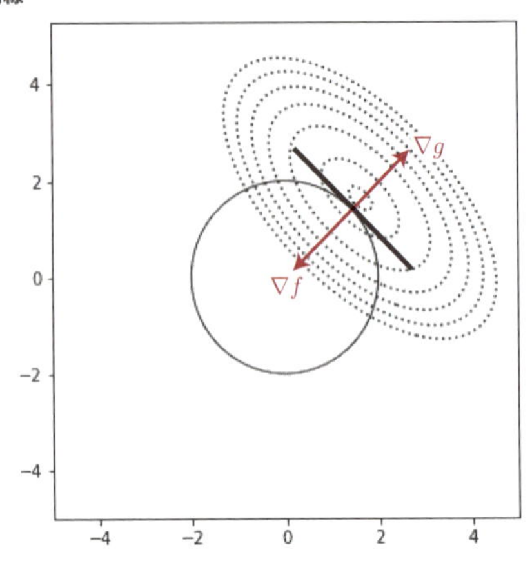

実線が$g(x,y)=0$にあたり、点線が等高線です。kが小さくなるほど内側の点線に対応しています。$g(x,y)=0$を満たしながら、できるだけ$f(x,y)$を小さくするということは、$g(x,y)=0$と共有点を持つ等高線のうち、できるだけ内側にあるものを見つけるということです。図を見ると、それは$g(x,y)=0$と等高線が接するときにあたります。このとき接点に注目すると、接点における∇gと∇fが平行であるケースであり、つまり

$$\nabla f = -\lambda \nabla g$$

となるλが存在する場合です。これはつまり

$$\begin{pmatrix} \frac{\partial f}{\partial x} \\ \frac{\partial f}{\partial y} \end{pmatrix} + \lambda \begin{pmatrix} \frac{\partial g}{\partial x} \\ \frac{\partial g}{\partial y} \end{pmatrix} = \begin{pmatrix} \frac{\partial L}{\partial x} \\ \frac{\partial L}{\partial y} \end{pmatrix} = \mathbf{0}$$

ということになります。一方で

$$\frac{\partial L}{\partial \lambda} = g(x,y)$$

ですので、これは接点においても（接点は$g(x,y)=0$上の点なので）0になります。以

上のことから接点においては

$$\begin{pmatrix} \frac{\partial L}{\partial x} \\ \frac{\partial L}{\partial y} \\ \frac{\partial L}{\partial \lambda} \end{pmatrix} = \nabla L = 0$$

を満たします。したがってこれが最適化のための必要条件であるとがわかりました。

では実際に**式04-10**の問題を解いてみます。

$$\frac{\partial L}{\partial x} = 10x + 6y - 26 + 2\lambda x$$
$$\frac{\partial L}{\partial y} = 10y + 6x - 26 + 2\lambda y$$

となるので、$\nabla L = \mathbf{0}$から次の連立方程式を得ます。

$$\begin{cases} 10x + 6y - 26 + 2\lambda x = 0 & \cdots ① \\ 10y + 6x - 26 + 2\lambda y = 0 & \cdots ② \\ x^2 + y^2 - 4 = 0 & \cdots ③ \end{cases}$$

これは対称性が高い式が出てきたおかげで簡単に解くことができます。①+②と①-②を計算することで、$x+y$と$x-y$をλについての式で表すことができます。後は

$$x^2 + y^2 = \frac{1}{2}\left\{(x+y)^2 + (x-y)^2\right\}$$

であることに気をつけて③に代入すればよいです。解き方の詳細は省略しますが、これを解くと次の解を得ます。

$$x = \sqrt{2},\ y = \sqrt{2},\ \lambda = \frac{13\sqrt{2} - 4}{2}$$

この場合はたまたま対象性が高かったので(というよりそのような問題を意図的に用意したので)、簡単に手計算で解が求まりましたが、一般にはそう簡単であるとは限らず、数値計算を駆使することもあります。

次に不等号制約がある最適化問題を考えます。次の2つの最適化問題を考えます。

$$\begin{array}{ll}\text{Minimize} & f_1(x,y) = 5x^2 + 6xy + 5y^2 - 26x - 26y \\ \text{Subject to} & g_1(x,y) = x^2 + y^2 - 4 \leq 0\end{array}$$ 式04-11a

$$\begin{array}{ll}\text{Minimize} & f_2(x,y) = 5x^2 + 6xy + 5y^2 - 16x - 16y \\ \text{Subject to} & g_2(x,y) = x^2 + y^2 - 4 \leq 0\end{array}$$ 式04-11b

式04-11aと**式04-11b**について制約条件と目的関数の等高線を図示すると、それぞれ次のようになります。

Fig04-06 不等号制約と等高線

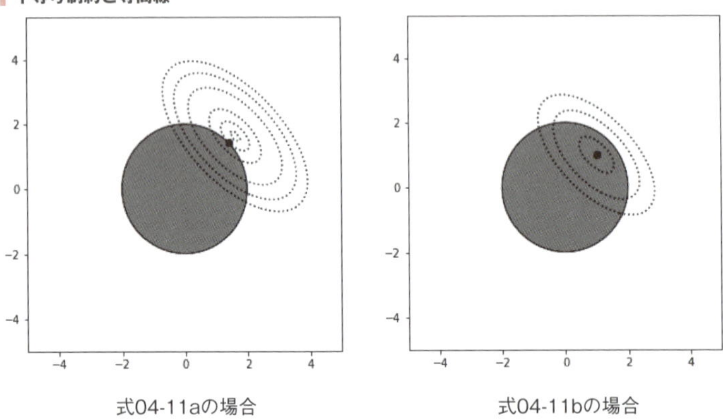

式04-11aの場合　式04-11bの場合

今度は制約条件が不等号なので制約条件を満たす範囲は円の内部になり、図では灰色の領域で示しました。制約条件を満たす範囲で、等高線の中でできるだけ内側の楕円を選択したいという問題です。**Fig04-06**（左）では等号制約だった**式04-10**と同じ最適解（図では黒丸）になります。**Fig04-06**（右）では制約条件を満たしながら、等高線はいくらでも内側に進むことができるので、最適解は楕円群の中心（図では黒丸）になります。

このように、制約条件が不等式の場合は、最適解が制約条件を占める領域の境界線になる場合と内部になる場合とがあるのですが、これらを統一的に表現する方法はないか考えます。

式04-11bの最適解は**式04-10**の最適解と同じなので

$$\nabla f_1 = -\lambda \nabla g_1$$

を満たす点です。一方で**式04-11a**の最適解は、制約条件を無視してf_2を最小化した

ときの最適解と同じなので

$$\nabla f_2 = \mathbf{0}$$

を満たします。

$f_1(x,y)$の等高線と$g_1(x,y)=0$が接するときに、その接点で∇f_1と∇g_1はちょうど逆の方向を向いています。つまり

$$\nabla f_1 = -\lambda \nabla g_1 \quad (\lambda > 0)$$

で表されます。一方で$f_2(x,y)$の等高線と$g_2(x,y)=0$が接するときのその接点では、∇f_2と∇g_2は同じ方向を向いています。つまり一般の2変数最適化問題

$$\begin{array}{ll} \text{Minimize} & f(x,y) \\ \text{Subject to} & g(x,y) \leq 0 \end{array}$$

を解くためには、

$$\nabla f(x,y) = -\lambda \nabla g(x,y) \quad (\lambda > 0)$$

となるようなx, y, λを見つけることができればそのx, yが最適解になり、そうでなければ最適解は領域$g(x,y) \leq 0$の内部にあるので、制約式を無視した最適化として

$$\nabla f = 0$$

を解けばいいということになります。ここでも次のような関数を考えます。

$$L(x,y,\lambda) = f(x,y) + \lambda g(x,y)$$

すると、最適化問題を解くための条件は次のようになります。

$$\begin{aligned} \nabla L(x,y,\lambda) &= \mathbf{0} \\ \lambda g(x,y) &= 0 \\ \lambda &\geq 0 \\ g(x,y) &\leq 0 \end{aligned}$$

この条件が今までの考察と一致するか見てみます。まず$\lambda g(x,y)=0$により、λと$g(x,y)$のどちらか一方が0ということになるので、場合分けして考えます。

もし$\lambda = 0$だとすると、$L(x, y, \lambda) = f(x, y)$となるので、$g(x, y) \leq 0$の範囲で$\nabla f(x, y) = 0$となる点を求めることになります。一方、もし$g(x, y) = 0$ならば、点$(x, y)$は制約を表す領域の境界線上にあることになり、$\nabla L(x, y, \lambda) = \mathbf{0}$はつまり$\nabla f(x, y) = -\lambda \nabla g(x, y)$ということであり、これを$\lambda > 0$の範囲で求めることになります。両方の場合において、前述の考察と一致することが確認できました。

このような解法も**ラグランジュ未定乗数法**と呼ばれ、Lは**ラグランジュ関数**、λは**ラグランジュ乗数**と呼ばれます。また、ここで出てくる制約条件

$$\lambda g(x, y) = 0, \quad \lambda \geq 0, \quad g(x, y) \leq 0$$

は、考案者の3人の名前をとってKarush-Kuhn-Tucker（カルシュ・クーン・タッカー）条件と呼ばれています。以降は略して**KKT条件**と呼ぶことにします。

以上では2変数関数の具体例を示すことで直感的な説明をしてきましたが、ラグランジュ未定乗数法は一般の多変数関数の場合にも考えることができます。また、制約条件は1つでなくてもよく、等式制約と不等号制約が混在する場合にも考えることができます。今までの問題の一般化として、n変数のなめらかな関数f、$g_1, \ldots, g_l$、$h_1, \ldots, h_m$が与えられたときに次の問題を考えます。

$$\begin{aligned}
\text{Minimize} \quad & f(\boldsymbol{x}) \\
\text{Subject to} \quad & g_1(\boldsymbol{x}) = 0 \\
& g_2(\boldsymbol{x}) = 0 \\
& \vdots \\
& g_l(\boldsymbol{x}) = 0 \\
& h_1(\boldsymbol{x}) \leq 0 \\
& h_2(\boldsymbol{x}) \leq 0 \\
& \vdots \\
& h_m(\boldsymbol{x}) \leq 0
\end{aligned} \qquad \text{式04-12}$$

このときのラグランジュ関数を次で定義します。

$$\begin{aligned}
L(\boldsymbol{x}, \boldsymbol{\lambda}, \boldsymbol{\mu}) = f(\boldsymbol{x}) + \lambda_1 g_1(\boldsymbol{x}) + \lambda_2 g_2(\boldsymbol{x}) + \cdots \\
+ \lambda_l g_l(\boldsymbol{x}) + \mu_1 h_1(\boldsymbol{x}) + \mu_2 h_2(\boldsymbol{x}) + \cdots + \mu_1 h_1(\boldsymbol{x})
\end{aligned}$$

ただし、ここで新しい変数$\boldsymbol{\lambda} = (\lambda_1, \ldots, \lambda_l)^T$、$\boldsymbol{\mu} = (\mu_1, \ldots, \mu_m)^T$を導入しました。

このとき**式04-12**の最適解を$\boldsymbol{x}^*$とすると、次を満たすような$\boldsymbol{\lambda}$、$\boldsymbol{\mu}$が存在します。

$$\begin{aligned}&\nabla L(\boldsymbol{x}, \boldsymbol{\lambda}, \boldsymbol{\mu}) = \mathbf{0},\\&\mu_1 h_1(\boldsymbol{x}^*) = 0,\ \mu_2 h_2(\boldsymbol{x}^*) = 0,\ \mu_l h_l(\boldsymbol{x}^*) = 0,\\&\mu_1 \geq 0,\ \mu_2 \geq 0,\ \mu_l \geq 0,\\&h_1(\boldsymbol{x}^*) \leq 0,\ h_2(\boldsymbol{x}^*) \leq 0,\ h_m(\boldsymbol{x}^*) \leq 0\end{aligned}$$

式04-13

これは必要条件であることに注意してください。つまりもし最適解$\boldsymbol{x}^*$が存在するならば必ず**式04-13**を満たすということに過ぎず、**式04-13**を満たす$\boldsymbol{x}^*$を見つけたとしてもそれが最適解であるかどうかはわかりません。最適解であることを確認するには、さらにヘッセ行列などを計算することになるのですが、ここではその説明は省略します。

04-09 統計

統計基本量

データの分布の状況を要約して示す数値を統計基本量といいます。特によく使われるのは平均値です。データとして

$$x_1, x_2, \ldots, x_n$$

が与えられたとします。このとき平均値$\bar{x}$は次で定義されます。

$$\bar{x} = \frac{1}{n}\sum_{i=1}^{n} x_i$$

次に分散と標準偏差を定義します。分散とは次で表されます。

$$\sigma^2 = \frac{1}{n}\sum_{i=1}^{n}(x_i - \bar{x})^2$$

この正の平方根が標準偏差σです。つまり

$$\sigma = \sqrt{\frac{1}{n}\sum_{i=1}^{n}(x_i - \bar{x})^2}$$

が標準偏差です。標準偏差（分散）の定義を見ると、式の中に平均値からの差の2乗があります。これはつまり平均値からどのくらい離れているかを示しており、2乗により常に正になります。その平均をとることでデータが平均値からどのくらい広がっているか、つまりデータがどのくらい散らばっているかを示す指標が標準偏差だということができます。

では実際に計算してみます。気象庁のホームページから入手した、2018年4月の東京の最高気温を使って実験してみます。

気象庁|過去の気象データ・ダウンロード
https://www.data.jma.go.jp/gmd/risk/obsdl/index.php

List fundstats1.py

```
import numpy as np

# 2018年4月の東京の最高気温（日別）
x = np.array([21.9, 24.5, 23.4, 26.2, 15.3, 22.4, 21.8, 16.8,
              19.9, 19.1, 21.9, 25.9, 20.9, 18.8, 22.1, 20.0,
              15.0, 16.0, 22.2, 26.4, 26.0, 28.3, 18.7, 21.3,
              22.5, 25.0, 22.0, 26.1, 25.6, 25.7])

m = x.sum() / len(x) ❶
s = np.sqrt(((x - m)**2).sum() / len(x)) ❷
print("平均値:{:.4f}".format(m))
print("標準偏差:{:.4f}".format(s))
```

実行結果

```
平均値:22.0567
標準偏差:3.4908
```

❶では平均値を計算しています。x.sum()が要素の和で、len(x)が要素数なので、これで平均の計算ができます。

❷では標準偏差の計算をしています。x - mはブロードキャストによりxの各要素からmを引きます。それに対して**2をしていますが、これもブロードキャストで各要素を2乗し、その.sum()をとっているので全要素の和をとっています。つまり((x - m)**2).sum()は、標準偏差の定義では$\sum_{i=1}^{n}(x_i - \bar{x})^2$にあたるものです。それを要素数で割って非負平方根をとっているので、標準偏差を計算できます。分散は標準偏差を2乗したものなので、データの散らばりを示すという点ではどちらを使ってもかまいません。

ここでは定義式の確認のためわざと面倒な手段をとりましたが、実は平均も標準偏差もよく使う計算なので配列のメソッドとして標準で用意されています。平均と標準偏差をとるメソッドはそれぞれmeanとstdです。したがって、fundstats1.pyの❶と❷を次のように書き換えても同じ結果になります。

```
m = x.mean()
s = x.std()
```

次に共分散ついて説明します。次のようにn個の組がデータとして与えられたとします。

$$(x_1, y_1), (x_2, y_2), \ldots, (x_n, y_n)$$

ここでx_iとy_iの系列をそれぞれベクトルとみて

$$\boldsymbol{x} = (x_1, x_2, \ldots, x_n)^T, \boldsymbol{y} = (y_1, y_2, \ldots, y_n)^T$$

とおくことにします。このとき$\boldsymbol{x}$と$\boldsymbol{y}$の共分散は次の式で定義されます。

$$\sigma_{\boldsymbol{xy}} = \frac{1}{n}\sum_{i=1}^{n}(x_i - \bar{x})(y_i - \bar{y})$$

ただしここで$\bar{x}$は$\boldsymbol{x}$の平均値であり、$\bar{y}$は$\boldsymbol{y}$の平均値です。式の対称性により$\sigma_{\boldsymbol{xy}} = \sigma_{\boldsymbol{yx}}$が成り立ちます。また、共分散の定義は分散の定義の自然な拡張になっています。実際$\boldsymbol{y}$のところに$\boldsymbol{x}$を入れてみると

$$\begin{aligned}\sigma_{\boldsymbol{xx}} &= \frac{1}{n}\sum_{i=1}^{n}(x_i-\bar{x})(x_i-\bar{x})\\ &= \frac{1}{n}\sum_{i=1}^{n}(x_i-\bar{x})^2\\ &= \sigma_{\boldsymbol{x}}^2\end{aligned}$$

となります。ここで$\boldsymbol{x}$の分散を$\sigma_{\boldsymbol{x}}^2$と書いています。

共分散は2つの数の相関を表しています。もし「x_iが大きければy_iも大きく、x_iが小さければy_iも小さい」という傾向があれば、$x_i-\bar{x}$と$y_i-\bar{y}$は同時に正、もしくは同時に負になることが多くなり、つまりそれらの積は正になることが多くなります。よって、そのような傾向があれば共分散は大きくなる傾向があります。

一方で「x_iが大きければy_iは小さく、x_iが小さければy_iは大きい」という傾向があれば、共分散は負の小さい値になる傾向があります。

$\boldsymbol{x}$や$\boldsymbol{y}$の散らばりが大きいと共分散も大きくなるという傾向があるので、純粋に相関だけを見たいときは、共分散を$\boldsymbol{x}$と$\boldsymbol{y}$の標準偏差で割ったものを考えることが多いです。この値、つまり

$$\frac{\sigma_{\boldsymbol{xy}}}{\sigma_{\boldsymbol{x}}\sigma_{\boldsymbol{y}}}$$

は相関係数と呼ばれ、1から-1までの値をとることが知られています。

それでは共分散を実際に計算してみます。ここでは前述の気象庁データを用いて、2018年5月の東京の最高気温と札幌の最高気温の共分散と相関係数を計算してみます。

List fundstats2.py

```
import numpy as np

# 2018年4月の東京の最高気温（日別）
x = np.array([21.9, 24.5, 23.4, 26.2, 15.3, 22.4, 21.8, 16.8,
              19.9, 19.1, 21.9, 25.9, 20.9, 18.8, 22.1, 20.0,
              15.0, 16.0, 22.2, 26.4, 26.0, 28.3, 18.7, 21.3,
              22.5, 25.0, 22.0, 26.1, 25.6, 25.7])
# 2018年4月の札幌の最高気温（日別）
y = np.array([8.3, 13.0, 8.4, 7.9, 7.0, 3.7, 6.1, 8.5, 8.6,
              11.9, 12.1, 14.4, 7.0, 10.5, 6.6, 10.6, 16.6,
```

```
                    19.1, 20.1, 19.8, 24.5, 12.6, 16.4, 13.0, 13.3,
                    14.1, 14.4, 17.0, 21.3, 24.5])


mx = x.sum() / len(x)
my = y.sum() / len(y)
sx = np.sqrt(((x - mx)**2).sum() / len(x))
sy = np.sqrt(((y - my)**2).sum() / len(y))
sxy = ((x - mx) * (y - my)).sum() / len(x)  ❶
print("東京の最高気温の標準偏差:{:4f}".format(sx))
print("札幌の最高気温の標準偏差:{:4f}".format(sy))
print("共分散:{:4f}".format(sxy))
print("相関係数:{:4f}".format(sxy / (sx * sy)))
```

実行結果

```
東京の最高気温の標準偏差:3.490815
札幌の最高気温の標準偏差:5.425414
共分散:5.487211
相関係数:0.289729
```

共分散の計算をしているのが❶です。

各系列のデータと共分散を同時に考えたいことがあります。そのときに考えるのが共分散行列と呼ばれるものです。$\boldsymbol{x}$ と $\boldsymbol{y}$ の共分散行列は次で与えられます。

$$\Sigma = \begin{pmatrix} \sigma_{\boldsymbol{xx}} & \sigma_{\boldsymbol{xy}} \\ \sigma_{\boldsymbol{yx}} & \sigma_{\boldsymbol{yy}} \end{pmatrix} = \begin{pmatrix} \sigma_{\boldsymbol{x}}^2 & \sigma_{\boldsymbol{xy}} \\ \sigma_{\boldsymbol{xy}} & \sigma_{\boldsymbol{y}}^2 \end{pmatrix}$$

共分散行列は一般に m 個のデータの系列

$$\begin{aligned} \boldsymbol{x}_1 &= (x_{11}, x_{12}, \ldots, x_{1n})^T \\ \boldsymbol{x}_2 &= (x_{21}, x_{22}, \ldots, x_{2n})^T \\ &\vdots \\ \boldsymbol{x}_m &= (x_{m1}, x_{m2}, \ldots, x_{mn})^T \end{aligned}$$

についても考えることができて、次で定義されます。

$$\Sigma = \begin{pmatrix} \sigma_{\boldsymbol{x}_1\boldsymbol{x}_1} & \sigma_{\boldsymbol{x}_1\boldsymbol{x}_2} & \cdots & \sigma_{\boldsymbol{x}_1\boldsymbol{x}_m} \\ \sigma_{\boldsymbol{x}_2\boldsymbol{x}_1} & \sigma_{\boldsymbol{x}_2\boldsymbol{x}_2} & \cdots & \sigma_{\boldsymbol{x}_2\boldsymbol{x}_m} \\ \vdots & \vdots & \ddots & \vdots \\ \sigma_{\boldsymbol{x}_m\boldsymbol{x}_1} & \sigma_{\boldsymbol{x}_m\boldsymbol{x}_2} & \cdots & \sigma_{\boldsymbol{x}_m\boldsymbol{x}_m} \end{pmatrix}$$

共分散の性質により$\sigma_{\boldsymbol{x}_i\boldsymbol{x}_j} = \sigma_{\boldsymbol{x}_j\boldsymbol{x}_i}$なので、この行列は対称行列になります。

正規分布と確率密度関数

確率的にさまざまな値をとる変数を**確率変数**と呼びます。通常確率変数はXのような大文字で表します。確率変数Xがある値をとる確率は

$$P(\,X\text{についての条件}\,)$$

で表されます。例えばサイコロを振って出る目をXとすると、

$$P(X = 1) = \frac{1}{6}$$

となります。これはつまりサイコロを振って1の目が出る確率が$\frac{1}{6}$であることを示しています。またカッコの中は等式である必要はなく、例えば

$$P(X \leq 2) = \frac{1}{3}$$

です。これはサイコロを振ったときの目が2以下になる確率、つまり目が1または2になる確率になりますので、$\frac{1}{6} + \frac{1}{6} = \frac{1}{3}$になります。サイコロの目のように飛び飛びの値をとる確率変数を離散型確率変数と呼びます。離散型確率変数では、確率変数がとりうるすべての値について確率の和をとると1になります。つまりサイコロの目については

$$P(X = 1) + P(X = 2) + P(X = 3) + P(X = 4) + P(X = 5) + P(X = 6) = 1$$

が成り立ちます。

サイコロの目の一般化として離散一様分布というものを考えることができます。確率変数Xが1からnまでの整数値をとりえて、しかもそれぞれの確率が$\frac{1}{n}$であるものを

離散一様分布と呼びます。つまりn個の目があるサイコロや、n個の数字が書いたルーレットなどをイメージするとよいでしょう。すべての値についての確率の和を考えると

$$\sum_{i=1}^{n} P(X=i) = \sum_{i=1}^{n} \frac{1}{n} = n \times \frac{1}{n} = 1$$

であるので、確かに確率変数としての要件は満たしています。

ここで次のような関数を考えます。

$$f(x) = \frac{1}{\sqrt{2\pi}\sigma} \exp\left\{-\frac{(x-\mu)^2}{2\sigma^2}\right\} \quad \text{式04-14}$$

ただしここでπは円周率です。これは正規分布と呼ばれる関数で統計でよく使われる関数です。この分布に従う確率変数をXとし、この確率を考えます。また上記の関数で表される確率分布は$\mathcal{N}(\mu, \sigma)$で表すこともあり、Xがその分布に従うことを

$$X \sim \mathcal{N}(\mu, \sigma)$$

と書くこともあります。Xが正規分布に従う場合、あるaに対して$P(X=a)$というものを考えるとこれは常に0になります。一方$a<b$となるa、bに対して$P(a \leq X \leq b)$というものを考えると

$$P(a \leq X \leq b) = \int_a^b f(x)dx$$

となります。このように、ある範囲の値をとる確率がその積分で計算できるような関数を確率密度関数と呼びます。

サイコロのケースで、すべてのありえる事象の確率の和にあたるものはここでは$-\infty$から∞の積分であり、計算は省略しますが、実は

$$\int_{-\infty}^{\infty} f(x)dx = 1 \quad \text{式04-15}$$

が成り立つことが知られています。ただしここで$-\infty$から∞の積分というのは

$$\int_{-\infty}^{\infty} f(x)dx = \lim_{\substack{a\to-\infty \\ b\to\infty}} \int_a^b f(x)dx = \lim_{a\to-\infty}\left(\lim_{b\to\infty}\int_a^b f(x)dx\right)$$

により定義されます。

$$\int_{-\infty}^{b} f(x)dx$$

や

$$\int_{a}^{-\infty} f(x)dx$$

も、同様に不定積分の極限として定義することができます。

SciPyには、正規分布の確率密度関数を計算する関数scipy.stats.norm.pdfがあります。それを使って正規分布のグラフを描画してみます。

List **normdist.py**

```
import numpy as np
import matplotlib.pyplot as plt
from scipy.stats import norm

x = np.linspace(-5, 5)
y = norm.pdf(x) ❶
plt.plot(x, y, color="r")
plt.show()
```

実行結果

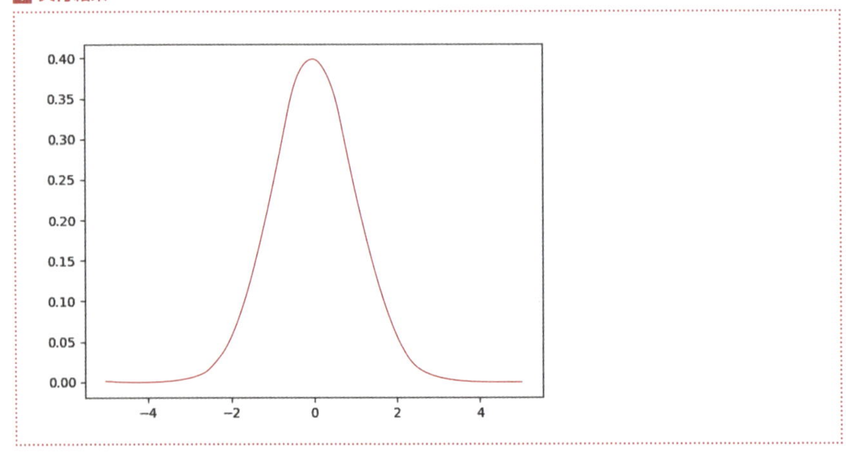

これの実行結果は上記のように釣り鐘型になります。❶の関数norm.pdfは、**式04-14**について、$\mu=1$、$\sigma=1$として関数fの値を計算します。μとσの値を指定したいときには、それぞれlocとscaleという引数で指定します。例えば$\mu=1$、$\sigma=2$のときを計算したいときは❶を

```
y = norm.pdf(x, loc=1, scale=2)
```

と書き換えます。

では次に正規分布に従う確率変数Xがある範囲[a,b]に入る確率$P(a \leq X \leq b)$は、どのように計算すればいいでしょう。その説明をする前に、まず累積分布関数を定義します。累積分布関数とは、正規分布に限定せず一般の確率分布関数fに対して定義できる概念であり、

$$F(x) = \int_{-\infty}^{x} f(t)dt$$

で定義されます。つまり確率分布がfに従う確率変数をXとすると

$$F(x) = P(X \leq x)$$

となります。

SciPyには正規分布の累積分布関数を計算する関数scipy.stats.norm.cdfがあるので、正規分布に従う確率変数Xについて$P(a \leq X \leq b)$を計算するにはこれを利用します。

$$\begin{aligned} P(a \leq X \leq b) &= \int_{a}^{b} f(x)dx \\ &= \int_{-\infty}^{b} f(x)dx - \int_{-\infty}^{a} f(x)dx \\ &= F(b) - F(a) \end{aligned}$$

であることを利用すると計算できます。実際に$\mu=1$、$\sigma=1$のときの$P(-1 \leq X \leq 1)$を計算してみます。

norm.cdf関数の実行

```
>>> from scipy.stats import norm
>>> norm.cdf(1) - norm.cdf(-1)
0.6826894921370859
```

ここで出てくるnorm.cdfも、pdfと同様にlocとscaleによりμとσを指定できます。

正規分布はよく使われる分布で、実世界には近似的に正規分布に従うことがらも多いです。そのことを実感するために「n個のコインを同時に投げて表になったものの数」という確率変数を考えます。これはnを大きくしていくと正規分布に近づきます。そのことを実験で確認してみます。

List cointoss.py

```
import numpy as np
import matplotlib.pyplot as plt


def cointoss(n, m):   # n個のコインを投げることをm回繰り返し、結果をリストで返す
    l = []
    for _ in range(m):
        r = np.random.randint(2, size=n)
        l.append(r.sum())
    return l


np.random.seed(0)
fig, axes = plt.subplots(1, 2)

l = cointoss(100, 1000000)
axes[0].hist(l, range=(30, 70), bins=50, color="k")
l = cointoss(10000, 1000000)
axes[1].hist(l, range=(4800, 5200), bins=50, color="k")
plt.show()
```

実行結果

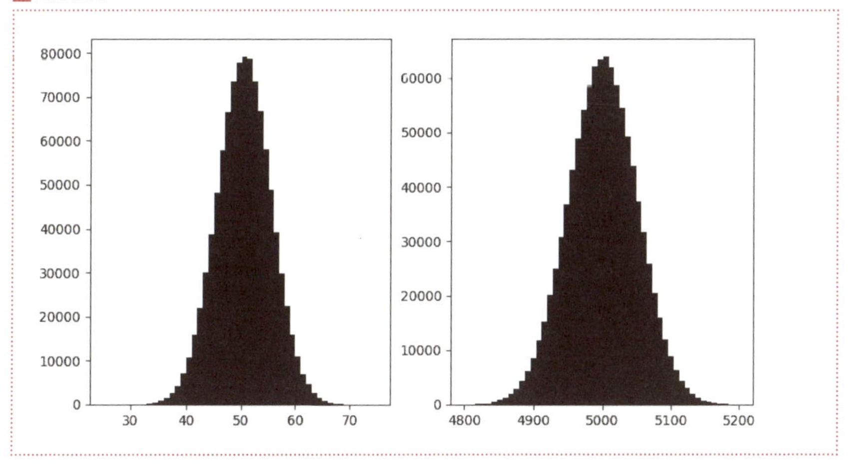

これは「100個のコインを投げて表の数を数えること」を100万回やったときの表の数の分布と、「10000個のコインを投げて表の数を数えること」を100万回やったときの表の数の分布を表しています。両方とも形が正規分布に似ていることが確認できると思います。このコインの数を無限に大きくした極限が正規部分になります。

投げるコインの数が大きくなっていくと、「表の数は〜である」という予想をぴったり当てるのがどんどん難しくなり、コインの数が増えれば増えるほど表の出る数をぴったり当てられる確率は0に近づきます。このことは、正規分布で定数aについて$P(X = a) = 0$であることに対応しています。

確率変数についての平均と分散を説明します。確率変数Xについて、平均(期待値)は$E(X)$で表され、Xが離散型で全事象が$A = \{a_1, \ldots, a_n\}$のときは次で与えられます。

$$E(X) = \sum_{i=1}^{n} a_i P(X = a_i)$$

また、連続型のときは次のように定義されます。

$$E(X) = \int_{-\infty}^{\infty} P(X = x) dx$$

確率変数の値を取り出すということを何度も繰り返したときの値の平均は、取り出す回数を増やしていくと、この$E(X)$に近づきます。

平均については次のような線形性が成り立ちます。ただし、ここでXとYは確率変数とし、$k \in \mathbb{R}$とします。

$$
\begin{aligned}
E(X+Y) &= E(X)+E(Y) \\
E(kX) &= kE(X)
\end{aligned}
\quad \text{式04-16}
$$

次に分散を定義します。分散$V(X)$は次で定義されます。

$$V(X) = E\left((X - E(X))^2\right)$$

これは離散型と連続型で共通の定義です。$V(X)$は、確率変数の値を取り出すことを続けたときの値のばらつきを表しています。分散については、次の重要な性質があります。

$$V(X) = E(X^2) - (E(X))^2$$

これは**式04-16**を使って次のように証明できます。

$$
\begin{aligned}
E\left((X - E(X))^2\right) &= E\Big(X^2 - 2E(X)\cdot X + \big(E(X)\big)^2\Big) \\
&= E(X^2) - E(2E(X)\cdot X) + \big(E(X)\big)^2 \\
&= E(X^2) - 2E(X)\cdot E(X) + \big(E(X)\big)^2 \\
&= E(X^2) - 2\big(E(X)\big)^2 + \big(E(X)\big)^2 \\
&= E(X^2) - \big(E(X)\big)^2
\end{aligned}
$$

それでは具体的な例について平均と分散を求めてみます。一様離散分布を考えると、平均は次のようになります。

$$
\begin{aligned}
E(X) &= \sum_{i=1}^{n}\left(i \cdot \frac{1}{n}\right) \\
&= \frac{1}{n}\sum_{i=1}^{n} i \\
&= \frac{1}{n}\cdot\frac{1}{2}n(n+1) \\
&= \frac{1}{2}(n+1)
\end{aligned}
$$

次に分散を計算します。

$$
\begin{aligned}
V(X) &= E(X^2) - \left(E(X)\right)^2 \\
&= \sum_{i=1}^{n}\left(i^2 \cdot \frac{1}{n}\right) - \left(\frac{1}{2}(n+1)\right)^2 \\
&= \frac{1}{n} \cdot \frac{1}{6}n(n+1)(2n+1) - \left(\frac{1}{2}(n+1)\right)^2 \\
&= \frac{1}{12}(n+1)(n-1)
\end{aligned}
$$

となります。特にサイコロの場合を考えるとn=6にあたるので、平均は$\frac{7}{2}$=3.5、分散は$\frac{2}{3} \approx 0.67$となります。

次に正規分布について平均と分散を計算します。以下でfは**式04-14**で定義されたものとします。**式04-15**という性質に気をつけて、平均を計算します。

$$
\begin{aligned}
E(X) &= \int_{-\infty}^{\infty} xf(x)dx \\
&= \int_{-\infty}^{\infty} \{(x-\mu)+\mu\} f(x)dx \\
&= \int_{-\infty}^{\infty} (x-\mu)f(x)dx + \mu\int_{-\infty}^{\infty} f(x)dx \\
&= \int_{-\infty}^{\infty} (x-\mu)\frac{1}{\sqrt{2\pi}\sigma}\exp\left\{-\frac{(x-\mu)^2}{2\sigma^2}\right\}dx + \mu
\end{aligned}
\qquad \text{式04-17}
$$

ここで

$$
\begin{aligned}
f'(x) &= \frac{1}{\sqrt{2\pi}\sigma}\exp\left\{-\frac{(x-\mu)^2}{2\sigma^2}\right\} \times \left\{-\frac{(x-\mu)^2}{2\sigma^2}\right\}' \\
&= -\frac{x-\mu}{\sigma^2} \cdot \frac{1}{\sqrt{2\pi}\sigma}\exp\left\{-\frac{(x-\mu)^2}{2\sigma^2}\right\} \\
&= -\frac{x-\mu}{\sigma^2}f(x)
\end{aligned}
$$

であるので、この式を**式04-17**に代入すると

$$
\begin{aligned}
E(X) &= \int_{-\infty}^{\infty} -\sigma^2 f'(x)dx + \mu \\
&= \Big[-\sigma^2 f(x)\Big]_{\infty}^{\infty} + \mu \\
&= \mu
\end{aligned}
$$

となります。ここで

$$\lim_{x \to -\infty} f(x) = \lim_{x \to \infty} = 0$$

を使いました。

次に分散を計算してみます。

$$\begin{aligned} V(X) &= E\bigl((X-\mu)^2\bigr) \\ &= \int_{-\infty}^{\infty} (x-\mu)^2 f(x) dx \end{aligned} \tag{式04-18}$$

となりますが、ここで

$$\begin{aligned} ((x-\mu)f(x))' &= f(x) + (x-\mu)f'(x) \\ &= f(x) - \frac{(x-\mu)^2}{\sigma^2} f(x) \end{aligned}$$

であるので、

$$(x-\mu)^2 f(x) = \sigma^2 f(x) - \sigma^2 \left((x-\mu)f(x)\right)'$$

となります。これを**式04-18**に代入すると以下のようになります。

$$\begin{aligned} V(X) &= \int_{-\infty}^{\infty} \left\{\sigma^2 f(x) - \sigma^2 \left((x-\mu)f(x)\right)'\right\} dx \\ &= \sigma^2 \int_{-\infty}^{\infty} f(x)dx - \sigma^2 \int_{-\infty}^{\infty} \left((x-\mu)f(x)\right)' dx \\ &= \sigma^2 - \Bigl[(x-\mu)f(x)\Bigr]_{-\infty}^{\infty} \\ &= \sigma^2 \end{aligned}$$

ただしここで

$$\lim_{x \to \infty} (x-\mu)f(x) = \lim_{x \to -\infty} (x-\mu)f(x) = 0$$

であることを使いました。以上から**式04-14**で表される正規分布の平均はμであり、分散はσ^2であることがわかりました。

第05章

機械学習アルゴリズム

本章では典型的な機械学習のアルゴリズムをいくつか紹介し、その動作原理を説明します。また、それらを実装し動かしてみて動作を確認します。

05-01 準備

この節では機械学習のアルゴリズムを実装するにあたって、必要な用語や記法についての準備をします。

入力データについて

教師あり学習において、訓練データは入力訓練データと出力訓練データによって構成されます。入力訓練データは行列として与えられ、出力訓練データはベクトルとして与えられます。入力訓練データの行列のi行目の成分と、出力訓練データのベクトルのi番目の要素が対応しています。つまり、入力訓練データが

$$\boldsymbol{X} = \begin{pmatrix} x_{11} & x_{12} & \cdots & x_{1d} \\ x_{21} & x_{22} & \cdots & x_{2d} \\ \vdots & \vdots & \ddots & \vdots \\ x_{n1} & x_{n2} & \cdots & x_{nd} \end{pmatrix}$$

で与えられ、出力訓練データが

$$\boldsymbol{y} = \begin{pmatrix} y_1 \\ y_2 \\ \vdots \\ y_n \end{pmatrix}$$

で与えられたとすると、

$$\begin{pmatrix} x_{i1} & x_{i2} & \cdots & x_{id} \end{pmatrix} \text{ と } y_i$$

が対応していることになります。このことから当然$\boldsymbol{X}$の行数と$\boldsymbol{y}$のサイズは一致していないといけません。

このように、$\boldsymbol{X}$からi行目と$\boldsymbol{y}$からi個目を取り出したものを**サンプル**と呼ぶこと

にします。例えばこの章では後にワインのデータを扱い品質の予測を行いますが、訓練データの各サンプルはそれぞれのワインに対応しています。このようにサンプルは調査対象の個体に対応しています。以下サンプル数をnとし、サンプルあたりの特徴量の次元をdとします。つまり$\boldsymbol{X}$のサイズは$n \times d$となり、$\boldsymbol{y}$のサイズはnとなります。

アルゴリズムについて数式を用いて説明するときに、データ行列$\boldsymbol{X}$を扱うのではなく各サンプルに注目したいときがあります。その場合、行列$\boldsymbol{X}$のi行目を縦ベクトルにしたものを$\boldsymbol{x}_i$と表記することにします。つまり$\boldsymbol{x}_i$は次で表されます。

$$\boldsymbol{x}_i = \begin{pmatrix} x_{i1} \\ x_{i2} \\ \vdots \\ x_{id} \end{pmatrix}$$

このことはつまり、$\boldsymbol{X}$をブロック行列表示すると次のようになるということです。

$$\boldsymbol{X} = \begin{pmatrix} \boldsymbol{x}_1^T \\ \boldsymbol{x}_2^T \\ \vdots \\ \boldsymbol{x}_n^T \end{pmatrix}$$

アルゴリズムの中では次のようなx_iの線形和(重み付き和)を考えたいことがよくあります。

$$w_1 x_{i1} + w_2 x_{i2} + \cdots + w_d x_{id}$$

これは$\boldsymbol{w} = (w_1, w_2, \cdots, w_d)^T$を使うと、次のように書くことができます。

$$\boldsymbol{w}^T \boldsymbol{x}_i$$

一方で同じ線形和でも、次のように定数項を含めて考えたいことがあります。

$$w_0 + w_1 x_{i1} + w_2 x_{i2} + \cdots w_d x_{id}$$

これも定数項がない場合と同じように簡潔に表記したいと思います。ここで、d次元ベクトル$\boldsymbol{v}$について、その一番上に1を要素として追加したベクトルを$\tilde{\boldsymbol{v}}$と書くこ

とにします※5-1。$\tilde{\boldsymbol{v}}$は$d+1$次元になります。つまり、

$$\boldsymbol{v} = \begin{pmatrix} v_1 \\ v_2 \\ \vdots \\ v_d \end{pmatrix}$$

のとき

$$\tilde{\boldsymbol{v}} = \begin{pmatrix} 1 \\ v_1 \\ v_2 \\ \vdots \\ v_d \end{pmatrix}$$

と定義します。

今度は$\boldsymbol{w} = (w_0, w_1, \ldots, w_d)^T$だとすると、定数項付きの線形和は次のように表されます。

$$w_0 + w_1 x_{i1} + w_2 x_{i2} + \cdots w_d x_{id} = \boldsymbol{w}^T \tilde{\boldsymbol{x}}_i$$

定数項がない場合は$\boldsymbol{w} = (w_1, \ldots, w_d)^T$で定数項がある場合は$\boldsymbol{w} = (w_0, \ldots, w_d)^T$というのは混乱が懸念されるかもしれませんが、どちらを使うかはアルゴリズムによって決まっており、それに掛けられるベクトルにチルダ(波線)が付いているかどうかでどちらであるかは明らかです。

つまり$\boldsymbol{w}\boldsymbol{x}_i$と書いてあれば定数項なしで$\boldsymbol{w}$は$w_1$から始まり、$\boldsymbol{w}\tilde{\boldsymbol{x}}_i$と書いてあれば定数項ありで$\boldsymbol{w}$は$w_0$から始まるものだと判断してください。

線形和を$\boldsymbol{x}_1, \boldsymbol{x}_2, \ldots, \boldsymbol{x}_n$について同時に考えたいことがあります。定数項なしの場合は、次のように簡潔に表すことができます。

$$\begin{pmatrix} w_1 x_{11} + w_2 x_{12} + \cdots + w_d x_{1d} \\ w_1 x_{21} + w_2 x_{22} + \cdots + w_d x_{2d} \\ \vdots \\ w_1 x_{n1} + w_2 x_{n2} + \cdots + w_d x_{nd} \end{pmatrix} = \begin{pmatrix} \boldsymbol{w}^T \boldsymbol{x}_1 \\ \boldsymbol{w}^T \boldsymbol{x}_2 \\ \vdots \\ \boldsymbol{w}^T \boldsymbol{x}_n \end{pmatrix} = \boldsymbol{X}\boldsymbol{w}$$

※5-1 これは本書特有の記法で、あまり一般的ではないので注意してください。

これと同様に定数項ありの場合も簡潔に表すため、新しい記法を導入します。行列$\boldsymbol{X}$について、左に1列追加してその要素をすべて1としたものを$\tilde{\boldsymbol{X}}$とし、次のように定義します。

$$\tilde{\boldsymbol{X}} = \begin{pmatrix} 1 & x_{11} & x_{12} & \cdots & x_{1d} \\ 1 & x_{21} & x_{22} & \cdots & x_{2d} \\ \vdots & \vdots & \ddots & \vdots & \\ 1 & x_{n1} & x_{n2} & \cdots & x_{nd} \end{pmatrix}$$

つまり$\tilde{\boldsymbol{X}}$は$n \times (d+1)$行列になります。そうすると$\boldsymbol{w} = (w_0, \ldots, w_d)^T$について、$\tilde{\boldsymbol{x}}_i$の線形和を並べたものは次のように簡潔に表記できます。

$$\begin{pmatrix} w_0 + w_1 x_{11} + \cdots + w_d x_{1d} \\ w_0 + w_1 x_{21} + \cdots + w_d x_{2d} \\ \vdots \\ w_0 + w_1 x_{n1} + \cdots + w_d x_{nd} \end{pmatrix} = \begin{pmatrix} \boldsymbol{w}^T \tilde{\boldsymbol{x}}_1 \\ \boldsymbol{w}^T \tilde{\boldsymbol{x}}_2 \\ \vdots \\ \boldsymbol{w}^T \tilde{\boldsymbol{x}}_n \end{pmatrix} = \tilde{\boldsymbol{X}} \boldsymbol{w}$$

用語

今までは$\boldsymbol{X}$のことを入力訓練データ、$\boldsymbol{y}$のことを出力訓練データと呼んできました。しかし$\boldsymbol{X}$も$\boldsymbol{y}$も機械学習システムにとっての入力であり、それらに入力・出力という名前がついているのは混乱があるかもしれませんので、以下一般に使われている別の名前を使うことにします。

$\boldsymbol{X}$は教師あり学習と教師なし学習の両方で使われるもので、これを改めて**特徴量行列**と呼ぶことにします。$\boldsymbol{X}$の中のサンプル$\boldsymbol{x}_i$については**特徴量ベクトル**と呼ぶことにします。教師あり学習では訓練データは$\boldsymbol{X}$と$\boldsymbol{y}$であり、教師なし学習の訓練データは$\boldsymbol{X}$のみになります。

回帰とは、教師あり学習の中でも特に出力訓練データの値の大小に意味がある場合です。例えばワインの品質予測というタスクでは、特徴量としてワインの特徴を表すさまざまな数値が与えられ、出力訓練データとしてはワインの品質を表す数値が与えられます。この数値は高ければ高いほど品質がよいことを示し、数値の大小に意味を持ちます。回帰のときの出力訓練データを**ターゲット**と呼びます。

それに対して出力訓練データについて値の大小に意味がない場合には、**分類**というタスクになります。この場合の出力訓練データはラベルと呼ばれます。例えばP.6でも触れたあやめ花の分類データでは、特徴量として花の各部位を測定した数値が与えられ、出力訓練データとしては3種類のどの品種に属するかということが0、1、2のいずれかの数値で与えられます。この場合の分類を表す0、1、2の数値は、大小関係に意味を持たず、ただ種別を表しているだけです。このようなタスクは分類と呼ばれます。

インターフェース

教師あり学習については、特徴量を示す行列$\boldsymbol{X}$と、ターゲットまたはラベルを表すベクトル$\boldsymbol{y}$の組が訓練データとなります。機械学習アルゴリズムを実装したクラスがAlgorithmとして与えられているとすると一般的な手順は次のようになります。ただし、`X`と`y`には訓練データが入っていて、`X_test`には評価用のデータが入っているものとします。

```
model = Algorithm(parameters)         # インスタンス化
model.fit(X, y)                       # 学習
y_predicted = model.predict(X_test) # 評価用データについての予測値を取得
```

教師なし学習では特徴量のみが訓練データとして与えられます。教師なし学習のタスクとしては、クラスタリングと次元圧縮があります。

クラスタリングは点群のかたまりを見つけ出すタスクです。クラスタリングでの学習の結果は、各点がどのクラスタに属するかという識別データ(ラベル)になります。クラスタリングの処理の大まかな流れは、次のようになります。

```
model = Algorithm(parameters)  # インスタンス化
model.fit(X)                   # 学習
clusters = model.labels_       # ラベルの取得
```

教師なし学習なので、ここではfitの引数が特徴量行列Xのみであることに気をつけてください。

次元圧縮では多次元空間上の点群を、低次元空間に射影します。まずは点群からどの方向に射影すべきかを学習し、その後に新たに与えられた点群を射影するという流

れになります。次元圧縮の処理の流れは次のようになります。

```
model = Algorithm(parameters)  # インスタンス化
model.fit(X)                   # 学習
Z = model.transfer(X)          # 射影
```

05-02 回帰

まず次のような人工的データを考えます。

```
x = [1, 2, 4, 6, 7]
y = [1, 3, 3, 5, 4]
```

通常の機械学習に使うデータとしては十分な量ではありませんが、アルゴリズムの動きを可視化して確認するために、このような単純なデータを使っています。xを特徴量データ、yをターゲットとして考えます。これを散布図に表すと次のようになります。

Fig05-01 散布図の例

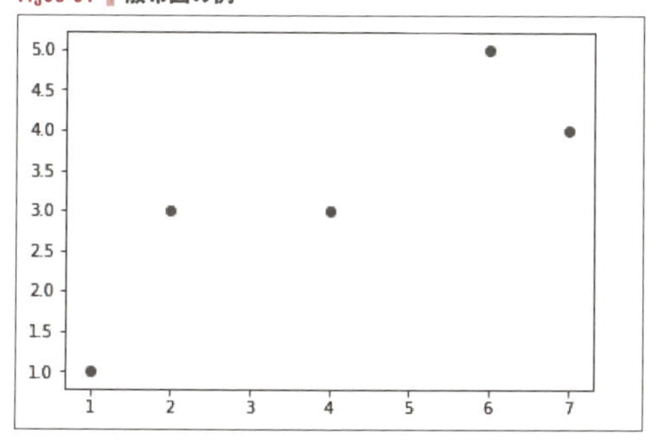

ではこれらの点群を、原点を通る直線$y = ax$で近似することを考えます。

原点を通る直線による近似

訓練データを次のように定義します。

$$\boldsymbol{x} = (x_1, \ldots, x_n)^T, \boldsymbol{y} = (y_1, \ldots, y_n)^T$$

$\boldsymbol{x}$は特徴量で、$\boldsymbol{y}$はターゲットです。これは特徴量行列$\boldsymbol{X}$が$n \times 1$行列である特別な場合で、そのため$\boldsymbol{X}$にあたるものを小文字の$\boldsymbol{x}$で表しています。

$\boldsymbol{x}$と$\boldsymbol{y}$の各要素はサンプルを示し、x_iに対応する出力値がy_iです。近似としてよく使われるのは最小二乗法という手法で、直線で近似したときの誤差の2乗の和を考え、それを最小化しようとします。つまり次のEを最小化します。

$$E = \sum_{i=1}^{n} (ax_i - y_i)^2$$

これを最小化するには、Eをaの関数だとみなしてaで微分した関数が0になる条件を考えます。

$$\begin{aligned} \frac{\partial E}{\partial a} &= \sum 2x_i(ax_i - y_i) \\ &= 2\left\{a \sum x_i^2 - \sum x_i y_i\right\} = 0 \\ \therefore \quad a &= \frac{\sum x_i y_i}{\sum x_i^2} = \frac{\boldsymbol{x}^T \boldsymbol{y}}{\|\boldsymbol{x}\|^2} \end{aligned}$$ 式05-01

では実際にこれを実装して可視化してみましょう。

List reg1dim1.py

```
import numpy as np
import matplotlib.pyplot as plt


def reg1dim1(x, y): ❶
    a = np.dot(x, y) / (x**2).sum() ❷
    return a


x = np.array([1, 2, 4, 6, 7])
```

```
y = np.array([1, 3, 3, 5, 4])
a = reg1dim1(x, y)

plt.scatter(x, y, color="k")
xmax = x.max()
plt.plot([0, xmax], [0, a*xmax], color="k")
plt.show()
```

実行結果

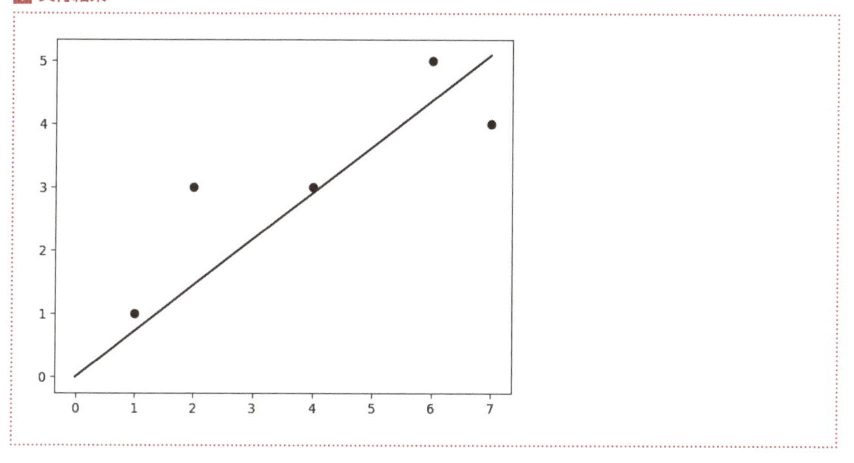

reg1dim1.pyでは❶の関数reg1dim1が回帰の計算をしている主要部分です。❷はパラメータaを推定していますが、これは**式05-01**に対応していて、np.dot(x,y)が$\boldsymbol{x}^T\boldsymbol{y}$を意味し、(x**2).sum()が$\|\boldsymbol{x}\|^2$を意味しています。実際x**2はブロードキャストにより各要素を2乗しており、それに.sum()を作用させているので、全体としては各要素を2乗してから要素の和を取ったことに対応します。

一般の直線による近似

上記の例では直線が必ず原点を通るという制約、つまり直線が$y = ax$で表されるという制約により近似の精度が抑えられています。よりよく近似するために原点を通るという制約をなくし、直線$y = ax + b$で近似してみます。

2乗誤差の和は次のようになります。

$$E = \sum_{i=1}^{n}(ax_i + b - y_i)^2$$

ここで同様に、Eをa, bの関数$E(a, b)$だと思って、∇E =0とします。

つまり$\frac{\partial E}{\partial a}$=0、$\frac{\partial E}{\partial b}$=0という$a$、$b$についての連立方程式を解きます。

$$\frac{\partial E}{\partial a} = 0$$

より

$$\sum_{i=1}^{n} x_i(ax_i + b - y_i) = 0 \qquad \text{式05-02}$$

また、

$$\frac{\partial E}{\partial b} = 0$$

より

$$\begin{aligned}
&\sum_{i=1}^{n}(ax_i + b - y_i) = \sum_{i=1}^{n} ax_i + \sum_{i=1}^{n} b - \sum_{i=1}^{n} y_i = 0 \\
&\therefore \quad b = \frac{1}{n}\sum_{i=1}^{n}(y_i - ax_i)
\end{aligned} \qquad \text{式05-03}$$

となります。これを**式05-02**の左辺に代入して次を得ます。

$$\begin{aligned}
\sum_{i=1}^{n} x_i(ax_i + b - y_i) &= a\sum_{i=1}^{n} x_i^2 + b\sum_{i=1}^{n} x_i - \sum_{i=1}^{n} x_i y_i \\
&= a\sum_{i=1}^{n} x_i^2 + \frac{1}{n}\sum_{i=1}^{n}(y_i - ax_i)\cdot\sum_{i=1}^{n} x_i - \sum_{i=1}^{n} x_i y_i \\
&= a\sum_{i=1}^{n} x_i^2 + \frac{1}{n}\sum_{i=1}^{n} x_i \sum_{i=1}^{n} y_i - \frac{a}{n}\sum_{i=1}^{n} x_i \sum_{i=1}^{n} x_i - \sum_{i=1}^{n} x_i y_i \\
&= a\left[\sum_{i=1}^{n} x_i^2 - \frac{1}{n}\left(\sum_{i=1}^{n} x_i\right)^2\right] + \frac{1}{n}\sum_{i=1}^{n} x_i \sum_{i=1}^{n} y_i - \sum_{i=1}^{n} x_i y_i
\end{aligned}$$

これが＝0なので、aについて解くと次のようになります。

$$a = \frac{\displaystyle\sum_{i=1}^{n} x_i y_i - \frac{1}{n}\sum_{i=1}^{n} x_i \sum_{i=1}^{n} y_i}{\displaystyle\sum_{i=1}^{n} x_i^2 - \frac{1}{n}\left(\sum_{i=1}^{n} x_i\right)^2} \quad \text{式05-04}$$

次にこれを実装して可視化してみます。

List reg1dim2.py

```
import numpy as np
import matplotlib.pyplot as plt


def reg1dim2(x, y):
    n = len(x)
    a = ((np.dot(x, y) - y.sum() * x.sum() / n) /  ❶
         ((x**2).sum() - x.sum()**2 / n))
    b = (y.sum() - a * x.sum()) / n  ❷
    return a, b


x = np.array([1, 2, 4, 6, 7])
y = np.array([1, 3, 3, 5, 4])
a, b = reg1dim2(x, y)

plt.scatter(x, y, color="k")
xmax = x.max()
plt.plot([0, xmax], [b, a * xmax + b], color="k")
plt.show()
```

実行結果

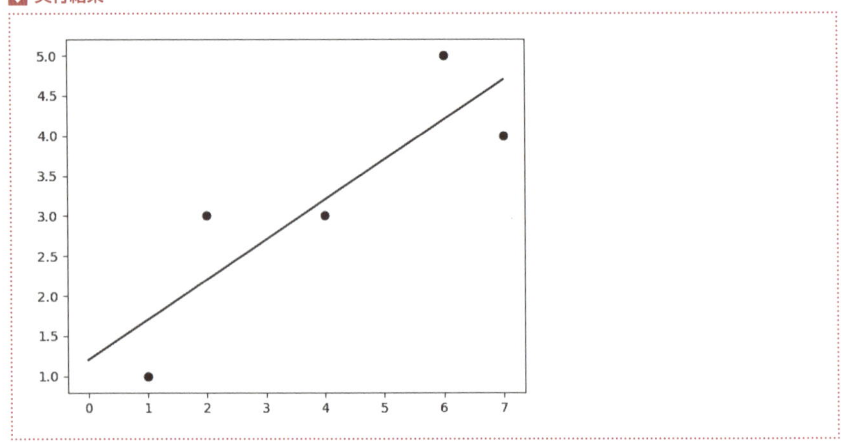

reg1dim2.pyでは、関数reg1dim2がアルゴリズムのメインです。❶では**式05-04**にもとづきaを計算しています。式とコードの対応は次のとおりです。

$\sum_{i=1}^{n} x_i y_i = \boldsymbol{x}^T \boldsymbol{y}$ → `np.dot(x,y)`

$\frac{1}{n} \sum_{i=1}^{n} x_i \sum_{i=1}^{n} y_i$ → `y.sum()*x.sum()/n`

$\sum_{i=1}^{n} x_i^2$ → `(x**2).sum()`

$\frac{1}{n} \left(\sum_{i=1}^{n} x_i \right)$ → `x.sum()**2 / n`

❷では**式05-03**にもとづきbを計算しています。ここでは$\frac{1}{n} \sum_{i=1}^{n} (y_i - a x_i)$ $= \left(\sum_{i=1}^{n} y_i - a \sum_{i=1}^{n} x_i \right) / n$として計算しています。

実行結果は原点を通らない直線になっており、点列に対する当てはめがreg1dim1.pyよりもよくなっていることがわかると思います。

特徴量ベクトルが多次元の場合

ここまでは、特徴量ベクトルが1次元である場合を見てきました。次はもっと一般に、特徴量ベクトルがd次元である場合について考えます。この場合、前述のように特徴量行列は$n \times d$行列$\boldsymbol{X}$で表されます。

一般次元の場合の**線形回帰**モデルは次のような式で表されます。

$$y = w_0 + w_1 x_1 + w_2 x_2 + \cdots + w_d x_d + \varepsilon \qquad \text{式05-05}$$

ここで$(x_0, \ldots, x_d)^T$は入力変数、$w_0, w_1, \ldots, w_d$はパラメータ、yはターゲットです。εはノイズを示します。特にd=1のときは前述の1次元のケースに相当し、w_0がbに、w_1がaに対応します。P.277で説明したように、ベクトル$\boldsymbol{x} = (x_1, x_2, \ldots, x_d)^T$に対して要素1を付加したベクトル$\tilde{\boldsymbol{x}}$を考え、ベクトル$\boldsymbol{w} = (w_0, w_1, \ldots, w_d)^T$と定義すると次のように表せます。

$$y = \boldsymbol{w}^T \tilde{\boldsymbol{x}}$$

次にこのモデルを実際のデータに当てはめてみます。P.279で説明したように$\boldsymbol{X}$に対応する$\tilde{\boldsymbol{X}}$を考えると、このときの当てはめは次のように表されます。

$$\hat{\boldsymbol{y}}(\boldsymbol{w}) = \tilde{\boldsymbol{X}} \boldsymbol{w}$$

この当てはめと、ターゲット$\boldsymbol{y}$との差の2乗の和$\|\boldsymbol{y} - \hat{\boldsymbol{y}}(\boldsymbol{w})\|^2$を最小化することを考えます。つまり次の値を最小化するような$\boldsymbol{w}$を求めます。

$$\begin{aligned} E(\boldsymbol{w}) &= \|\boldsymbol{y} - \tilde{\boldsymbol{X}}\boldsymbol{w}\|^2 \\ &= \left(\boldsymbol{y} - \tilde{\boldsymbol{X}}\boldsymbol{w}\right)^T \left(\boldsymbol{y} - \tilde{\boldsymbol{X}}\boldsymbol{w}\right) \\ &= \boldsymbol{y}^T\boldsymbol{y} - \boldsymbol{w}^T\tilde{\boldsymbol{X}}^T\boldsymbol{y} - \boldsymbol{y}^T\tilde{\boldsymbol{X}}\boldsymbol{w} + \boldsymbol{w}^T\tilde{\boldsymbol{X}}^T\tilde{\boldsymbol{X}}\boldsymbol{w} \end{aligned}$$

これの勾配を計算します。

$$\nabla E(\boldsymbol{w}) = -2\tilde{\boldsymbol{X}}\boldsymbol{y} + 2\tilde{\boldsymbol{X}}^T\tilde{\boldsymbol{X}}\boldsymbol{w}$$

これを=0とおくことで、最小化する$\boldsymbol{w}$が求められます。

$$\begin{aligned} \tilde{\boldsymbol{X}}\boldsymbol{y} &= \tilde{\boldsymbol{X}}^T\tilde{\boldsymbol{X}}\boldsymbol{w} \\ \boldsymbol{w} &= \left(\tilde{\boldsymbol{X}}^T\tilde{\boldsymbol{X}}\right)^{-1}\tilde{\boldsymbol{X}}^T\boldsymbol{y} \end{aligned}$$

ではこれを実装してみます。まず回帰を計算するクラスだけを実装すると、次のようになります。

List linearreg.py

```
import numpy as np
from scipy import linalg
```

```
class LinearRegression:
    def __init__(self):
        self.w_ = None

    def fit(self, X, t):
        Xtil = np.c_[np.ones(X.shape[0]), X]
        A = np.dot(Xtil.T, Xtil)
        b = np.dot(Xtil.T, t)
        self.w_ = linalg.solve(A, b)

    def predict(self, X):
        if X.ndim == 1:
            X = X.reshape(1, -1)
        Xtil = np.c_[np.ones(X.shape[0]), X]
        return np.dot(Xtil, self.w_)
```

ここではfitメソッドで訓練データによる学習を行い、計算結果はself.w_に格納されます。引数のXは入力訓練データで、tは出力訓練データです。行列Xの左に要素1からなる列を1つ加えたのがXtilで、これは $\tilde{\boldsymbol{X}}$ に相当します。入力値に対して出力値を予測したいときにはpredictメソッドを使います。predictメソッドは行列Xを引数に取り、学習時と同様にXの各行をサンプルとしてそれぞれについて予測します。内部ではXの左に1を付加し、self.w_との積を計算します。

次にこれを呼び出してみますが、まずは乱数を使った人工データを使って実験してみます。先程のlinearreg.pyはモジュールとして使っているので、同じディレクトリにおいて実行してください。

List reg_test1.py

```
import linearreg
import numpy as np
import matplotlib.pyplot as plt
from mpl_toolkits.mplot3d import axes3d

n = 100
scale = 10
```

```
np.random.seed(0)
X = np.random.random((n, 2)) * scale ❶
w0 = 1
w1 = 2
w2 = 3
y = w0 + w1 * X[:, 0] + w2 * X[:, 1] + np.random.randn(n) ❷

model = linearreg.LinearRegression()
model.fit(X, y)
print("係数：", model.w_) ❸
print("(1, 1)に対する予測値：", model.predict(np.array([1, 1]))) ❹

xmesh, ymesh = np.meshgrid(np.linspace(0, scale, 20), ❺
                           np.linspace(0, scale, 20))
zmesh = (model.w_[0] + model.w_[1] * xmesh.ravel() +
         model.w_[2] * ymesh.ravel()).reshape(xmesh.shape)
fig = plt.figure()
ax = fig.add_subplot(111, projection='3d')
ax.scatter(X[:, 0], X[:, 1], y, color="k")
ax.plot_wireframe(xmesh, ymesh, zmesh, color="r")
plt.show()
```

実行結果

```
係数： [ 1.11450326  1.95737004  3.00295751]
(1, 1)に対する予測値： 6.07483080617
```

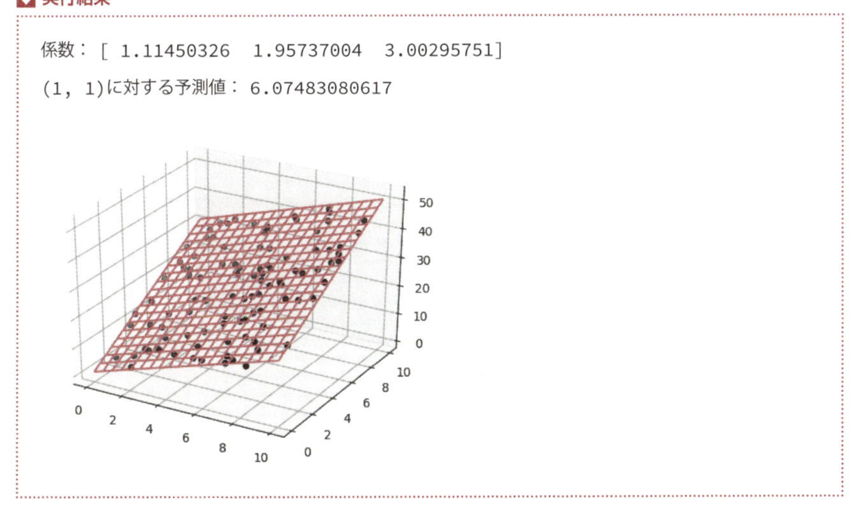

reg_test1.pyでは訓練入力データのサンプルの次元は2として、100個（プログラム内ではnで指定されている）のサンプルを生成しています。線形和 $w_0 + w_1x_1 + w_2x_2$ について w_0=1、w_1=2、w_2=3として、その線形和にノイズとして乱数を加えることでデータを生成しています。

❶では要素が乱数であるようなサイズ100×2の行列を生成しています。np.random.randomは0から1までの一様乱数を要素に持つような行列を生成します。ここではそれに10を掛けているのでブロードキャストによりすべての要素が10倍され、結果として0から10までの一様乱数を要素に持つような行列になります。

❷では線形和に乱数を足したものをyに代入しています。np.random.randnは正規分布に従う乱数を要素に持つような行列を生成します。出力としては❸では計算された係数を、❹では(1,1)に対応する予測値を表示します。(1,1)に対する真の値は1 + 2×1 + 3×1=6なので、それなりによい予測がされているように見えます。

❺以降は可視化のコードです。特徴量データのサンプルの次元が2なので、ここでは3次元空間上に可視化しています。つまり入力訓練データと出力訓練データの組を3次元上の点としてプロットして、推測されたパラメータで決定される平面をメッシュ状に描画します。

実行結果の画面上ではドラッグすることで画面を回転させることができます。回転させてみることで点群を平面がうまく近似しているのがわかると思います。

実践的な例

次は実用的なデータを使って実験してます。UCI Machine Learning Datasetsの中からWine qualityというデータを使います。これはワインについて測定された数値とその品質（1～5の数字）の組です。このデータを使って、測定値から品質を予測するモデルを作って実験してみます。まずは、次のデータセットをダウンロードし、以下のプログラムと同じディレクトリにおいて実行してください。

UCI Machine Learning Datasets：Wine quality

https://archive.ics.uci.edu/ml/machine-learning-databases/wine-quality/winequality-red.csv

List reg_winequality.py

```
import linearreg
```

```
import numpy as np
import csv

# データ読み込み
Xy = []
with open("winequality-red.csv") as fp:
    for row in csv.reader(fp, delimiter=";"): ❶
        Xy.append(row)
Xy = np.array(Xy[1:], dtype=np.float64) ❷

# 訓練用データとテスト用データに分割する
np.random.seed(0)
np.random.shuffle(Xy)
train_X = Xy[:-1000, :-1]
train_y = Xy[:-1000, -1]
test_X = Xy[-1000:, :-1]
test_y = Xy[-1000:, -1]

# 学習させる
model = linearreg.LinearRegression()
model.fit(train_X, train_y)

# テスト用データにモデルを適用
y = model.predict(test_X)

print("最初の5つの正解と予測値:")
for i in range(5):
    print("{:1.0f} {:5.3f}".format(test_y[i], y[i]))
print()
print("RMSE:", np.sqrt(((test_y - y)**2).mean()))
```

実行結果

```
最初の5つの正解と予測値:
7 6.012
6 5.734
```

```
5 5.285
8 6.352
5 5.414

RMSE: 0.672424854847
```

ここではデータの読み込みのためにcsvモジュールを使っています。CSV形式というと通常はカンマ(,)区切りなのですが、この場合のデータはセミコロン(;)区切りなので、それを❶のdelimiter引数で指定しています。

❷ではarrayでdtype=float64を指定することで、文字列のリストのリストであったものを数値の2次元配列に変換しています。Xy[1:]としているのは、データファイルの1行目は見出しなので読み飛ばしたいからです。

予測の評価ではRMSE(平均二乗誤差のルート、Root of Mean Square Error)がよく使われるので、ここでもRMSEを計算して表示しています。また、実際の予測の様子がわかるように、テストデータの最初の5つだけについて正解値と予測値を表示しています。RMSEというのはその名前のとおりで、予測値 $\hat{\boldsymbol{y}} = (\hat{y}_1, \hat{y}_2, \ldots, \hat{y}_n)$ と正解値(出力訓練データ) $\boldsymbol{y} = (y_1, y_2, \ldots, y_n)$ について

$$\sqrt{\sum_{i=1}^{n} (\hat{y}_i - y_i)^2} = \|\hat{\boldsymbol{y}} - \boldsymbol{y}\|$$

で与えられます。

RMSEのような指標値は、他のモデルと比べてどのくらいよいかという評価に使うのが普通で、0.67が果たしてよいのかというのは何に利用しようとしているかにもよるのですが、平均として1以上ずれていないということで、ここではまあまあ意味のある予測はできていると程度に思ってください。

機械学習アルゴリズムの評価について

前述のワインデータを使った実験では、データを訓練用と評価用に分割しました。訓練用データのみを使い学習したあと、評価用データについて正しく予測できるかをRMSEという指標を使って評価していました。

結果の正しさを計算する指標（ここではRMSE）は機械学習のタスクや目的によって異なりますが、ここでの評価の手順は機械学習アルゴリズムの性能評価として共通で用いられるもので、ホールド・アウト検証と呼ばれます。ホールド・アウト検証とは、データを訓練用と評価用に分け、訓練用データで学習し、評価用データをうまく予測できているかを評価する手法です。

機械学習システムでは、未知のデータについてうまく予測できることを目標としていますが、既知のデータのみから未知のデータへの予測のような状況を擬似的に作り出しているのがホールド・アウト検証であるといえます。

05-03 リッジ回帰

線形回帰で最小化する目的関数に、パラメータの大きさの項を足したのが**リッジ回帰**です。つまりリッジ回帰では次の関数を最小化するような$\boldsymbol{w}$を決定します。

$$E(\boldsymbol{w}) = \|\boldsymbol{y} - \tilde{\boldsymbol{X}}\boldsymbol{w}\|^2 + \lambda\|w\|^2$$

$\lambda\|\boldsymbol{w}\|^2$の項（**正則化項**と呼ばれます）が加わったことにより、点群を線形に近似しつつも、できるだけwの大きさ（L2ノルム）が小さい方がよいという力が働きます。ここでλは$\boldsymbol{w}$の大きさをどのくらい重視するかを表す定数で**ハイパーパラメータ**と呼ばれます。線形回帰のときと同様に$\boldsymbol{w}$についての勾配をとって$=0$とおきます。

$$\begin{aligned}\nabla E &= 2\tilde{\boldsymbol{X}}^T\tilde{\boldsymbol{X}}\boldsymbol{w} - 2\tilde{\boldsymbol{X}}^T\boldsymbol{y} + 2\lambda\boldsymbol{w} \\ &= 2\left[\left(\tilde{\boldsymbol{X}}^T\tilde{\boldsymbol{X}} + \lambda\boldsymbol{I}\right)\boldsymbol{w} - \tilde{\boldsymbol{X}}^T\boldsymbol{y}\right] = 0\end{aligned}$$

よって

$$\boldsymbol{w} = \left(\tilde{\boldsymbol{X}}^T\tilde{\boldsymbol{X}} + \lambda\boldsymbol{I}\right)^{-1}\tilde{\boldsymbol{X}}^T\boldsymbol{y}$$

次にこれを実装し、線形回帰のところで試した人工データを両方とも試してみましょう。

List ridge.py

```
import numpy as np
from scipy import linalg


class RidgeRegression:
    def __init__(self, lambda_=1.):
        self.lambda_ = lambda_
        self.w_ = None

    def fit(self, X, t):
        Xtil = np.c_[np.ones(X.shape[0]), X]
        c = np.eye(Xtil.shape[1])
        A = np.dot(Xtil.T, Xtil) + self.lambda_ * c
        b = np.dot(Xtil.T, t)
        self.w_ = linalg.solve(A, b)

    def predict(self, X):
        Xtil = np.c_[np.ones(X.shape[0]), X]
        return np.dot(Xtil, self.w_)
```

List ridge_test1.py

```
import ridge
import numpy as np
import matplotlib.pyplot as plt
from mpl_toolkits.mplot3d import axes3d

x = np.array([1, 2, 4, 6, 7])
y = np.array([1, 3, 3, 5, 4])
model = ridge.RidgeRegression(1.)
model.fit(x, y)
b, a = model.w_

plt.scatter(x, y, color="k")
xmax = x.max()
plt.plot([0, xmax], [b, b + a * xmax], color="k")
```

```
plt.show()

n = 100
scale = 10

np.random.seed(0)
X = np.random.random((n, 2)) * scale
w0 = 1
w1 = 2
w2 = 3
y = w0 + w1 * X[:, 0] + w2 * X[:, 1] + np.random.randn(n)

model = ridge.RidgeRegression(1.)
model.fit(X, y)

xmesh, ymesh = np.meshgrid(np.linspace(0, scale, 20),
                           np.linspace(0, scale, 20))
zmesh = (model.w_[0] + model.w_[1] * xmesh.ravel() +
         model.w_[2] * ymesh.ravel()).reshape(xmesh.shape)
fig = plt.figure()
ax = fig.add_subplot(111, projection='3d')
ax.scatter(X[:, 0], X[:, 1], y, color="k")
ax.plot_wireframe(xmesh, ymesh, zmesh, color="r")
plt.show()
```

実行結果

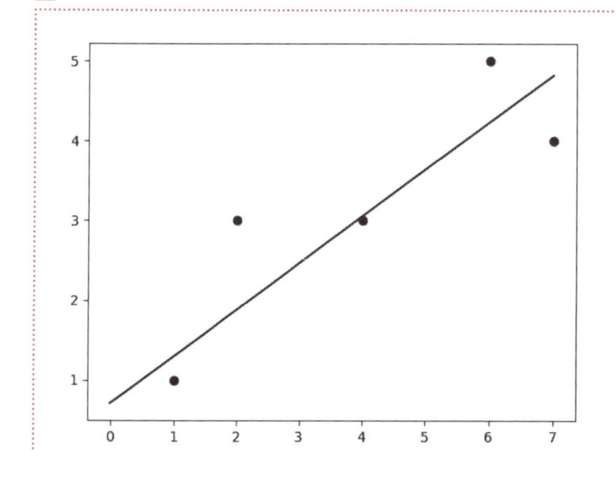

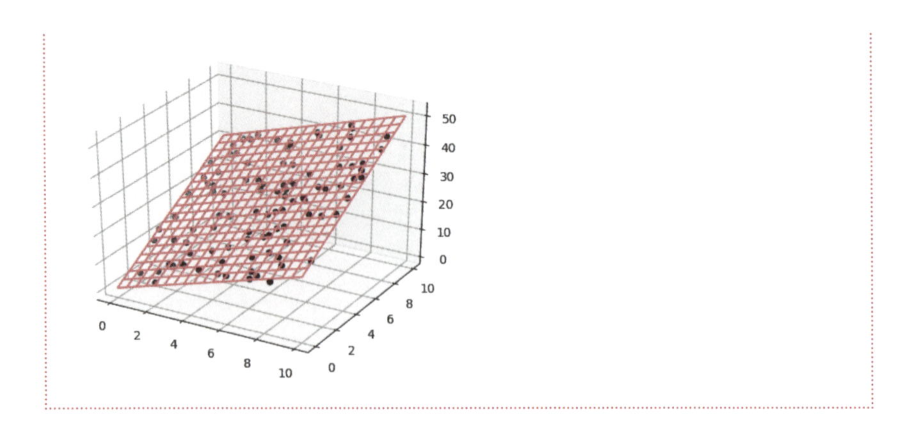

ridge_test1.pyでは`plt.show()`が2つあるので、REPLで実行した場合、図が表示された後に、その画面を閉じるともう1つの図が表示されるという流れになります。2つの図を見ると、点群を近似できているのがわかります。

しかし、これでは普通の線形回帰との違いがよくわからないかもしれないので、違う実験をしてみます。

List ridge_test2.py

```
import ridge
import linearreg
import numpy as np
import matplotlib.pyplot as plt

x = np.arange(12)
y = 1 + 2 * x
y[2] = 20
y[4] = 0

xmin = 0
xmax = 12
ymin = -1
ymax = 25
fig, axes = plt.subplots(nrows=2, ncols=5)
for i in range(5):
    axes[0, i].set_xlim([xmin, xmax])
    axes[0, i].set_ylim([ymin, ymax])
```

```
        axes[1, i].set_xlim([xmin, xmax])
        axes[1, i].set_ylim([ymin, ymax])
        xx = x[:2 + i * 2]
        yy = y[:2 + i * 2]
        axes[0, i].scatter(xx, yy, color="k")
        axes[1, i].scatter(xx, yy, color="k")
        model = linearreg.LinearRegression()
        model.fit(xx, yy)
        xs = [xmin, xmax]
        ys = [model.w_[0] + model.w_[1] * xmin,
              model.w_[0] + model.w_[1] * xmax]
        axes[0, i].plot(xs, ys, color="k")
        model = ridge.RidgeRegression(10.)
        model.fit(xx, yy)
        xs = [xmin, xmax]
        ys = [model.w_[0] + model.w_[1] * xmin,
              model.w_[0] + model.w_[1] * xmax]
        axes[1, i].plot(xs, ys, color="k")


plt.show()
```

実行結果

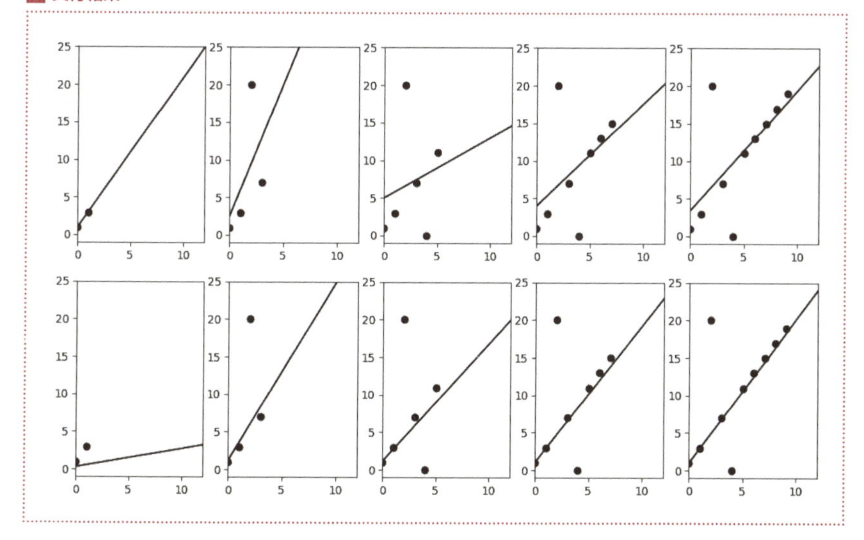

ridge_test2.pyでは、ほぼ線形に並んでいる点列を使いますが、2つだけ大きくずれた値になるようにして人工データを用意しています。データには12個の点が含まれるのですが、2個からスタートして2個ずつ増やして回帰の様子がどうなるかを図示しています。

実行結果では上の行が普通の線形回帰で、下の行がリッジ回帰です。一番左の列が点が2個の場合で、それから右に進むにつれて点が2個ずつ増えています。3つ目の点が大きく上にはずれているので、その値に影響を受けて左からの2列目の図では回帰の直線が立ち上がっているように見えます。

左から2列目では、上の方が下の図より立ち上がり方が大きいように見えます。一方5つ目の点が大きく下にはずれていますが、その影響で3列目の図では直線の傾きが小さくなっています。

左から3列目を見ると、上の方が下の図より傾きが小さくなっています。全体として上の線形回帰と下のリッジ回帰を比べると、上の図の方が点が増えるにつれて直線の傾きが大きく変化しているように見えます。下の図では比較的はずれ値から受ける影響が小さくなっています。

このように、リッジ回帰ではサンプル数が少ないときに例外的なデータからの影響を受けにくいという性質があります。これは正則化項による効果です。これが望ましい性質なのかどうかは、適用しようとしているデータの性質と何に応用しようとしているかによります。

ハイパーパラメータとチューニング

リッジ回帰でハイパーパラメータという言葉が出てきたので、これについて説明します。ハイパーパラメータとは、モデルが学習を始める前にあらかじめ値を決めるべきものです。機械学習モデルは学習していく過程で、内部で保持しているパラメータが変化していくことで正しく予測できるようになっていくのですが、ハイパーパラメータは学習の前に一度決めたらずっとそのまま変化しない値です。

また、学習過程で変化していくモデルのパラメータがどのように変化していくかを決定するのがハイパーパラメータです。モデルの性能を外側から操作するものといってもいいでしょう。リッジ回帰の例ではハイパーパラメータは1つだけでしたが、一般のアルゴリズムには複数の場合もあります。

ハイパーパラメータの決定のしかたとしては、いくつかの値を試してみて一番よい結果ができるものを選択することが多いです。つまりホールド・アウト検証を適用する場合、ハイパーパラメータの値を決定し学習して評価するという一連の流れを、ハイパーパラメータの値を変えながら何度も繰り返し、その中で一番よい値を採用することになります。

05-04 汎化と過学習

汎化と過学習の話をするための材料として、**多項式回帰**のアルゴリズムを紹介します。多項式回帰とは、入力変数xに対して出力yがxの多項式関数で表されるというモデルです。ここでは話を簡単にするため入力xが1次元だと仮定し、多項式の次数がdで与えられているとします。つまり次のようなモデルを考えます。

$$y = w_0 + w_1 x + w_2 x^2 + \cdots + w_d x^d + \varepsilon \quad \text{式05-06}$$

ここでもεはノイズを表します。このとき線形回帰のときと同様に、最小二乗法により係数を決定します。wとxが与えられたときの、予測値

$$\hat{y} = w_0 + w_1 x + \cdots + w_d x^d$$

をxとwの関数$\hat{y}(x, w)$と見なして、訓練データの特徴量xとターゲットyに対して次を計算することになります。

$$\min_{w} \|\hat{y}(x, w) - y\|^2 \quad \text{式05-07}$$

ところで**式05-06**でx^iをx_iで置き換えると**式05-05**と同じになります。このことから**式05-07**の最適化問題は、与えられた訓練データの特徴量$(x_1, x_2, \cdots, x_n)^T$について、各要素の0次（つまり1）から$d$次のベキまでを並べた行列

$$
\boldsymbol{M} = \begin{pmatrix} 1 & x_1 & x_1^2 & \cdots & x_1^d \\ 1 & x_2 & x_2^2 & \cdots & x_2^d \\ \vdots & \vdots & \ddots & \vdots & \\ 1 & x_n & x_n^2 & \cdots & x_n^d \end{pmatrix} \qquad \text{式05-08}
$$

を訓練データの特徴量行列として線形回帰を計算した場合と同じになります。実際、x_iに対する予想値を$\hat{y}_i$とし、$\hat{\boldsymbol{y}} = (y_1, y_2, \ldots, y_n)$とすると、次のようになります。

$$
\hat{\boldsymbol{y}} = \begin{pmatrix} w_0 + w_1 x_1 + w_2 x_1^2 + \cdots + w_d x_1^d \\ w_0 + w_1 x_2 + w_2 x_2^2 + \cdots + w_d x_2^d \\ \vdots \\ w_0 + w_1 x_n + w_2 x_n^2 + \cdots + w_d x_n^d \end{pmatrix} = \begin{pmatrix} 1 & x_1 & x_1^2 & \cdots & x_1^d \\ 1 & x_2 & x_2^2 & \cdots & x_2^d \\ \vdots & \vdots & \ddots & \vdots & \\ 1 & x_n & x_n^2 & \cdots & x_n^d \end{pmatrix} \begin{pmatrix} w_0 \\ w_1 \\ \vdots \\ w_d \end{pmatrix} = \boldsymbol{M}\boldsymbol{w}
$$

では実際に実装済みの線形回帰のクラスを使って、多項式回帰を実装してみます。

List polyreg.py

```
import linearreg
import numpy as np



class PolynomialRegression:
    def __init__(self, degree):
        self.degree = degree

    def fit(self, x, y):
        x_pow = []
        xx = x.reshape(len(x), 1)
        for i in range(1, self.degree + 1):
            x_pow.append(xx**i)
        mat = np.concatenate(x_pow, axis=1)
        linreg = linearreg.LinearRegression()
        linreg.fit(mat, y)
        self.w_ = linreg.w_

    def predict(self, x):
        r = 0
        for i in range(self.degree + 1):
```

```
            r += x**i * self.w_[i]
        return r
```

アルゴリズム本体の実装はpolyreg.pyのようになります。**式05-08**の行列にあたるものがここではmatです。matを計算するために入力値(ベクトル)xを1乗、2乗、…と繰り返し計算してリストに詰めています。

それからそのリストに対してnp.concatenateすることで、ベクトルを横につないだ行列を作っています。そこまでできれば後は簡単で線形回帰のアルゴリズムを呼び出すだけです。結果はデータ属性のself.w_に格納します。

では次にこれを使った実験をします。

List polyreg_test1.py

```
import polyreg
import linearreg
import numpy as np
import matplotlib.pyplot as plt

# データ生成
np.random.seed(0)


def f(x):
    return 1 + 2 * x


x = np.random.random(10) * 10
y = f(x) + np.random.randn(10)

# 多項式回帰
model = polyreg.PolynomialRegression(10)
model.fit(x, y)

plt.scatter(x, y, color="k")
plt.ylim([y.min() - 1, y.max() + 1])
xx = np.linspace(x.min(), x.max(), 300)
```

```
yy = np.array([model.predict(u) for u in xx])
plt.plot(xx, yy, color="k")

# 線形回帰
model = linearreg.LinearRegression()
model.fit(x, y)
b, a = model.w_
x1 = x.min() - 1
x2 = x.max() + 1
plt.plot([x1, x2], [f(x1), f(x2)], color="k", linestyle="dashed")

plt.show()
```

実行結果

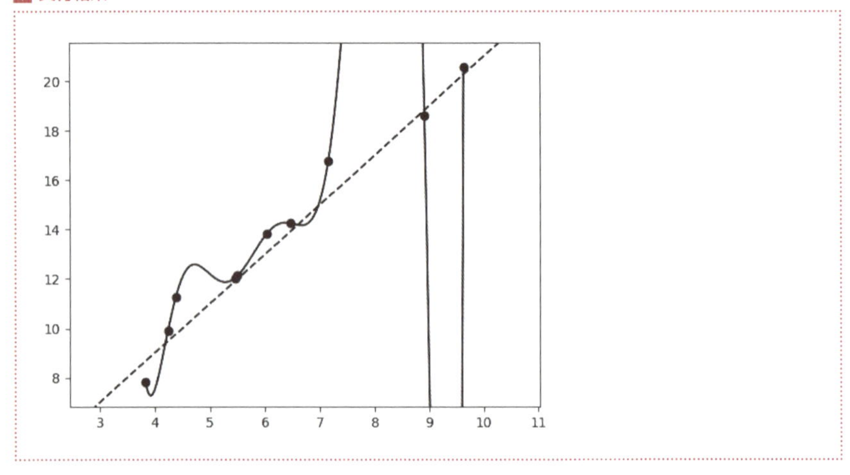

実行時に警告が出ると思いますが、警告は無視してください（行列の状態がよくないので計算誤差が大きくなるという警告です）。polyreg_test1.pyでは、$y=1+2x+\varepsilon$（εは乱数）に従う点を10個生成して訓練データとしています。それを使って多項式回帰と線形回帰のグラフを描画します。

実行結果では、実線が多項式回帰で、破線が線形回帰です。このグラフでは多項式回帰の方が与えられた点によく当てはまっています。実際にすべての点を通過しています。では多項式回帰の方が性能がいいかというと、見た目からも不自然さが伝わるかと思います。この場合は人工データを使っているので我々は正解を知っています。

実際に、x=8のときの値を予想しようとすると、多項式回帰では上に大きくずれた値を予想値として示しますが、それは正解とはかけ離れています。

ここで重要なのは、与えられた訓練データを完璧に正しく予想できるように学習したモデルがよいとは限らないことです。機械学習システムを利用する目的は、未知のデータに対して予測ができるようになることです。未知のデータをどのくらい予測できるかという性能を**汎化性能**と呼びます。

モデルの汎化性能

モデルの汎化性能ついて、さらに理論的にみてみます。真の値$f(x)$に対して、データDを使って予測した値を$\hat{f}_D(x)$で表すとします。データの集合$\mathcal{D}$が与えられたときに2乗誤差の平均は次のようになります。

$$E_{\mathcal{D}}\left[\left(f(x)-\hat{f}_D(x)\right)^2\right]=\left(f(x)-E_{\mathcal{D}}\left[\hat{f}_D(x)\right]\right)^2+E_{\mathcal{D}}\left[\left(\hat{f}_D(x)-E_{\mathcal{D}}\left[\hat{f}(x)\right]\right)^2\right]$$

ここで$E_{\mathcal{D}}$は考えられる入力データ$D\in\mathcal{D}$すべてについての平均ということです。第1項の$\left(f(x)-E_D\left[\hat{f}_D(x)\right]\right)^2$は**バイアス**と呼ばれるものです。式の形を見ると、すべてのデータについての予測値の平均と真の値との差の2乗になっています。つまり、真の値が変わらない前提で観測データが変化していったときに、xにおける予測値の平均を取ったものと、真の値の差がどのくらいあるかを意味します。

第2項は**バリアンス**と呼ばれるもので、式を見るとDが変化したときの予測値$\hat{f}(x)$の分散になっています。

つまりまとめると、

予測誤差の平均 = バイアス + バリアンス

という関係が成り立ちます。バイアスは観測データが変わったときに平均的にどのくらい予想できるかという値であり、バリアンスはデータが変わったときにどのくらい予測値がばらつくかという値です。

予測誤差はバイアスとバリアンスの和になるので、バイアスだけを見てもモデルの良さを正しく判定することはできません。このことを実感するために簡単な実験をしてみます。次のような関数が与えられたとして、この値を線形回帰と多項式回帰を使って予測することを考えます。

$$y = \frac{1}{1+x} \quad (0 \leq x \leq 5)$$

バイアスを理論的に求める代わりに、実験により近似値を計算します。まずは関数値の平均を求めます。流れとしては次のような実験をします。

以下を10万回繰り返す。

1. $0 \leq x \leq 5$の範囲に5点をランダムに取り、それらについて$f(x) = 1/(1+x)$を計算する
2. 上記のデータにより、線形回帰と多項式回帰をそれぞれ学習させる
3. 0から5まで0.01刻みに予測値を、線形回帰と多項式回帰のそれぞれについて計算する

最後に0から5まで0.01刻みに予測値の平均を、線形回帰と多項式回帰それぞれについて計算し、図示する。

これを実際に計算するプログラムがmodel_mean.pyです。

List model_mean.py

```
import numpy as np
import matplotlib.pyplot as plt
import warnings
import polyreg
import linearreg


def f(x):
    return 1 / (1 + x)
```

```
def sample(n):
    x = np.random.random(n) * 5
    y = f(x)
    return x, y


xx = np.arange(0, 5, 0.01)
np.random.seed(0)
y_poly_sum = np.zeros(len(xx))
y_lin_sum = np.zeros(len(xx))
n = 100000
warnings.filterwarnings("ignore")
for _ in range(n):
    x, y = sample(5)
    poly = polyreg.PolynomialRegression(4)
    poly.fit(x, y)
    lin = linearreg.LinearRegression()
    lin.fit(x, y)
    y_poly = poly.predict(xx)
    y_poly_sum += y_poly
    y_lin = lin.predict(xx.reshape(-1, 1))
    y_lin_sum += y_lin


plt.plot(xx, f(xx), label="truth",
         color="k", linestyle="solid")
plt.plot(xx, y_poly_sum / n, label="polynomial reg.",
         color="k", linestyle="dotted")
plt.plot(xx, y_lin_sum / n, label="linear reg.",
         color="k", linestyle="dashed")
plt.legend()
plt.show()
```

実行結果

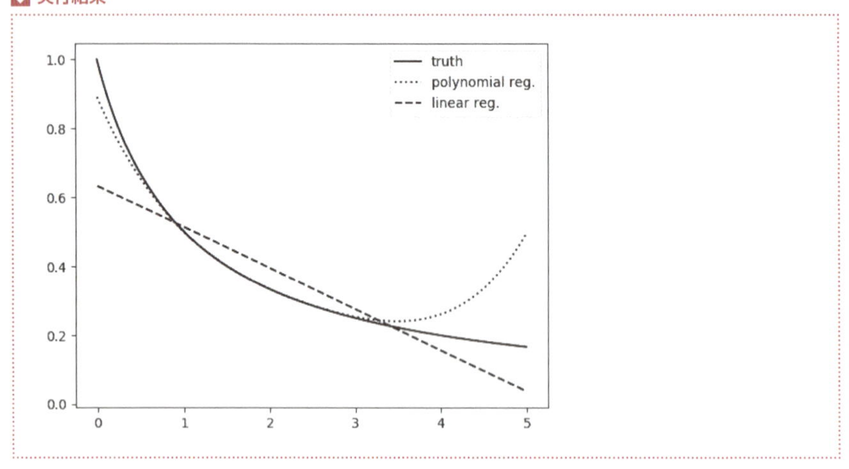

実行結果を見ると、多項式回帰(polynomial reg.)の方が真の値(truth)によく当てはまっているように見えます。右の端の方でははずれていますが、全体的にはずれている線形回帰(linear reg.)と比べるとよく当てはまっているように見えます。特に$x \leq 3$の範囲では、多項式回帰と真の値が近くなっています。

ここでわかったことは、「5点を取って全体を予測する」ということを多く繰り返して平均を取ると、線形回帰より多項式回帰の方が真の値に近くなるということです。では、このことから多項式回帰の方がよいモデルであると結論づけていいのでしょうか。予測値の平均と真の値の差はバイアスに対応する値で、予測誤差について語るにはバリアンスも見なければいけません。

同じようなサンプリングによりバイアスとバリアンスを図示してみます。

List bias_var.py

```
import numpy as np
import matplotlib.pyplot as plt
import warnings
import polyreg
import linearreg


def f(x):
    return 1 / (1 + x)
```

```
def sample(n):
    x = np.random.random(n) * 5
    y = f(x)
    return x, y


xx = np.arange(0, 5, 0.01)
np.random.seed(0)
y_poly_sum = np.zeros(len(xx))
y_poly_sum_sq = np.zeros(len(xx))
y_lin_sum = np.zeros(len(xx))
y_lin_sum_sq = np.zeros(len(xx))
y_true = f(xx)
n = 100000
warnings.filterwarnings("ignore")
for _ in range(n):
    x, y = sample(5)
    poly = polyreg.PolynomialRegression(4)
    poly.fit(x, y)
    lin = linearreg.LinearRegression()
    lin.fit(x, y)
    y_poly = poly.predict(xx)
    y_poly_sum += y_poly
    y_poly_sum_sq += (y_poly - y_true)**2
    y_lin = lin.predict(xx.reshape(-1, 1))
    y_lin_sum += y_lin
    y_lin_sum_sq += (y_lin - y_true)**2

fig = plt.figure()
ax1 = fig.add_subplot(121)
ax2 = fig.add_subplot(122)
ax1.set_title("Linear reg.")
ax2.set_title("Polynomial reg.")
ax1.set_ylim(0, 1)
ax2.set_ylim(0, 1)
```

```
ax1.fill_between(xx, 0, (y_lin_sum / n - y_true)**2,
                 color="0.2", label="bias")
ax1.fill_between(xx, (y_lin_sum / n - y_true)**2, y_lin_sum_sq / n,
                 color="0.7", label="variance")
ax1.legend(loc="upper left")
ax2.fill_between(xx, 0, (y_poly_sum / n - y_true)**2,
                 color="0.2", label="bias")
ax2.fill_between(xx, (y_poly_sum / n - y_true)**2, y_poly_sum_sq / n,
                 color="0.7", label="variance")
ax2.legend(loc="upper left")
plt.show()
```

実行結果

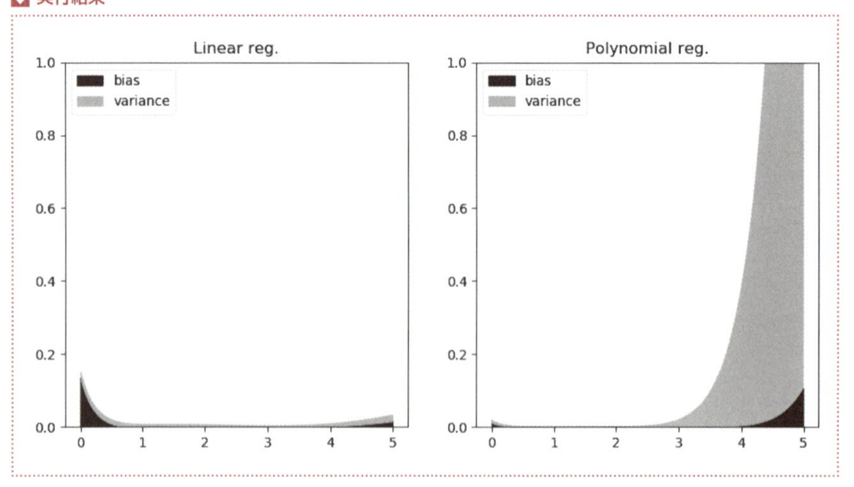

実行結果では線形回帰（左図）と多項式回帰（右図）について、バイアスとバリアンスの積み上げを示しています。多項式回帰の方が、x>3の範囲でバリアンスが激しく増加しているのがわかると思います。結果としてグラフの右の方では予測値と真の値の差が大きくばらつくということです。この範囲でバイアスが小さいのにバリアンスが大きいということは、平均を取ると真の曲線に当てはまっているが、大きく上にはずしたり大きく下にはずしたりすることも多いということです。

未知のデータを予測する性能が大事だといいましたが、それでは未知のデータを予測する性能を既知のデータから予測するにはどうすればよいでしょう。

すでにreq_winequality.pyで使ったホールド・アウト検証というのも選択肢の1つ

です。ホールド・アウト検証ではデータを訓練データとテストデータに分割して、訓練データのみを使ってモデルを学習させ、そのモデルを使ってテストデータをどのくらい正しく予測できるかを評価します。

ハイパーパラメータを調整しなければならない場合、このテストデータの予測性能を見ながらよいものを選ぶのですが、この場合にも、特にデータの量が不十分な場合にハイパーパラメータが**過学習**してしまうことがあります。ハイパーパラメータが過学習するとはつまり、そのテストデータについてはうまく予測できるが、一般のデータについてはあまりよく予測できないような値をハイパーパラメータの値として選択してしまうことです。

交差検証

過学習を防ぐ方法として**交差検証**（クロスバリデーション）というのがあります。k分割交差検証とはデータをk個に分割（端数以外はほぼ等分）して、そのk個のデータのうち1つをテスト用にして他を訓練用にします。

例えば3分割交差検証ではデータを3つに分割しますが、それらをデータ1、データ2、データ3と呼ぶことにします。まずは、データ1とデータ2で学習し、データ3で評価します。次にデータ3とデータ1で学習し、データ2で評価します。最後にデータ2とデータ3で学習し、データ1で評価します。つまり学習と評価のプロセスを3回行うことになります。

Fig05-02 交差検証の仕組み

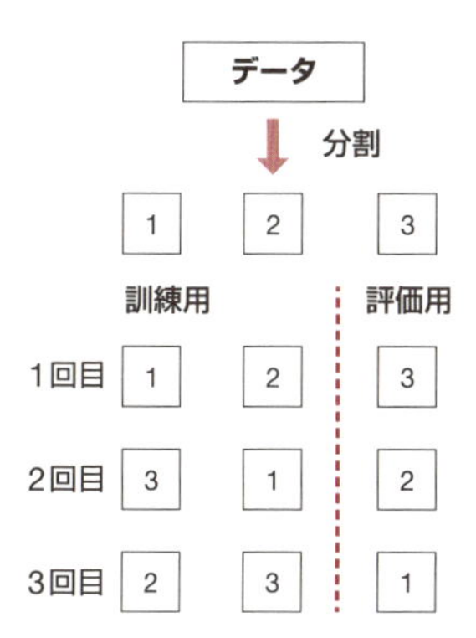

各回の学習と評価が終わるとそのモデルは捨てられ、次の回ではゼロから学習し直すので注意してください。そうして得られた複数回の評価の平均を全体の評価値とすることが多いです。

05-05 ラッソ回帰

リッジ回帰ではL2ノルムを正則化項として加えることで、パラメータ値ができるだけ小さくなるようにという方向に力が働きました。パラメータ値を小さくしたいということであれば、L2ノルム以外の選択肢も考えられます。正則化項としてL1ノルムを加えるのが**ラッソ回帰**です。つまり次の関数を最大化するようなwを求めることになります。

$$\varphi = \frac{1}{2}\|t - \bar{X}w\|^2 + \lambda|w|_1$$

ここで$|\cdot|_1$はL1ノルムと呼ばれるもので

$$|w|_1 = \sum_{i=1}^{d} |w_i|$$

で定義されます。

ラッソ回帰の解を求めるアルゴリズムはいくつか知られているのですが、ここでは座標降下法（coordinate descent）による方法を紹介します。座標降下法とは、一般に$x \in \mathbb{R}^d$の関数$\psi(x)$を最小化（最大化）したいときに、$\frac{\partial \psi}{\partial x_j}$=0 $(j = 1, \ldots, d)$を同時に満たす$(x_1, x_2, \ldots x_d)$を同時に求めるのは難しいので、適当な初期値からスタートして、$\frac{\partial \psi}{\partial x_1}$=0を満たす$x_1$の値で$x_1$を更新し、$\frac{\partial \psi}{\partial x_2}$=0を満たす$x_2$の値で$x_2$を更新し、というふうに繰り返して行く方法です。より正確には以下のようになります。

・適当な初期値$x^{(0)} = (x_1^{(0)}, x_2^{(0)}, \ldots, x_d^{(0)})$。

・$k=0$からkを1つずつ増やしながら収束するまで以下を繰り返す。

❶ $\frac{\partial\psi}{\partial x_1}(x_1, x_2^{(k)}, x_3^{(k)}, \ldots, x_d^{(k)})=0$を満たすような$x_1$を求め、その値を$x_1^{(k+1)}$とする。

❷ $\frac{\partial\psi}{\partial x_2}(x_1^{(k+1)}, x_2, x_3^{(k)}, \ldots, x_d^{(k)})=0$を満たすような$x_2$を求め、その値を$x_2^{(k+1)}$とする。

…(以下同様に$x_3^{(k+1)}$から$x_d^{(k+1)}$までを求める)。

ここで繰り返し部分の最初のステップで、$\frac{\partial\psi}{\partial x_1}(x_1, x_2^{(k)}, x_3^{(k)}, \ldots, x_d^{(k)})=0$となる$x_1$を求めているのは、$x_1$だけを動かして他の変数を固定して最小値を求めていることになります。

一般にすべての変数を動かしたときの$\nabla\psi=0$となる値を求めるのは難しいので、1つだけを動かして偏微分係数が0になるようにすることで、実際の最適解の近似になるであろうという考え方です。$x_1, x_2, \ldots, x_d$を順番に同じ考え方で更新していきます。

しかしラッソ回帰の関数φは微分不可能なので、座標降下法を使うには工夫がいります。絶対値関数$f(x)=|x|$は$x=0$で尖った形をしていて微分不可能なのですが、ここでは右微分と左微分というものを考えてみます。つまり、関数fの微分は

$$\lim_{h\to 0}\frac{f(x+h)-h}{h}$$

で定義されるのですが、右微分、左微分はそれぞれこの微分の定義の$\lim_{h\to 0}$の部分を$\lim_{h\to +0}$、$\lim_{h\to -0}$で置き換えたものです。右微分、左微分をそれぞれd^+、d^-で表すとして、絶対値関数$|x|$について右微分・左微分を求めてみます。

$$d^+(|x|)=\lim_{x\to +0}\frac{|x+h|-|x|}{h}=\lim_{x\to +0}\frac{(x+h)-x}{h}=1$$
$$d^-(|x|)=\lim_{x\to -0}\frac{|x+h|-|x|}{h}=\lim_{x\to -0}\frac{-(x+h)-(-x)}{h}=-1$$

右微分・左微分と同じように右偏微分・左偏微分も定義できます。変数w_jによる右偏微分を$\partial_{w_j}^+$、左偏微分を$\partial_{w_j}^-$と書くことにします。

まずはw_0の計算が例外的なので、先にw_0を求めます。

$$
\begin{aligned}
\frac{\partial \varphi}{\partial w_0} &= -\sum_{i=1}^{n}\left(y_i - w_0 - \sum_{j=1}^{d} x_{ij} w_j\right) \\
&= \sum_{i=1}^{n}\left(y_i - \sum_{j=1}^{d} x_{ij} w_j\right) + n w_0 = 0
\end{aligned}
$$

により

$$
w_0 = \frac{1}{n}\sum_{i=1}^{n}\left(y_i - \sum_{j=1}^{d} x_{ij} w_j\right)
$$

となります。次にw_k $(k \neq 0)$について右偏微分・左偏微分してみます。

$$
\partial_{w_k}^{+}\varphi = -\sum_{i=1}^{n}\left(y_i - w_0 - \sum_{j=1}^{d} x_{ij} w_j\right) x_{ik} + \lambda
$$

$$
\partial_{w_k}^{-}\varphi = -\sum_{i=1}^{n}\left(y_i - w_0 - \sum_{j=1}^{d} x_{ij} w_j\right) x_{ik} - \lambda
$$

ここで$\partial_{w_k}^{+}\varphi = 0$とおいて$w_k$について解き、その値を$w_k^{+}$とおきます。

$$
w_k^{+} = \frac{\displaystyle\sum_{i=1}^{n}\left(y_i - w_0 - \sum_{j \neq k} x_{ij} w_j\right) x_{ik} - \lambda}{\displaystyle\sum_{i=1}^{n} x_{ik}^2 w_k}
$$

同様に、ここで$\partial_{w_k}^{-}\varphi = 0$とおいたときの値を$w_k^{-}$とおきます。

$$
w_k^{-} = \frac{\displaystyle\sum_{i=1}^{n}\left(y_i - w_0 - \sum_{j \neq k} x_{ij} w_j\right) x_{ik} + \lambda}{\displaystyle\sum_{i=1}^{n} x_{ik}^2 w_k}
$$

ここで、普通の座標降下法と同様に偏微分したものが0になるように変数の値を決めます。いまw_kの値を更新しようとしているとすると、更新後の値の候補はw_k^+またはw_k^-になります。w_k^+はw_k>0を、w_k^-はw_k<0を前提として計算されたものなので、w_k^+>0ならばw_k^+に更新し、w_k^-<0ならばw_k^-に更新します。またw_k^+>0とw_k^-<0の両方を満たさないときはw_kの値は0のままで更新しません。

状況を整理して表すために、ここでソフト閾値関数Sを次のように定義します。

$$S(p, q) = \mathrm{sgn}(p) \max\{0, \|p\| - q\}$$

ここでsgn(·)は符号関数で次の式で定義されます。

$$\mathrm{sgn}(x) = \begin{cases} -1 & (x < 0) \\ 0 & (x = 0) \\ 1 & (x > 0) \end{cases}$$

更新後のw_kの値$\bar{w}_k$は次で表されます。

$$\bar{w}_k = \frac{S\left(\sum_{i=1}^{n}\left(y_i - w_0 - \sum_{j \neq k} x_{ij} w_j\right) x_{ik},\ \lambda\right)}{\sum_{i=1}^{n} x_{ik}^2 w_k}$$ 式05-09

実際、w_k^+>0となる条件は

$$\sum_{i=1}^{n}\left(y_i - w_0 - \sum_{j \neq k} x_{ij} w_j\right) x_{ik} > \lambda$$

w_k^-<0となる条件は

$$\sum_{i=1}^{n}\left(y_i - w_0 - \sum_{j \neq k} x_{ij} w_j\right) x_{ik} < -\lambda$$

であり、

$$-\lambda \leq \sum_{i=1}^{n}\left(y_i - w_0 - \sum_{j \neq k} x_{ij} w_j\right) x_{ik} \leq \lambda$$

のときは $w_k^+ \leq 0$ かつ $w_k^- \leq 0$ であり、

$$S\left(\sum_{i=1}^{n}\left(y_i - w_0 - \sum_{j \neq k} x_{ij}w_j\right)x_{ik},\ \lambda\right)$$
$$= \begin{cases} \sum_{i=1}^{n}\left(y_i - w_0 - \sum_{j \neq k} x_{ij}w_j\right)x_{ik} - \lambda & \left(\sum_{i=1}^{n}\left(y_i - w_0 - \sum_{j \neq k} x_{ij}w_j\right)x_{ik} > \lambda\right) \\ 0 & \left(-\lambda \leq \sum_{i=1}^{n}\left(y_i - w_0 - \sum_{j \neq k} x_{ij}w_j\right)x_{ik} \leq \lambda\right) \\ \sum_{i=1}^{n}\left(y_i - w_0 - \sum_{j \neq k} x_{ij}w_j\right)x_{ik} + \lambda & \left(\sum_{i=1}^{n}\left(y_i - w_0 - \sum_{j \neq k} x_{ij}w_j\right)x_{ik} < -\lambda\right) \end{cases}$$

であるので、**式05-09**が確認できます。

ここでソフト閾値関数の特徴を確認してみます。定数 λ に対する $y = S(x, \lambda)$ のグラフは次のようになります。この関数は $x < -\lambda,\ \lambda < x$ の範囲では線形となり、$-\lambda \leq x \leq \lambda$ では0となります。

Fig05-03 $y = S(x, \lambda)$ **のグラフ**

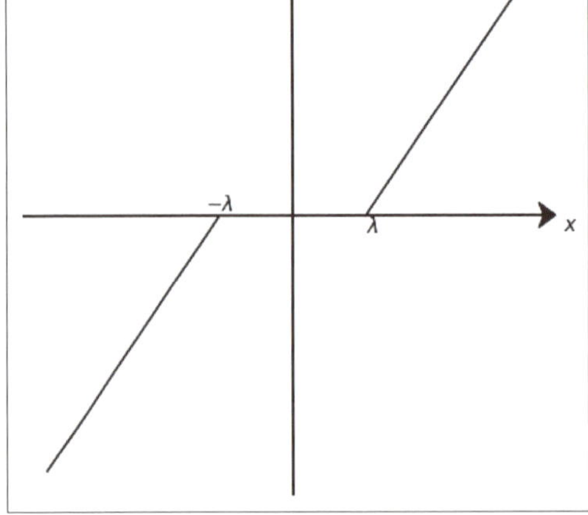

元の w_k の更新の話に戻ると、w_k の値は0からスタートするので、ある一定の条件下では w_k は0のままとなり、その条件の外に出たときに非ゼロになることになります。実際ラッソ回帰の解は、ほとんどの要素が0になります。つまりラッソ回帰の解は疎になる傾向があります。

このことを実装により確認してみます。まずはアルゴリズム本体の実装は、次のlasso.pyのようになります。

List lasso.py

```
import numpy as np


def soft_thresholding(x, y):
    return np.sign(x) * max(abs(x) - y, 0)


class Lasso:
    def __init__(self, lambda_, tol=0.0001, max_iter=1000):
        self.lambda_ = lambda_
        self.tol = tol
        self.max_iter = max_iter
        self.w_ = None

    def fit(self, X, t):
        n, d = X.shape
        self.w_ = np.zeros(d + 1)
        avgl1 = 0.
        for _ in range(self.max_iter):
            avgl1_prev = avgl1
            self._update(n, d, X, t)
            avgl1 = np.abs(self.w_).sum() / self.w_.shape[0]
            if abs(avgl1 - avgl1_prev) <= self.tol:
                break

    def _update(self, n, d, X, t):
        self.w_[0] = (t - np.dot(X, self.w_[1:])).sum() / n
        w0vec = np.ones(n) * self.w_[0]
        for k in range(d):
            ww = self.w_[1:]
            ww[k] = 0
            q = np.dot(t - w0vec - np.dot(X, ww), X[:, k])
            r = np.dot(X[:, k], X[:, k])
            self.w_[k + 1] = soft_thresholding(q / r, self.lambda_)
```

```
    def predict(self, X):
        if X.ndim == 1:
            X = X.reshape(X.shape[0], 1)
        Xtil = np.c_[np.ones(X.shape[0]), X]
        return np.dot(Xtil, self.w_)
```

学習を行うのがfitメソッドですが、そこから呼び出されいている_updateではすべての座標についての**式05-09**に基づく更新を行います。

__init__メソッドの引数にデフォルト値付きで`tol`と`max_iter`がありますが、`tol`は収束判定のためのトレランス（許容度）を意味し、`max_iter`は最大繰り返し数を意味しています。

何を収束条件とするかについてはさまざまな工夫が考えられますが、ここでは単純にwのL1ノルムを次元数で割ったもの（$|w|/d$）の変化量を見て、それが`tol`以下になるまで繰り返します。つまり、$|w|/d$の変化量が`tol`以下になるまで_updateを呼び出してwのすべての成分を更新することを繰り返しますが、その収束条件が満たされなくても`max_iter`回繰り返したときは終了します。繰り返し数の上限`max_iter`を設けているのは、収束しなかったときに無限ループになるのを防ぐためです。

次に線形回帰のところで出てきたのと同じワインの品質データにラッソ回帰を適用してみます。

List **lasso_winequality1.py**

```
import lasso
import numpy as np
import csv

# データ読み込み
Xy = []
with open("winequality-red.csv") as fp:
    for row in csv.reader(fp, delimiter=";"):
        Xy.append(row)
Xy = np.array(Xy[1:], dtype=np.float64)

# 訓練用データとテスト用データに分割する
np.random.seed(0)
```

```
np.random.shuffle(Xy)
train_X = Xy[:-1000, :-1]
train_y = Xy[:-1000, -1]
test_X = Xy[-1000:, :-1]
test_y = Xy[-1000:, -1]

# ハイパーパラメータを変えながら学習させて結果表示
for lambda_ in [1., 0.1, 0.01]:
    model = lasso.Lasso(lambda_)
    model.fit(train_X, train_y)
    y = model.predict(test_X)
    print("--- lambda = {} ---".format(lambda_))
    print("coefficients:")
    print(model.w_)
    mse = ((y - test_y)**2).mean()
    print("MSE: {:.3f}".format(mse))
```

実行結果

```
--- lambda = 1.0 ---
coefficients:
[ 5.58430718  0.         -0.          0.          0.         -0.
  0.         -0.         -0.         -0.          0.          0.]
MSE: 0.691
--- lambda = 0.1 ---
coefficients:
[ 5.73493612  0.         -0.1407455   0.34369322 -0.
 -2.00071813  0.         -0.         -0.          0.
  0.          0.        ]
MSE: 0.636
--- lambda = 0.01 ---
coefficients:
[ 5.71424724  0.         -1.01439751  0.00742223  0.
 -3.34228417  0.         -0.          0.          0.
  1.04248618  0.        ]
MSE: 0.539
```

lasso_winequality1.pyではハイパーパラメータλ(コード内ではlambda_)の値を変えながら学習をさせて、それぞれのλに対して学習後のパラメータ$\boldsymbol{w}$の値と、テストデータでの平均二乗誤差(MSE)を表示しています。

実行結果を見ると、実際に$\boldsymbol{w}$の値(出力のcoefficientsの欄)が疎になっているのが確認できるかと思います。ここで「-0.」という表記が不思議に思われるかと思いますが、ここで表示されているのは小数点以下何位かまでの近似値で、ゼロではないが微小な負の値が「-0.」と表されます。また、λを小さくすると非ゼロの要素が増えていきます。全体に対するゼロ要素の割合をスパーシティと呼びます。

このようなλの値と結果の係数ベクトルのスパーシティが関係していることをもう少し詳しく考えてみましょう。ソフト閾値関数Sのグラフ(→P.314)を見てみると、xの値(Sの第1引数)の絶対値がλ以内の場合、yは0になります。つまり、**式05-09**でいうと、wの要素を$\sum_{i=1}^{n}\left(y_i - w_0 - \sum_{j\neq k} x_{ij}w_j\right)x_{ik}$で更新しようとするのですが、その絶対値がλ以下だと0になることになります。したがってλが大きいほど0になりやすく、つまりスパーシティが上がることになります。

文献に関するメモ

ラッソのアイデアはTibshiraniによるものです。

R. Tibshirani, Regression shrinkage and selection via the lasso, Journal of the Royal Statistical Society (Series B), vol. 58, pp. 267–288, 1996.

またその後、それを含む概念としてL2正則化項も含むElastic Netという手法が、Zouらによって考案されました。

H. Zou and T. Hastie, Regularization and variable selection via the elastic net, Journal Of The Royal Statistical Society Series B, vol. 67, no. 2, pp. 301–320, 2005.

本書でのアルゴリズムは、Friedmanの以下の論文を参考にしました。

J. H. Friedman, T. Hastie, and R. Tibshirani, Regularization paths for generalized linear models via coordinate descent, Journal of Statistical Software, vol. 33, no. 1, pp. 1-22, 2 2010

05-06 ロジスティック回帰

ロジスティック回帰は、主に二値分類に使われるアルゴリズムです。つまりラベルの値が2種類しかないような教師あり訓練データに適用されます。ラベルの値は0または1だとします。与えられた特徴量のサンプル$\boldsymbol{x} \in \mathbb{R}^d$に対して、ラベル$y$が1になる確率を$P(Y=1|X=\boldsymbol{x})$で表し、$y$が0になる確率を$P(Y=0|X=\boldsymbol{x})$で表します。ロジスティック回帰は次のような式を前提とするモデルです。

$$P(Y=1|X=\boldsymbol{x}) = \sigma(w_0 + \sum_{j=1}^{d} x_j w_j) = \sigma(\boldsymbol{w}^T \tilde{\boldsymbol{x}}^T) \qquad \text{式05-10}$$

ここでσはシグモイド関数と呼ばれるもので

$$\sigma(\xi) = \frac{1}{1+e^{-\xi}}$$

で定義されます。**式05-10**でσの中を見ると、$\boldsymbol{x}$についての線形関数となっています。ここでのアイデアは、サンプルxがラベル1に属するかという確からしさは線形関数の値が大きいほど大きくなるという仮定ですが、単純に線形関数の値を考えるとその値は$-\infty$から$+\infty$までの値を取りえます。

Fig05-04 シグモイド関数のグラフ

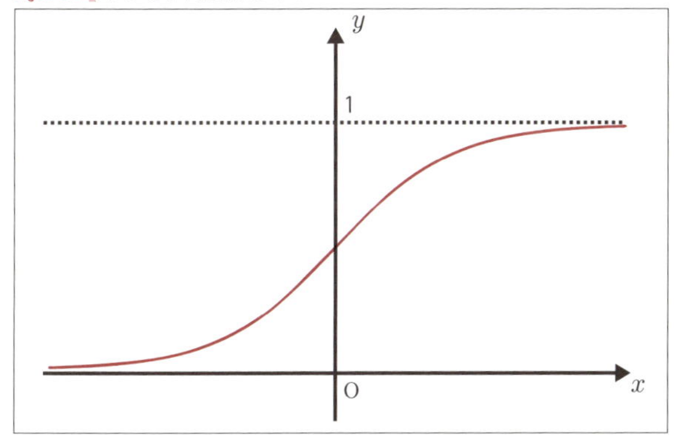

ここでシグモイド関数を作用させることで、確率として扱えるようにしようとしています。実際、シグモイド関数のグラフは前ページのようになっており、任意のξに対して$0 < \sigma(\xi) < 1$であり、$\lim_{\xi \to -\infty} = 0$、$\lim_{\xi \to \infty} = 1$が成り立ちます。つまりロジスティック関数$\sigma$は$(-\infty, \infty)$の範囲を(0,1)の範囲に変換する役割があります。

ラベルは1か0なので、0になる確率は$P(Y = 0|X = \boldsymbol{x}) = 1 - P(Y = 1|X = \boldsymbol{x})$となります。以上のことをまとめると、ラベルの値が$y$になる確率は次のようになります。

$$
\begin{aligned}
P(Y = y|X = \boldsymbol{x}) &= P(Y = 1|X = \boldsymbol{x})^y P(Y = 0|X = \boldsymbol{x})^{1-y} \\
&= \sigma(\tilde{\boldsymbol{x}}^T \boldsymbol{w})^y (1 - \sigma(\tilde{\boldsymbol{x}}^T \boldsymbol{w}))^{1-y}
\end{aligned}
$$

実際この式にy=1を代入すると$P(Y = 1|X = x) = \sigma(\tilde{\boldsymbol{x}}^T \boldsymbol{w})$となり、$y$=0を代入すると$P(Y = 0|X = x) = 1 - \sigma(\tilde{\boldsymbol{x}}^T \boldsymbol{w})$となるので、既知の式と一致することが確認できます。

次に特徴量行列$\boldsymbol{X}$とラベルベクトル$\boldsymbol{y}$が与えられたときには、その$\boldsymbol{X}$から$\boldsymbol{y}$が生じる確率を考えます。行列Xのi行目のサンプルがラベルy_iに分類される確率をすべて掛け算したものとして考えることができ、次のように表されます。

$$
P(y|X) = \prod_{k=1}^{n} \left[\sigma(\tilde{\boldsymbol{x}}_k \boldsymbol{w})^{y_i} (1 - \sigma(\tilde{\boldsymbol{x}}_k \boldsymbol{w}))^{1-y_k} \right] \qquad \text{式05-11}
$$

式05-11の確率を最大化することを考えますが、掛け算の形式だと考えづらいので、logを取ってマイナスを付けたものを$E(\boldsymbol{w})$として考えます。

$$
E(\boldsymbol{w}) = -\log P(\boldsymbol{y}|X) = -\sum_{k=1}^{n} \left[y_k \log \sigma(\boldsymbol{w}^T \tilde{\boldsymbol{x}}_k) + (1 - y_k) \log(1 - \sigma(\boldsymbol{w}^T \tilde{\boldsymbol{x}}_k)) \right]
$$

この最適値をニュートン法(→P.247)によって求めます。つまり

$$
\nabla E(\boldsymbol{w}) = 0
$$

という方程式の解をニュートン法で求めます。そのためには$\nabla E(\boldsymbol{w})$をさらに微分する必要があり、それは$E(\boldsymbol{w})$のヘッセ行列$\boldsymbol{H} = \nabla^2 E(\boldsymbol{w})$を計算することを意味します。

まずは準備としてシグモイド関数の微分を計算します。

$$
\begin{aligned}
\frac{d}{d\xi}\sigma\xi &= \frac{d}{d\xi}\frac{1}{1+e^{-\xi}} \\
&= \frac{-1}{(1+e^{-\xi})^2}\cdot\frac{d}{d\xi}e^{-\xi} \qquad \text{(合成関数の微分)} \\
&= \frac{-1}{(1+e^{-\xi})^2}\cdot(-e^{\xi}) \\
&= \frac{e^{\xi}}{(1+e^{-\xi})^2} \\
&= \frac{1}{1+e^{-\xi}}\cdot\frac{e^{\xi}}{1+e^{-\xi}} \\
&= \frac{1}{1+e^{-\xi}}\cdot\left(1-\frac{1}{1+e^{-\xi}}\right) \\
&= \sigma(\xi)(1-\sigma(\xi))
\end{aligned}
$$

次に$E(\boldsymbol{w})$の1階微分を計算します。

$$
\begin{aligned}
\nabla E(\boldsymbol{w}) &= -\sum_{k=1}^{n}\left[y_k\frac{d}{d\boldsymbol{w}}\log\sigma(\boldsymbol{w}^T\tilde{\boldsymbol{x}}_k)+(1-y_k)\frac{d}{d\boldsymbol{w}}\log(1-\sigma(\boldsymbol{w}^T\tilde{\boldsymbol{x}}_k))\right] \\
&= -\sum_{k=1}^{n}\left[y_k\frac{1}{\sigma(\boldsymbol{w}^T\tilde{\boldsymbol{x}}_k)}\frac{d}{d\boldsymbol{w}}\sigma(\boldsymbol{w}^T\tilde{\boldsymbol{x}}_k)+(1-y_k)\frac{1}{1-\sigma(\boldsymbol{w}^T\tilde{\boldsymbol{x}}_k)}\frac{d}{d\boldsymbol{w}}(1-\sigma(\boldsymbol{w}^T\tilde{\boldsymbol{x}}_k))\right] \\
&= -\sum_{k=1}^{n}\Bigg[y_k\frac{1}{\sigma(\boldsymbol{w}\tilde{\boldsymbol{x}}_k)}\sigma(\boldsymbol{w}^T\tilde{\boldsymbol{x}}_k)(1-\sigma(\boldsymbol{w}^T\tilde{\boldsymbol{x}}_k))\tilde{\boldsymbol{x}}_k \\
&\qquad +(1-y_k)\frac{1}{1-\sigma(\tilde{\boldsymbol{x}}_k\boldsymbol{w})}\left\{-\sigma(\tilde{\boldsymbol{x}}_k\boldsymbol{w})(1-\sigma(\tilde{\boldsymbol{x}}_k\boldsymbol{w}))\tilde{\boldsymbol{x}}_k^T\right\}\Bigg] \\
&= -\sum_{k=1}^{n}\left[y_k(1-\sigma(\tilde{\boldsymbol{x}}_k\boldsymbol{w}))\tilde{\boldsymbol{x}}_k^T-(1-y_k)\sigma(\tilde{\boldsymbol{x}}_k\boldsymbol{w})\tilde{\boldsymbol{x}}_k^T\right] \\
&= \sum_{k=1}^{n}(\sigma(\tilde{\boldsymbol{x}}_k\boldsymbol{w})-y_k)\,\tilde{\boldsymbol{x}}_k^T
\end{aligned}
$$

ここで

$$
\hat{\boldsymbol{y}} = (\sigma(\boldsymbol{w}^T\tilde{\boldsymbol{x}}_1),\sigma(\boldsymbol{w}^T\tilde{\boldsymbol{x}}_2),\ldots,\sigma(\boldsymbol{w}^T\tilde{\boldsymbol{x}}_n))^T
$$

とおくと、行列$\tilde{\boldsymbol{X}}$を使って次のように簡潔に書くことができます。

$$
\nabla E(\boldsymbol{w}) = \tilde{\boldsymbol{X}}^T(\hat{\boldsymbol{y}}-\boldsymbol{y})
$$

次に2階微分（ヘッセ行列）を考えます。ヘッセ行列$\boldsymbol{H}$の(i,j)成分H_{ij}は、次のようになります。

$$
\begin{aligned}
H_{ij} &= \frac{d}{dw_j}\left[\sum_{k=1}^{n}\left(\sigma(\boldsymbol{w}^T\tilde{\boldsymbol{x}}_k)-y\right)x_{ki}\right] \\
&= \sum_{k=1}^{n}\sigma(\boldsymbol{w}^T\tilde{\boldsymbol{x}}_k)\left(1-\sigma(\boldsymbol{w}^T\tilde{\boldsymbol{x}}_k)\right)x_{ki}x_{kj} \\
&= \sum_{k=1}^{n}\hat{y}_k\left(1-\hat{y}_k\right)x_{ki}x_{kj}
\end{aligned}
$$

ここで任意の$i=1,2,\ldots,n$に対して、$x_{i0}=1$と定義します。w_0による偏微分だけ特別扱いとならないところを、そのように定義することで統一的に議論できます。

単純化のため対角行列$\boldsymbol{R}$を次の式で定義します。

$$
\boldsymbol{R} = \begin{pmatrix}
\hat{y}_1(1-\hat{y}_1) & & & \\
& \hat{y}_2(1-\hat{y}_2) & & \\
& & \ddots & \\
& & & \hat{y}_n(1-\hat{y}_n)
\end{pmatrix}
$$

すると$\boldsymbol{H}$は次で表せます。

$$
\boldsymbol{H} = \tilde{\boldsymbol{X}}^T\boldsymbol{R}\tilde{\boldsymbol{X}}
$$

$\nabla E(\boldsymbol{w})=\boldsymbol{0}$となる$\boldsymbol{w}$をニュートン法で求めます。そのため、次のような更新式を考えます。

$$
\boldsymbol{w}^{\mathrm{new}} = \boldsymbol{w}^{\mathrm{old}} - \boldsymbol{H}^{-1}\nabla E(\boldsymbol{w}^{\mathrm{old}})
$$

この更新式を計算しやすいように変形します。

$$
\begin{aligned}
\boldsymbol{w}^{\mathrm{new}} &= \boldsymbol{w}^{\mathrm{old}} - (\boldsymbol{X}^T\boldsymbol{R}\boldsymbol{X})^{-1}\boldsymbol{X}^T(\hat{\boldsymbol{y}}-\boldsymbol{y}) \\
&= (\boldsymbol{X}^T\boldsymbol{R}\boldsymbol{X})^{-1}\boldsymbol{X}^T\boldsymbol{R}\boldsymbol{X}\boldsymbol{w}^{\mathrm{old}} - (\boldsymbol{X}\boldsymbol{R}\boldsymbol{X}^T)^{-1}\boldsymbol{X}\boldsymbol{R}\boldsymbol{R}^{-1}(\hat{\boldsymbol{y}}-\boldsymbol{y}) \\
&= (\boldsymbol{X}^T\boldsymbol{R}\boldsymbol{X})^{-1}(\boldsymbol{X}^T\boldsymbol{R})\left[\boldsymbol{X}\boldsymbol{w}^{\mathrm{old}} - \boldsymbol{R}^{-1}(\hat{\boldsymbol{y}}-\boldsymbol{y})\right]
\end{aligned}
$$

このように変形した理由としては、まずは$\boldsymbol{X}^T\boldsymbol{R}$が2箇所に出てくるので計算結果を再利用できて効率がいいというのと、$\boldsymbol{R}^{-1}$は対角行列の逆行列なので計算しやすいというのがあります。ここで、$\boldsymbol{R}$の値も$\boldsymbol{w}$に依存するので、$\boldsymbol{w}$を更新するたびに計算し直す必要があるので気をつけなければなりません。

それではこれを実装してみます。

List logisticreg.py

```
import numpy as np
from scipy import linalg

THRESHMIN = 1e-10


def sigmoid(x):
    return 1 / (1 + np.exp(-x))


class LogisticRegression:
    def __init__(self, tol=0.001, max_iter=3, random_seed=0):
        self.tol = tol
        self.max_iter = max_iter
        self.random_state = np.random.RandomState(random_seed)
        self.w_ = None

    def fit(self, X, y):
        self.w_ = self.random_state.randn(X.shape[1] + 1)
        Xtil = np.c_[np.ones(X.shape[0]), X]
        diff = np.inf
        w_prev = self.w_
        iter = 0
        while diff > self.tol and iter < self.max_iter:
            yhat = sigmoid(np.dot(Xtil, self.w_))
            r = np.clip(yhat * (1 - yhat),
                        THRESHMIN, np.inf)
            XR = Xtil.T * r
            XRX = np.dot(Xtil.T * r, Xtil)
            w_prev = self.w_
            b = np.dot(XR, np.dot(Xtil, self.w_) -
                       1 / r * (yhat - y))
            self.w_ = linalg.solve(XRX, b)
            diff = abs(w_prev - self.w_).mean()
            iter += 1
```

```
    def predict(self, X):
        Xtil = np.c_[np.ones(X.shape[0]), X]
        yhat = sigmoid(np.dot(Xtil, self.w_))
        return np.where(yhat > .5, 1, 0)
```

それではこれを実際のデータに適用してみます。ここではUCIリポジトリの「Breast Cancer Wisconsin (Diagnostic) Data Set」を利用します。これは検査数値と乳がんの診断結果についてのデータセットです。以下のURLからファイルwdbc.dataをダウンロードしてプログラムと同じフォルダにおいてください。

Breast Cancer Wisconsin (Diagnostic) Data Set：wdbc.data

https://archive.ics.uci.edu/ml/machine-learning-databases/breast-cancer-wisconsin/

それから、次のプログラムを実行します。

List logisticreg_wdbc.py

```
import logisticreg
import csv
import numpy as np

n_test = 100
X = []
y = []
with open("wdbc.data") as fp:            ❶
    for row in csv.reader(fp):
        if row[1] == "B":
            y.append(0)
        else:
            y.append(1)
        X.append(row[2:])

y = np.array(y, dtype=np.float64)        ❷
X = np.array(X, dtype=np.float64)
y_train = y[:-n_test]
X_train = X[:-n_test]
```

```
y_test = y[-n_test:]
X_test = X[-n_test:]
model = logisticreg.LogisticRegression(tol=0.01)   ❸
model.fit(X_train, y_train)

y_predict = model.predict(X_test)                  ❹
n_hits = (y_test == y_predict).sum()
print("Accuracy: {}/{} = {}".format(n_hits, n_test,
                                    n_hits / n_test))
```

実行結果

```
Accuracy: 97/100 = 0.97
```

logisticreg_wdbc.pyの❶ではファイルを読み込んでいます。ここでwdbc.dataというファイルの中身はcsv形式なので、csvモジュールを利用しています。

次に❷で読み込んだデータをリストから配列に変換し、訓練用と評価用に分割しています。ここでは評価用のデータ件数は100に設定しています。❸でモデルを学習させ、❹で結果を計算し表示します。

❹で、`y_predict`はモデルが予測した値（0または1が並んだ配列）であり、`n_hits`は予想が当たっているものの数です。`y_test == y_predict`はbool型の配列であり、各要素について予測と真の値が一致していればTrueに、そうでなければFalseになります。それについて`.sum()`を計算することで、Trueの数が計算されます。実際、和の計算ではTrueは1として、Falseは0として計算されるからです。

実行結果を見ると、100件中97件が当たっていることが確認できます。

05-07 サポートベクタマシン

2種類のラベルの付いた点群をラベルに応じて超平面で分割することを考えます。特に全体空間が2次元であるときは直線で区切ることになりますが、例えば次のような2種類の点群が与えられたとすると、ここで描かれている直線は3つとも正しく分類ができていることになります。

Fig05-05 正しい分類ができている例

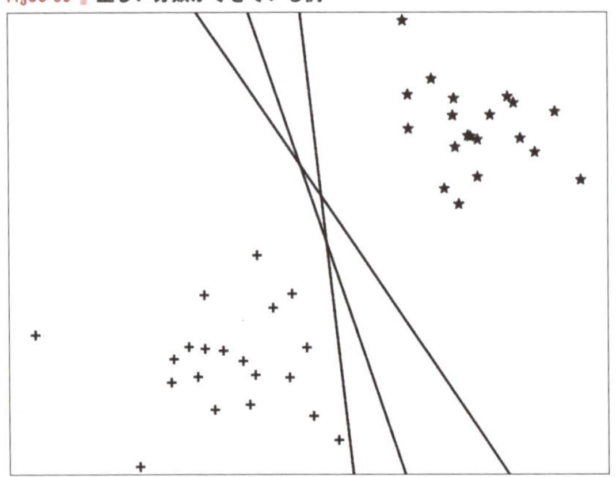

しかし機械学習では未知のデータをどう分類するかというのが問題なので、次のように、xで示された点が新しく加わったときにどのように分類するのが妥当でしょうかという問題になります。以下ではFig05-05のように点が直線（超平面）により完全に分類可能な場合について考えます。

Fig05-06 分類の例題

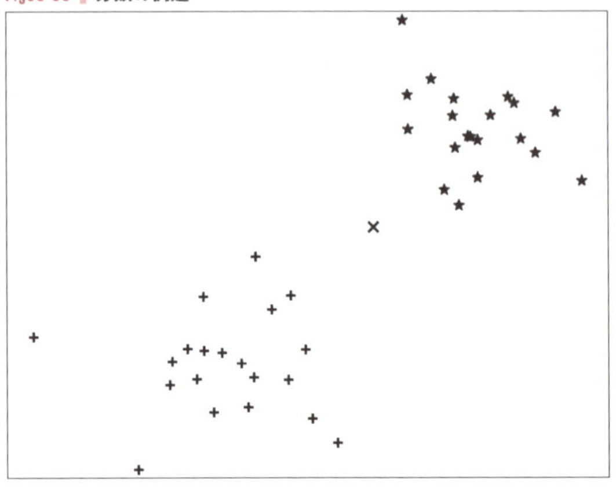

このような場合を考え、マージンを最大化する直線により分類することを考えます。マージンの最大化とは次の図で示すように、それぞれのクラスに属する点群のうち、

直線に一番近い点と直線の距離を考え、その距離を最大にするものです。このような手法は**サポートベクタマシン**（SVM）と呼ばれます。

Fig05-07 マージンの最大化

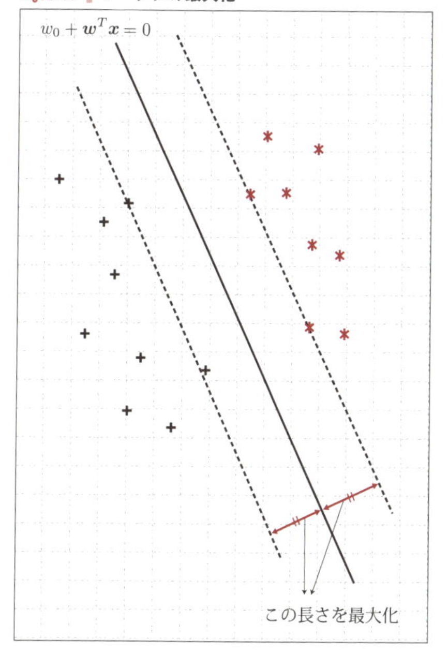

分類直線（一般には超曲面）が次で表されるとします。

$$y = w_0 + \sum_{i=1}^{n} w_i x_i = w_0 + \boldsymbol{w}^T\boldsymbol{x}$$

つまり、$\boldsymbol{w}^T\boldsymbol{x}$の符号が分類のラベルを意味します。ここでは計算の都合上、ラベルの値は-1または1（つまりy_i=-1またはy_i=1）だとし、$\tilde{\boldsymbol{x}}$を使った表記を使わずにw_0と$\boldsymbol{w}$を分けて表記しています。

いま、点が完全に正しく分類された場合を考えるので、その場合には$y_i(w_0 + \boldsymbol{w}^T\boldsymbol{x}_i)$ >0となります。そのとき、i番目の点から直線への距離は次で表されます。

$$\frac{y_i(w_0 + \boldsymbol{w}^T\boldsymbol{x})}{\|\boldsymbol{w}\|}$$

マージン最大化は次で表されます。

$$\underset{w_0,\boldsymbol{w}}{\text{Maximize}}\min_i \frac{y_i(w_0+\boldsymbol{w}^T\boldsymbol{x}_i)}{\|w\|}$$

内側の$\min_i$はiについての最小値を取ることを意味しており、つまり$\min_i \frac{y_i(w_0+\boldsymbol{w}^T\boldsymbol{x})}{\|\boldsymbol{w}\|}$は境界直線からの一番近い点への距離を表します。その外側に$\underset{w_0,\boldsymbol{w}}{\text{Maximize}}$が付いているので、それを$w_0$、$\boldsymbol{w}$を動かしながら最大化します。

$\|\boldsymbol{w}\|$はiに依存しないので$\frac{1}{\|\boldsymbol{w}\|}$を$\min_i$の外に出すことができて、次の最適化問題を考えることと同じになります。

$$\underset{w_0,\boldsymbol{w}}{\text{Maximize}}\frac{1}{\|\boldsymbol{w}\|}\min_i y_i(w_0+\boldsymbol{w}^T\boldsymbol{x}_i)$$

ここでw_0と$\boldsymbol{w}$のすべての要素をκ倍して、$w_0\to\kappa w_0$、$\boldsymbol{w}\to\kappa\boldsymbol{w}$と置き換えをしたとしても最適化される式は変わりません($\frac{1}{\|\boldsymbol{w}\|}$の分母から$\kappa$が出てきて、$w_0+\boldsymbol{w}^T\boldsymbol{x}_i$からも$\kappa$が出てくるので約分されて元の式と同じになります)。このことから内側の最小値は1だとしてもかまいません。つまりこの最適解が見つかると、その最適解の定数倍したものも最適解になるので、特に内側のminの値が1の場合のみを考えても問題ないということです。実際、$\min_i y_i(w_0'+\boldsymbol{w}'^T\boldsymbol{x}_i)=m$だとすると、$w_0'=mw_0$, $\boldsymbol{w}'=m\boldsymbol{w}$という置き換えにより、次のようになります。

$$\min_i y_i(w_0'+\boldsymbol{w}'^T x)=\min_i y_i\left[(mw_0)+(m\boldsymbol{w})^T x_i\right]=m\min_i y_i(w_0+\boldsymbol{w}^T x_i)$$
$$\therefore\ \min_i y_i(w_0+\boldsymbol{w}^T\boldsymbol{x}_i)=\min_i y_i(w_0'+\boldsymbol{w}'^T\boldsymbol{x}_i)/m=1$$

このことにより最適化の式は、単純に次のようになります。

$$\underset{w_0,\boldsymbol{w}}{\text{Maximize}}\frac{1}{\|\boldsymbol{w}\|}$$

しかしここでは$\min_i y_i(b+w^T x_i)$=1という仮定を最適化の制約式として考慮しなければいけません。つまり$y_i(b+w^T x_i)\geq 1$というのが制約式になります。

$\frac{1}{\|\boldsymbol{w}\|}$を最大化する$w$を求めるのと、$\|\boldsymbol{w}\|$を最小化する$w$を求めるのは同じことです。さらに$\frac{1}{2}\|\boldsymbol{w}\|^2$を最小化する$w$を求めても同じです。ここで係数$\frac{1}{2}$を付けたのは、後の計算の便宜のためです。したがって、制約式も加えて、解くべき最適化問題は次のようになります。

$$
\begin{aligned}
&\underset{w_0, \boldsymbol{w}}{\text{Maximize}} \ \frac{1}{2}\|\boldsymbol{w}\|^2 \\
&\text{Subject to } y_i(w_0 + \boldsymbol{w}^T x_i) \geq 1
\end{aligned}
$$

これをラグランジュ未定乗数法で解きます。制約式がn個あるので、変数$a = (a_1, a_2, \dots, a_n)^T$を導入して、ラグランジュ関数は次のように表されます。

$$
L(w_0, \boldsymbol{w}, \boldsymbol{a}) = \frac{1}{2}\|\boldsymbol{w}\|^2 - \sum_{i=1}^{n} a_i \left\{ y_i(w_0 + \boldsymbol{w}^T \boldsymbol{x}_i) - 1 \right\} \qquad \text{式05-12}
$$

w_0と$\boldsymbol{w}$についての偏微分が0という条件より、次を得ます。

$$
\begin{aligned}
\frac{\partial}{\partial w_0} L(w_0, \boldsymbol{w}, \boldsymbol{a}) &= -\sum_{i=1}^{n} a_i y_i = 0 \\
\frac{\partial}{\partial w_j} L(w_0, \boldsymbol{w}, \boldsymbol{a}) &= w_j - \sum_{i=1}^{n} a_i y_i x_{ij} = 0
\end{aligned}
$$

$$
\therefore \sum_{i=1}^{n} a_i y_i = 0 \qquad \text{式05-13}
$$

$$
w_j = \sum_{i=1}^{n} a_i y_i x_{ij} \quad (j = 1, \dots, d) \qquad \text{式05-14}
$$

また、この場合のKKT条件は次のようになります。

$$
\begin{aligned}
a_i &\geq 0 \\
y_i(w_0 + \boldsymbol{w}^T \boldsymbol{x}_i) - 1 &\geq 0 \qquad \text{式05-15} \\
a_i \left\{ y_i(w_0 + \boldsymbol{w}^T \boldsymbol{x}_i) - 1 \right\} &= 0
\end{aligned}
$$

式05-13と**式05-14**を**式05-12**に代入するのですが、それぞれの項に代入する計算を以下にします。

$$
\begin{aligned}
\frac{1}{2}\|\boldsymbol{w}\|^2 &= \frac{1}{2}\sum_{j=1}^{d}\boldsymbol{w}_j^2 \\
&= \frac{1}{2}\sum_{j=1}^{d}\left(\sum_{i=1}^{n}a_iy_ix_{ij}\right) \\
&= \frac{1}{2}\sum_{j=1}^{d}\left(\sum_{k=1}^{n}a_ky_kx_{kj}\right)\left(\sum_{l=1}^{n}a_ly_lx_{lj}\right) \\
&= \frac{1}{2}\sum_{j=1}^{d}\sum_{k=1}^{n}\sum_{l=1}^{n}a_ka_ly_ky_lx_{kj}x_{lj} \\
&= \frac{1}{2}\sum_{k=1}^{n}\sum_{l=1}^{n}a_ka_ly_ky_l\boldsymbol{x}_k^T\boldsymbol{x}_l
\end{aligned}
$$

$$
\begin{aligned}
-\sum_{i=1}^{n}a_i\left\{y_i(w_0+\boldsymbol{w}^T\boldsymbol{x}_i)-1\right\} &= -\sum_{k=1}^{n}a_k\left\{y_k(w_0+\sum_{l=1}^{n}a_ly_l\sum_{j=1}^{d}x_{lj}x_{kj})-1\right\} \quad \text{(式05-14を代入)} \\
&= -w_0\sum_{k=1}^{n}a_ky_k-\sum_{k=1}^{n}\sum_{l=1}^{n}a_ky_ka_ly_l\boldsymbol{x}_l^T\boldsymbol{x}_k+\sum_{k=1}^{n}a_k \\
&= -\sum_{k=1}^{n}\sum_{l=1}^{n}a_ky_ka_ly_l\boldsymbol{x}_l^T\boldsymbol{x}_k+\sum_{k=1}^{n}a_k \qquad \text{(式05-13を代入)}
\end{aligned}
$$

したがって次の式を得ます。

$$
\begin{aligned}
L(w_0,\boldsymbol{w},\boldsymbol{a}) &= \frac{1}{2}\sum_{k=1}^{n}\sum_{l=1}^{n}a_ka_ly_ky_l\boldsymbol{x}_k^T\boldsymbol{x}_l-\sum a_ky_ka_ly_l\boldsymbol{x}_l\boldsymbol{x}_k+\sum_{k=1}^{n}a_k \\
&= \sum_{k=1}^{n}a_k-\frac{1}{2}\sum_{k=1}^{n}\sum_{l=1}^{n}a_ka_ly_ky_l\boldsymbol{x}_k^T\boldsymbol{x}_l
\end{aligned}
$$

つまり、w_0、$\boldsymbol{w}$、$\boldsymbol{a}$と変数についての最適化問題だったものが$\boldsymbol{a}$だけについての最適化になりました。ここで制約式は**式05-13**と、**式05-15**の中で$\boldsymbol{a}$に関係するものを選べばよく、つまり次のような$\boldsymbol{a}$についての2次計画問題（→P.265）になります。

$$\text{Maximize}\quad f(\boldsymbol{a}) = \sum_{k=1}^{n} a_k - \frac{1}{2}\sum_{k=1}^{n}\sum_{l=1}^{n} a_k a_l y_k y_l x_k^T x_l$$

$$\text{Subject to}\quad \sum_{i=1}^{n} a_i y_i = 0$$

$$a_i \geq 0$$

$$a_i\left\{y_i(w_0 + \boldsymbol{w}^T\boldsymbol{x}_i) - 1\right\} = 0$$

式05-16

これは汎用の2次計画問題ソルバで解くことも考えられますが、問題の特性により汎用のソルバより効率のよいアルゴリズムが知られています。ここでは、Platによるアルゴリズム(文献は後述)を適用します。

まず**式05-16**をよく見てみると、最後の制約式により$y_i(b+\boldsymbol{w}^T\boldsymbol{x}_i) \neq 1$のときは、$a_i$=0となります。$y_i(b+\boldsymbol{w}^T\boldsymbol{x}_i)$=1というのは点がマージン境界線の上に乗っているという条件ですので、つまりこれはマージン境界線の上にある点$\boldsymbol{x}_i$と対応する係数a_iだけを考えればよく、それ以外のa_iはすべて0になるということです。マージン境界線の上にある点のことをサポートベクタ※5-2と呼びます。

式05-16はパラメータ数が多い複雑な2次計画問題のように見えますが、サポートベクタがどうなるかに注目するとほとんどのパラメータは無視してよいことになり、そのことを考慮したアルゴリズムを考えることができます。アルゴリズムの概要は次のようになります。

- 初期値$\boldsymbol{a}^0$を選び、以下を繰り返す。
  1. ある基準にもとづきインデックスi, jを選択する。
  2. a_iとa_jだけを動かして、他を固定して最適なa_i、a_jを求める。

インデックスi、jの選び方は後で説明することとして、まずは最適なa_i、a_jの求め方を説明します。まずは最適化される式をインデックスi、jと、それ以外に分離します。そして第2項の$\sum_{k=1}^{n}\sum_{k=1}^{n}$の部分を分解してみます。

※5-2 数学に出てくる「ベクトル」もサポートベクタの「ベクタ」も英語表記ではvectorなのですが、歴史的な理由によりサポートベクタマシンの文脈でのvectorのカタカナ表記は「ベクタ」または「ベクター」とすることが多いようです。

$$
\begin{aligned}
&\sum_{k=1}^{n}\sum_{l=1}^{n} a_k a_l y_k y_l \boldsymbol{x}_k^T \boldsymbol{x}_l \\
&=\left(\sum_{k=1}^{n} a_k y_k \boldsymbol{x}_k^T\right)\left(\sum_{l=1}^{n} a_l y_l \boldsymbol{x}_l\right) \\
&=\left(a_i y_i \boldsymbol{x}_i + a_j y_j \boldsymbol{x}_j + \sum_{k\neq i,j} a_k y_k \boldsymbol{x}_k^T\right)\left(a_i y_i \boldsymbol{x}_i + a_j y_j \boldsymbol{x}_j + \sum_{l\neq i,j} a_l y_l \boldsymbol{x}_l\right) \\
&=a_i^2 y_i^2 \boldsymbol{x}_i^T \boldsymbol{x}_i + a_j^2 y_j^2 \boldsymbol{x}_j^T \boldsymbol{x}_j + 2a_i a_j y_i y_j \boldsymbol{x}_i^T \boldsymbol{x}_j \\
&\qquad + 2\sum_{k\neq i,j} a_i a_k y_i y_k \boldsymbol{x}_i^T \boldsymbol{x}_k + 2\sum_{k\neq i,j} a_j a_k y_j y_k \boldsymbol{x}_j^T \boldsymbol{x}_k + \sum_{k\neq i,j}\sum_{l\neq i,j} a_k a_l y_k y_l \boldsymbol{x}_k^T \boldsymbol{x}_l
\end{aligned}
$$

したがって目的関数は次のようになります。

$$
\begin{aligned}
&\sum_{k=1}^{n} a_k - \frac{1}{2}\sum_{k=1}^{n}\sum_{l=1}^{n} a_k a_l y_k y_l x_k^T x_l \\
&= -\frac{1}{2}a_i^2 \boldsymbol{x}_i^T \boldsymbol{x}_i - \frac{1}{2}a_j^2 \boldsymbol{x}_j^T \boldsymbol{x}_j - a_i a_j y_i y_j \boldsymbol{x}_i^T \boldsymbol{x}_j \\
&\quad + a_i\left(1 - y_i \boldsymbol{x}_i^T \sum_{k\neq i,j} a_k y_k \boldsymbol{x}_k\right) + a_j\left(1 - y_j \boldsymbol{x}_j^T \sum_{k\neq i,j} a_k y_k \boldsymbol{x}_k\right) \\
&\quad + \sum_{k\neq i,j} a_k - \frac{1}{2}\sum_{k\neq i,j}\sum_{l\neq i,j} a_k a_l y_k y_l \boldsymbol{x}_k^T \boldsymbol{x}_l
\end{aligned}
$$

ここで、y_k=1または-1なので、$y_i^2 = y_j^2$=1を使いました。これをa_i、a_jについての2次式と見て、計算の便宜上次のようにおきます。

$$
Aa_i^2 + Ba_j^2 + Ca_i a_j + Da_i + Ea_j + F \qquad \text{式05-17}
$$

次に1つ目の制約式を分離して変形すると、次のようになります。

$$
\begin{aligned}
a_i y_i + a_j y_j + \sum_{k\neq i,j} a_k y_k = 0 \\
\therefore a_j = \frac{1}{y_j}\left(-a_i y_i - \sum_{k\neq i,j} a_k y_k\right)
\end{aligned}
$$

ここで$\sum_{k\neq i,j} a_k y_k = G$とおくと、$a_j = y_j(-a_i y_i - G)$（ここで$y_j^2$=1を使っているので注意）となり、これを**式05-17**に代入するとa_iについての2次間数（上に凸）となるので、軸の位置を計算すると最大値を取るa_iが求められます。実際に代入した式をここで示すのは煩雑になるので、2次の係数と1次の係数の計算だけを示します。実際最適化の計算にはそれだけで十分です。

$$
\begin{aligned}
(a_i^2\text{の係数}) &= A + B - y_i y_j C \\
&= -\frac{1}{2}\boldsymbol{x}_i^T\boldsymbol{x}_i - \frac{1}{2}\boldsymbol{x}_j^T x_j - \boldsymbol{x}_i^T\boldsymbol{x}_j \\
&= -\frac{1}{2}\|\boldsymbol{x}_i - \boldsymbol{x}_j\|^2 \\
(a_i\text{の係数}) &= 2y_i BG - y_j CG + D - y_i y_j E \\
&= 1 - y_i y_j + y_i(\boldsymbol{x}_i - \boldsymbol{x}_j)^T \left(\boldsymbol{x}_j \sum_{k\neq i,j} a_k y_k - \sum_{k\neq i,j} a_k y_k \boldsymbol{x}_k\right)
\end{aligned}
$$

したがって、もしa_i>0、a_j>0という制約条件を無視したときに目的関数を最大化するa_iを$\hat{a}_i$とすると、$\hat{a}_i$は次で表されます。

$$
\hat{a}_i = \frac{1}{\|\boldsymbol{x}_i - \boldsymbol{x}_j\|^2}\left\{1 - y_i y_j + y_i(\boldsymbol{x}_i - \boldsymbol{x}_j)^T \left(\boldsymbol{x}_j \sum_{k\neq i,j} a_k y_k - \sum_{k\neq i,j} a_k y_k \boldsymbol{x}_k\right)\right\}
$$

式05-18

$\hat{a}_i$が決まると、対応するa_jの値は次で求められます。

$$
\hat{a}_j = y_j \left(-\hat{a}_i y_i - \sum_{k\neq i,j} a_k y_k\right)
$$

式05-19

しかし、実際には制約条件を気にしなければいけません。$\hat{a}_i$<0ならばa_i=0が実際の最適解になり、a_jはそれに応じて計算し、$\hat{a}_j < 0$ならばa_j=0が実際の最適解になり、a_iはそれに応じて計算します。

以上が「a_iとa_jだけを動かして他を固定して最適化する」ということの説明です。最終的にはa_iについての2次式だと思うことで計算できました。次にi、jの選択のしかたを説明します。i、jの選択については、次のようなルールで行います。

$$
\begin{aligned}
i &= \operatorname*{argmin}_{t\in I_-(\boldsymbol{y},\boldsymbol{a})} y_t \nabla f(\boldsymbol{a})_t \\
j &= \operatorname*{argmin}_{t\in I_+(\boldsymbol{y},\boldsymbol{a})} y_t \nabla f(\boldsymbol{a})_t
\end{aligned}
$$

式05-20

ここでargminとargmaxはそれぞれ、最大値・最小値を取るときのインデックスの値という意味です。ここでI_-とI_+は次のように定めます。

$$I_-(\boldsymbol{y},\boldsymbol{a}) = \{t|y_t = -1 \text{ または } a_t > 0\}$$
$$I_+(\boldsymbol{y},\boldsymbol{a}) = \{t|y_t = 1 \text{ または } a_t > 0\}$$

i、jの選択の根拠について以下に説明します。**式05-16**にラグランジュ未定乗数法を適用してみます。目的関数を$f(\boldsymbol{a})$とすると、新しい変数λと$\boldsymbol{\mu}$を使って、ラグランジュ関数は次のようになります。

$$f(\boldsymbol{a}) - \lambda \sum_{i=1}^{n} a_i y_i - \boldsymbol{\mu}^T \boldsymbol{a}$$

このときのKKT条件は次のようになります。

$$\mu_j a_j = 0,\ \mu_j \leq 0$$

ラグランジュ関数の$\boldsymbol{a}$についての勾配を取って$=0$とおくと、次のようになります。

$$\nabla f(\boldsymbol{a}) + \lambda \boldsymbol{y} - \boldsymbol{\mu} = 0$$

さらに成分に注目すると次のようになります。

$$\nabla f(\boldsymbol{a})_t + \lambda y_t = \mu_t \leq 0$$

ここで、KKT条件を見るとa_t>0のときはμ_t=0である必要があり、μ_tを自由に動かせるのはa_t=0のときに限定されます。

まずは$a_t = 0$のときについて考えると、y_t=1またはy_t=-1であることに注意して、この式の両辺にy_tを掛けて整理すると次を得ます。

$$y_t \nabla f(\boldsymbol{a})_t \geq -\lambda \quad (y_t = -1)$$
$$y_t \nabla f(\boldsymbol{a})_t \leq -\lambda \quad (y_t = 1)$$

次にa_t>0だとすると

$$y_t \nabla f(\boldsymbol{a})_t = -\lambda$$

です。

つまり最適解においては「y_t=-1、またはa_t>0」ならば$y_t \nabla f(\boldsymbol{a})_t \geq -\lambda$であり、「$y_t$

=1、またはa_t>0」ならば$y_t \nabla f(\boldsymbol{a})_t \leq -\lambda$です。つまり次を満たす必要があります。

$$\min_{t \in I_-(\boldsymbol{y},\boldsymbol{a})} y_t \nabla f(\boldsymbol{a})_t \geq \max_{t \in I_+(\boldsymbol{y},\boldsymbol{a})} y_t \nabla f(\boldsymbol{a})_t$$

この条件がもし満たされていない場合に、満たすように$\boldsymbol{a}$の値を変更しようというのがi、jの決定方法のアイデアです。ここで

$$\nabla f(\boldsymbol{a})_t = 1 - \sum_{l=1}^{n} a_l y_t y_l \boldsymbol{x}_t^T \boldsymbol{x}_l$$

となります。

$\boldsymbol{a}$が定まると**式05-14**により、$w_j\ (j = 1, \ldots, d)$を求めることができます。w_0については、**式05-15**により$a_t \neq 0$となるようなa_tについては次が成り立つことを使います。

$$y_t \left(w_0 + \boldsymbol{w}^T \boldsymbol{x}_t \right) = 1$$

このようなtを1つ見つけてw_0を見つけることも考えられますが、もっと数値計算的に安定するのは、$a_t \neq 0$となるa_tすべてについての和を取ることです。

$$S = \{ i | a_i \neq 0 \}$$

とすると、次の式によりw_0を計算します。

$$w_0 = \frac{1}{|S|} \sum_{k \in S} \left(y_k - \sum_{l \in S} a_l y_l \boldsymbol{x}_k^T \boldsymbol{x}_l \right) \qquad \text{式05-21}$$

ここで$|S|$は集合Sの要素の個数です。また、y_i^2=1を使いました。

それではこれを実装してみます。

List svm_hard.py

```
import numpy as np
from operator import itemgetter


class SVC:
```

```
def fit(self, X, y, selections=None):
    a = np.zeros(X.shape[0]) ❶
    ay = 0
    ayx = np.zeros(X.shape[1])
    yx = y.reshape(-1, 1)*X
    indices = np.arange(X.shape[0])
    while True:
        ydf = y*(1-np.dot(yx, ayx.T)) ❸
        iydf = np.c_[indices, ydf]
        i = int(min(iydf[(y < 0) | (a > 0)],
                    key=itemgetter(1))[0])  ❹
        j = int(max(iydf[(y > 0) | (a > 0)],
                    key=itemgetter(1))[0])
        if ydf[i] >= ydf[j]:
            break
        ay2 = ay - y[i]*a[i] - y[j]*a[j]
        ayx2 = ayx - y[i]*a[i]*X[i, :] - y[j]*a[j]*X[j, :]  ❷
        ai = ((1-y[i]*y[j]
              + y[i]*np.dot(X[i, :] - X[j, :],
                            X[j, :]*ay2 - ayx2)) ❺
             / ((X[i] - X[j])**2).sum())
        if ai < 0:
            ai = 0
        aj = (-ai * y[i] - ay2) * y[j]
        if aj < 0:  ❻
            aj = 0
            ai = (-aj*y[j] - ay2)*y[i]
        ay += y[i]*(ai - a[i]) + y[j]*(aj - a[j])
        ayx += y[i]*(ai - a[i])*X[i, :] + y[j]*(aj - a[j])*X[j, :]
        if ai == a[i]:
            break
        a[i] = ai
        a[j] = aj
    self.a_ = a
    ind = a != 0.
    self.w_ = ((a[ind] * y[ind]).reshape(-1, 1)
               * X[ind, :]).sum(axis=0)
```

```
        self.w0_ = (y[ind]
                    - np.dot(X[ind, :], self.w_)).sum() / ind.sum()

    def predict(self, X):
        return np.sign(self.w0_ + np.dot(X, self.w_))
```

$\boldsymbol{a}$の初期値は$\mathbf{0}$にしています(❶)。$\sum_{k=1}^{n} a_k y_k$と$\sum_{k=1}^{n} a_k y_k \boldsymbol{x}_k$についてそれぞれ変数ayとayxに格納されており、毎回すべての和を計算するのではなく、更新分を使って効率よく計算しています。a_i、a_jの値が、a_i^{old}、a_j^{old}からa_i^{new}、a_j^{new}になったとすると、$\sum_{k=1}^{n} a_k y_k$の値は

$$y_i(a_i^{\text{new}} - a_i^{\text{old}}) + y_j(a_j^{\text{new}} - a_j^{\text{old}})$$

増加し、$\sum_{k=1}^{n} a_k y_k \boldsymbol{x}_k$は

$$y_i(a_i^{\text{new}} - a_i^{\text{old}})_i + y_j(a_j^{\text{new}} - a_j^{\text{old}})_j$$

が足されることになります。その計算をしているのが❷です。

$y_t \nabla f(\boldsymbol{a})_t$の計算をしているのが❸です。$i$と$j$の値をargminとargmaxで求めているのが❹です。$\hat{a}_i$を計算しているのが❺です。❻では$\hat{a}_i < 0$または$\hat{a}_j$のときの処理をしています。

実際にこのクラスを使って実験をして描画してみます。

List svm_hard_test1.py

```
import numpy as np
import matplotlib.pyplot as plt
import svm_hard

plt.axes().set_aspect("equal")
np.random.seed(0)                                    ┐
X0 = np.random.randn(20, 2)                          │
X1 = np.random.randn(20, 2) + np.array([5, 5])       ├── ❶
y = np.array([1] * 20 + [-1] * 20)                   ┘

X = np.r_[X0, X1]
```

```
model = svm_hard.SVC()
model.fit(X, y)

plt.scatter(X0[:, 0], X0[:, 1], color="k", marker="+")   ❷
plt.scatter(X1[:, 0], X1[:, 1], color="k", marker="*")


def f(model, x):
    return (-model.w0_ - model.w_[0] * x) / model.w_[1]


x1 = -0.2
x2 = 6
plt.plot([x1, x2], [f(model, x1), f(model, x2)], color="k")   ❸
plt.scatter(X[model.a_ != 0, 0], X[model.a_ != 0, 1],
            s=200, color=(0, 0, 0, 0), edgecolor="k", marker="o")   ❹

plt.show()
```

実行結果

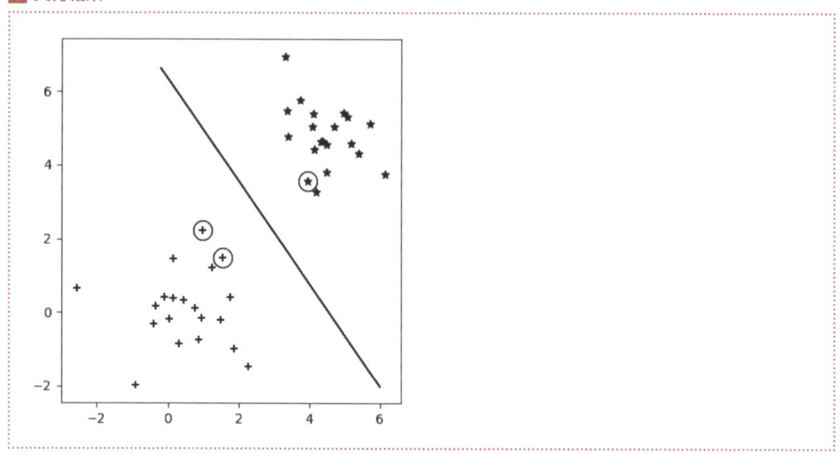

svm_hard_test1.pyでは、❶で乱数によるテストデータを作成しています。❷で点群を描画しています。計算されたw_0、$\boldsymbol{w}$の値を使って直線を描画しているのが❸です。❹ではサポートベクタにマルを付けています。

実行結果では、マルで囲まれているのがサポートベクタに対応しています。

分離不可能な場合

サポートベクタマシンについて、ここまでは超平面により2つのクラスを完全に分離可能なケースのみを考えてきました。しかし、実世界の問題は完全に分離できることは少なく、境界の周辺で複数種類の点がある程度混ざってしまいます。そのためある程度誤りを許容して分類することが必要となりますので、ここまで考えてきたものに多少の修正を加えて対応します。

ここでスラック変数と呼ばれる変数$\xi_i \geq 0 \ (i = 1, \dots, n)$を考えます。分離可能なケースでは、サンプルが正しく分類されていることを$y_i(w_0 + \boldsymbol{w}^T \boldsymbol{x}) \geq 1$で表しました。今度はこれが間違える可能性もあるということで、その間違いの度合いをξ_iで表すことにします(次図参照)。

Fig05-08 間違いの度合い

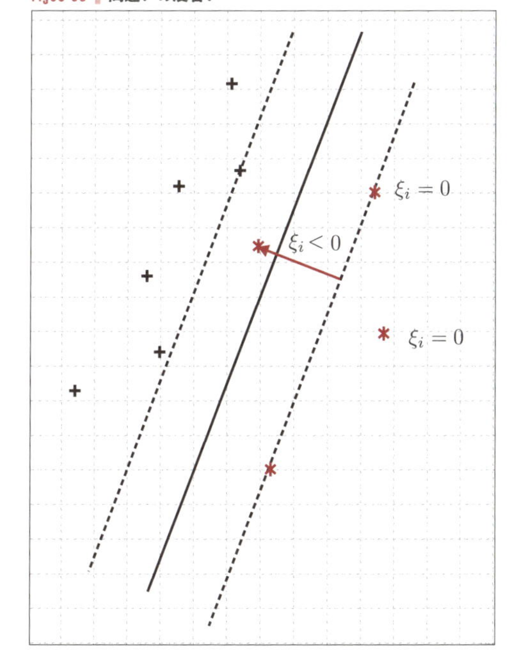

つまり次のように仮定します。

$$y_i(w_0 + \boldsymbol{w}^T \boldsymbol{x}) \geq 1 - \xi_i$$

ξ_iは間違いの度合い表す変数で、大きいほど大きく間違っていることになり、最初に$\xi_i \geq 0$と仮定したので、$\sum_{i=1}^n \xi_i$が小さいほど望ましいということになります。したがって、最小化すべき目的変数を次で与えます。

$$C\sum_{i=1}^n \xi_i + \frac{1}{2}\sum_{i=1}^n \|\boldsymbol{w}\|^2$$

ここでCは調整のための定数で、大きければ大きいほどξ_iの値を小さくしようという力が強く働きます。つまりCが大きいほど誤りへの許容度が低くなります。ここで解くべき最適化問題をまとめると、次のようになります。

$$\begin{aligned}
\text{Minimize} \quad & C\sum_{i=1}^n \xi_i + \frac{1}{2}\sum_{i=1}^n \|w\|^2 \\
\text{Subject to} \quad & y_i(w_0 + \boldsymbol{w}^T\boldsymbol{x}) \geq 1 - \xi_i \quad (i = 1, \ldots, n) \\
& \xi_i \geq 0 \quad (i = 1, \ldots, n)
\end{aligned}$$

これにラグランジュ未定乗数法を適用します。ラグランジュ関数は、新しい変数a_i、η_iを導入して次のようになります。

$$L(\boldsymbol{w}, \boldsymbol{\xi}, \boldsymbol{a}) = C\sum_{i=1}^n \xi_i + \frac{1}{2}\sum_{i=1}^n \|w\|^2 - \sum_{i=1}^n a_i\left\{y_i(w_0 + \boldsymbol{w}^T\boldsymbol{x}) - 1 + \xi_i\right\} - \sum_{i=1}^n \eta_i\xi_i$$

このときのKKT条件は次のようになります。

$$\begin{aligned}
a_i &\geq 0 \\
y_i(w_0 + \boldsymbol{w}^T\boldsymbol{x}) - 1 + \xi_i &\geq 0 \\
a_i\left\{y_i(w_0 + \boldsymbol{w}^T\boldsymbol{x}) - 1 + \xi_i\right\} &= 0 \\
\eta_i &\geq 0 \\
\xi_i &\geq 0 \\
\eta_i\xi_i &= 0
\end{aligned}$$

これをw_jで偏微分して=0とおいたものを利用してw_jを消去するのですが、計算は分離可能な場合と同様になるので省略します。結果として得られる目的関数は分離可能な場合と全く同じで、次のようになります。

$$f(\boldsymbol{a}) = \sum_{k=1}^n a_k - \frac{1}{2}\sum_{k=1}^n\sum_{l=1}^n a_k a_l y_k y_l x_k^T x_l$$

またこの導出の過程で次の制約式が出てくるのも、分離可能な場合と同様です。

$$\sum_{i=1}^{n} a_i y_i = 0$$

分離可能な場合と異なるのは以下の部分です。ラグランジュ関数$L(\boldsymbol{w}, \boldsymbol{\xi}, \boldsymbol{a})$は$\boldsymbol{\xi}$の関数でもあるので、$\xi_i$で微分して=0とおきます。

$$\frac{\partial L}{\partial \xi_i} = C - a_i - \eta_i = 0$$

$m_i \geq 0$より

$$a_i \leq C$$

となります。以上から解くべき最適化問題をまとめると次のようになります。

$$\begin{aligned}
&\text{Maximize } f(\boldsymbol{a}) = \sum_{k=1}^{n} a_k - \frac{1}{2}\sum_{k=1}^{n}\sum_{l=1}^{n} a_k a_l y_k y_l x_k^T x_l \\
&\text{Subject to } \sum_{i=1}^{n} a_i y_i = 0 \\
&\qquad 0 \leq a_i \leq C
\end{aligned}$$

式05-22

ここで分離可能な場合の**式05-20**にあたる式が、この場合どうなるかを考えてみます。ここでラグランジュ未定乗数法を適用すると、ラグランジュ関数とKKT条件は次のようになります。

$$f(\boldsymbol{a}) + \lambda \sum_{i=1}^{n} a_i y_i - \boldsymbol{\mu}^T \boldsymbol{a} - \boldsymbol{\nu}(C\boldsymbol{e} - \boldsymbol{a})$$

$$\mu_k a_k = 0,\ \mu_k \leq 0,\ \nu_k (C - a_k) = 0,\ \nu_k \leq 0$$

ただし、ここで$\boldsymbol{e} = (1, 1, \cdots, 1)^T$です。分離可能な場合と同様にラグランジュ関数の勾配のt番目の成分は次のようになります。

$$\nabla f(\boldsymbol{a})_t + \lambda y_t - \mu_t + \nu_t = 0$$

KKT条件によりa_t>0ならばμ_t=0であり、a_t<Cならばν=0なので

$$\nabla f(\boldsymbol{a})_t + \lambda y_t = \mu_t - \nu_t \begin{cases} \geq 0 & (a_t > 0) \\ \leq 0 & (a_t < C) \end{cases}$$

となります。したがって次が成り立ちます。

$$(a_t > 0 \text{ かつ } y_t = 1) \text{ または } (a_t < C \text{ かつ } y_t = -1) \text{ ならば } y_t \nabla f(\boldsymbol{a})_t \geq -\lambda$$
$$(a_t > 0 \text{ かつ } y_t = -1) \text{ または } (a_t < C \text{ かつ } y_t = 1) \text{ ならば } y_t \nabla f(\boldsymbol{a})_t \leq -\lambda$$

あとは分離可能な場合と同じ議論で

$$I_-(\boldsymbol{y}, \boldsymbol{a}) = \left\{ t \,\middle|\, (a_t > 0 \text{ かつ } y_t = 1) \text{ または } (a_t < C \text{ かつ } y_t = -1) \right\}$$
$$I_+(\boldsymbol{y}, \boldsymbol{a}) = \left\{ t \,\middle|\, (a_t > 0 \text{ かつ } y_t = -1) \text{ または } (a_t < C \text{ かつ } y_t = 1) \right\}$$

とおけば

$$i = \operatorname*{argmin}_{t \in I_-(\boldsymbol{y}, \boldsymbol{a})} y_t \nabla f(\boldsymbol{a})_t$$
$$j = \operatorname*{argmin}_{t \in I_+(\boldsymbol{y}, \boldsymbol{a})} y_t \nabla f(\boldsymbol{a})_t$$

によりインデックスを選択し、a_iとa_jの値を更新すればよいです。

目的関数が分離可能な場合と同じなので、a_i、a_jの更新のための**式05-18**、**式05-19**はこの場合も同じものが使えますが、今度は$\hat{a}_i > C$や$\hat{a}_j > C$となる可能性も考慮しなければなりません。$\hat{a}_i > C$となる場合は最適解として$a_i^* = C$を採用し、$\hat{a}_j > C$となるときは最適解として$a_j^* = C$を採用します。

それではこれを実装してみます。

List svm_soft.py

```
import numpy as np
from operator import itemgetter



class SVC:
    def __init__(self, C=1.):
        self.C = C
```

```
    def fit(self, X, y, selections=None):
        a = np.zeros(X.shape[0])
        ay = 0
        ayx = np.zeros(X.shape[1])
        yx = y.reshape(-1, 1)*X
        indices = np.arange(X.shape[0])
        while True:
            ydf = y*(1-np.dot(yx, ayx.T))
            iydf = np.c_[indices, ydf]
            i = int(min(iydf[((a > 0) & (y > 0)) |             ❶
                             ((a < self.C) & (y < 0))],
                        key=itemgetter(1))[0])
            j = int(max(iydf[((a > 0) & (y < 0)) |
                             ((a < self.C) & (y > 0))],
                        key=itemgetter(1))[0])
            if ydf[i] >= ydf[j]:
                break
            ay2 = ay - y[i]*a[i] - y[j]*a[j]
            ayx2 = ayx - y[i]*a[i]*X[i, :] - y[j]*a[j]*X[j, :]
            ai = ((1-y[i]*y[j]
                   + y[i]*np.dot(X[i, :] - X[j, :],
                                 X[j, :]*ay2 - ayx2))
                  / ((X[i] - X[j])**2).sum())
            if ai < 0:                                         ❷
                ai = 0
            elif ai > self.C:
                ai = self.C
            aj = (-ai * y[i] - ay2) * y[j]
            if aj < 0:
                aj = 0
                ai = (-aj*y[j]-ay2)*y[i]
            elif aj > self.C:
                aj = self.C
                ai = (-aj*y[j]-ay2)*y[i]
            ay += y[i]*(ai - a[i]) + y[j]*(aj - a[j])
            ayx += y[i]*(ai - a[i])*X[i,:] + y[j]*(aj - a[j])*X[j,:]
            if ai == a[i]:
```

```
                    break
                a[i] = ai
                a[j] = aj
            self.a_ = a
            ind = a != 0.
            self.w_ = ((a[ind] * y[ind]).reshape(-1, 1)
                        * X[ind, :]).sum(axis=0)
            self.w0_ = (y[ind]
                         - np.dot(X[ind, :], self.w_)).sum() / ind.sum()

        def predict(self, X):
            return np.sign(self.w0_ + np.dot(X, self.w_))
```

svm_hart.pyと異なるのは主に2箇所です。まずI_+、I_-の定義が異なっているので、❶のi, jの選択が異なっています。また、❷では$\hat{a}_i > C$または$\hat{a}_j > C$となる場合の考慮も加えています。

List svm_soft_test1.py

```
import numpy as np
import matplotlib.pyplot as plt
import svm_soft

plt.axes().set_aspect("equal")
np.random.seed(0)
X0 = np.random.randn(20, 2)
X1 = np.random.randn(20, 2) + np.array([2.5, 3])
y = np.array([1] * 20 + [-1] * 20)

X = np.r_[X0, X1]

model = svm_soft.SVC()
model.fit(X, y)

plt.scatter(X0[:, 0], X0[:, 1], color="k", marker="+")
plt.scatter(X1[:, 0], X1[:, 1], color="k", marker="*")
```

```
def f(model, x):
    return (-model.w0_ - model.w_[0] * x) / model.w_[1]


x1 = -2
x2 = 4
plt.plot([x1, x2], [f(model, x1), f(model, x2)], color="k")
print("正しく分類できた数:", (model.predict(X) == y).sum())
plt.scatter(X[model.a_ != 0, 0], X[model.a_ != 0, 1],
            s=200, color=(0, 0, 0, 0), edgecolor="k", marker="o")


def f(model, xx):
    return model.w0_+np.dot(model.w_, xx)


plt.show()
```

実行結果

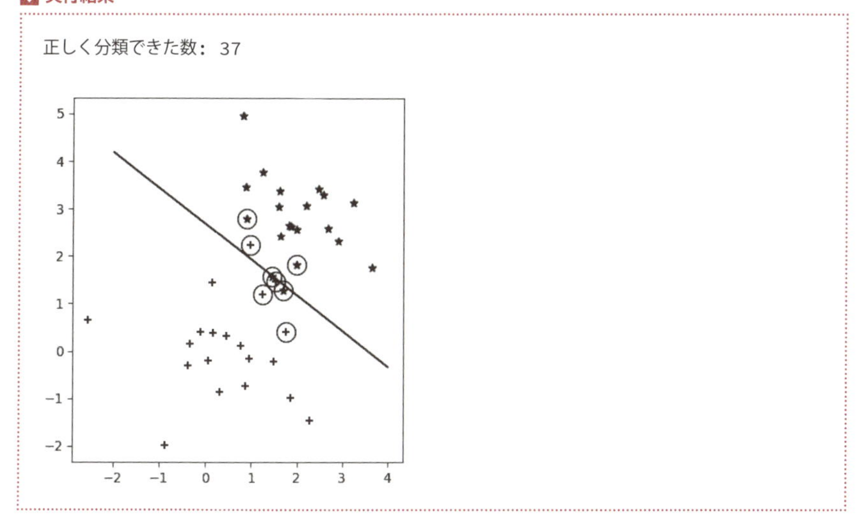

ここではsvm_hard_test1.pyよりも2種類の点群の間を詰めて、一部重なるようにテストデータを用意しています。それ以外はほぼsvm_hard_test1.pyと同じです。

カーネル法

ここまででは超平面（平面上では直線）を使って分類をすることを考えてきました。これを超曲面（平面上では曲線）で分類できるようにするには、**カーネル法**という手法を使います。カーネル法ではある写像$\phi:\mathbb{R}^d \to \mathbb{R}^d$を用いて、分離超曲面が次で表されると仮定します。

$$w_0 + \boldsymbol{w}^T \phi(\boldsymbol{x})$$

この場合、**式05-22**にあたる最適化問題は次のようになります。

$$\begin{aligned}\text{Maximize } f(\boldsymbol{a}) &= \sum_{k=1}^{n} a_k - \frac{1}{2}\sum_{k=1}^{n}\sum_{l=1}^{n} a_k a_l y_k y_l \phi(\boldsymbol{x}_k)^T \phi(\boldsymbol{x}_l) \\ \text{Subject to } &\sum_{i=1}^{n} a_i y_i = 0 \\ &0 \le a_i \le C\end{aligned}$$

ここで

$$\phi(\boldsymbol{x}_k)^T \phi(\boldsymbol{x}_l) = K(\boldsymbol{x}_k, \boldsymbol{x}_l)$$

とおくと目的関数は次のようになります。

$$f(\boldsymbol{a}) = \sum_{k=1}^{n} a_k - \frac{1}{2}\sum_{k=1}^{n}\sum_{l=1}^{n} a_k a_l y_k y_l K(\boldsymbol{x}_k, \boldsymbol{x}_l)$$

以下の計算ではϕの値を明示的に計算せずに、Kだけの評価でできます。この関数Kは**カーネル関数**と呼ばれます。

このとき目的関数fの$\boldsymbol{a}$についての勾配の第k成分は次のようになります。

$$\nabla f(\boldsymbol{a})_t = 1 - \sum_{l=1}^{n} a_l y_t y_l K(\boldsymbol{x}_t, \boldsymbol{x}_l)$$

式05-18を計算し直すと、次のようになります。

$$\hat{a}_i = \frac{1}{K(\boldsymbol{x}_i, \boldsymbol{x}_i) + K(\boldsymbol{x}_j, \boldsymbol{x}_j) - 2K(\boldsymbol{x}_i, \boldsymbol{x}_j)} \left[1 - y_i y_j + y_i \Big\{ (K(\boldsymbol{x}_i, \boldsymbol{x}_j) - K(\boldsymbol{x}_j, \boldsymbol{x}_j)) \sum_{k \neq i,j} a_k y_k - y_i \sum_{k \neq i,j} a_k y_k (K(\boldsymbol{x}_i, \boldsymbol{x}_k) - K(\boldsymbol{x}_j, \boldsymbol{x}_k)) \Big\} \right]$$

$\boldsymbol{a}$の最適解が求まったとき、予測には$w_0 + \boldsymbol{w}^T\phi(\boldsymbol{x})$を評価する必要がありますが$\boldsymbol{w}$は明示的に計算する必要はなく、**式05-14**と同様の計算から次のようになります。

$$\begin{aligned} \boldsymbol{w}^T\phi(\boldsymbol{x}) &= \sum_{i=1}^{n} a_i y_i \phi(\boldsymbol{x}_i)^T \phi(\boldsymbol{x}) \\ &= \sum_{i=1}^{n} a_i y_i K(\boldsymbol{x}_i, \boldsymbol{x}) \\ &= \sum_{i \in S} a_i y_i K(\boldsymbol{x}_i, \boldsymbol{x}) \end{aligned}$$

ただし、ここでSは**式05-21**で出てきたものと同じで、

$$S = \{ i \mid a_i \neq 0 \}$$

で定義されます。w_0は明示的に計算する必要があり、**式05-21**と同様な計算をカーネル関数を使って行います。

$$w_0 = \frac{1}{|S|} \sum_{k \in S} \left(y_k - \sum_{l \in S} a_l y_l K(\boldsymbol{x}_k, \boldsymbol{x}_l) \right)$$

ここで使われるカーネル関数Kはさまざまなものが考えられますが、よく使われるのはRBF（放射基底関数、Radical basis function）です。RBFは次で定義されます。

$$K(\boldsymbol{u}, \boldsymbol{v}) = \exp\left(-\frac{\|\boldsymbol{u} - \boldsymbol{v}\|^2}{2\sigma^2} \right)$$

それではこれを実装してみます。アルゴリズム本体は次のようになります。

List svm_kernel.py

```
import numpy as np
from operator import itemgetter
```

```
class RBFKernel:
    def __init__(self, X, sigma):
        self.sigma2 = sigma**2
        self.X = X
        self.values_ = np.empty((X.shape[0], X.shape[0]))

    def value(self, i, j):
        return np.exp(-((self.X[i, :] - self.X[j, :])**2).sum()
                      / (2*self.sigma2))

    def eval(self, Z, s):
        return np.exp(-((self.X[s, np.newaxis, :]
                         - Z[np.newaxis, :, :])**2).sum(axis=2)
                      / (2*self.sigma2))


class SVC:
    def __init__(self, C=1., sigma=1., max_iter=10000):
        self.C = C
        self.sigma = sigma
        self.max_iter = max_iter

    def fit(self, X, y, selections=None):
        a = np.zeros(X.shape[0])
        ay = 0
        kernel = RBFKernel(X, self.sigma)
        indices = np.arange(X.shape[0])
        for _ in range(self.max_iter):
            s = a != 0.
            ydf = y * (1 - y*np.dot(a[s]*y[s],
                                    kernel.eval(X, s)).T)
            iydf = np.c_[indices, ydf]
            i = int(min(iydf[((a > 0) & (y > 0)) |
                             ((a < self.C) & (y < 0))],
                        key=itemgetter(1))[0])
            j = int(max(iydf[((a > 0) & (y < 0)) |
```

```
                                ((a < self.C) & (y > 0))],
                            key=itemgetter(1))[0])
                if ydf[i] >= ydf[j]:
                    break
                ay2 = ay - y[i]*a[i] - y[j]*a[j]
                kii = kernel.value(i, i)
                kij = kernel.value(i, j)
                kjj = kernel.value(j, j)
                s = a != 0.
                s[i] = False
                s[j] = False                                          ❶
                kxi = kernel.eval(X[i, :].reshape(1, -1), s).ravel()
                kxj = kernel.eval(X[j, :].reshape(1, -1), s).ravel()
                ai = ((1 - y[i]*y[j]
                       + y[i]*((kij - kjj)*ay2
                               - (a[s]*y[s]*(kxi-kxj)).sum()))
                      / (kii + kjj - 2*kij))
                if ai < 0:
                    ai = 0
                elif ai > self.C:
                    ai = self.C
                aj = (-ai*y[i] - ay2)*y[j]
                if aj < 0:
                    aj = 0
                    ai = (-aj*y[j] - ay2)*y[i]
                elif aj > self.C:
                    aj = self.C
                    ai = (-aj*y[j] - ay2)*y[i]
                ay += y[i] * (ai-a[i]) + y[j] * (aj-a[j])
                if ai == a[i]:
                    break
                a[i] = ai
                a[j] = aj
            self.a_ = a
            self.y_ = y
            self.kernel_ = kernel
            s = a != 0.
```

```
        self.w0_ = (y[s]
                    - np.dot(a[s]*y[s],
                             kernel.eval(X[s], s))).sum() / s.sum()      ❷
        with open("svm.log", "w") as fp:
            print(a, file=fp)

    def predict(self, X):
        s = self.a_ != 0.
        return np.sign(self.w0_
                       + np.dot(self.a_[s]*self.y_[s],
                                self.kernel_.eval(X, s)))      ❸
```

カーネル関数の計算はクラスRBFKernelとして実装しました。RBFKernelクラスの計算のためのメソッドとしてはvalueとevalがあります。valueメソッドは引数iとjに対して$K(\boldsymbol{x}_i, \boldsymbol{x}_j)$を計算します。evalメソッドの引数Zは行列であり、sは前述の集合SにあたるものをBool型の配列で表したもの(つまり計算したいインデックスをTrue、それ以外をFalseとしたもの)です。Zの各行を$\boldsymbol{z}_k$とするとevalが計算するものは

$$K(\boldsymbol{x}_i, \boldsymbol{z}_k) \quad (i \in S)$$

です。evalの計算では3次元配列に変換してからのブロードキャストで計算していますが、似たような手法はk-Meansの節で出てきますので、ここでは詳細は省略します。

本体のクラスSVCについてですが、まずはコンストラクタに無限ループを防ぐためのループ数の上限(max_iter)を指定できるようにしました。最適化の計算をしているのは❶ですが、ここではsに一度aが0にならないインデックスを入れておいてからさらにs[i]とs[j]にFalseを入れることで、$\sum_{k=i,j}$にあたる計算を工夫しています。またw_0の計算(❷)や予測値の計算(❸)でも、Sの情報を使って工夫しています。

この実装は計算速度の面で問題があるので注意が必要です。$K(\boldsymbol{x}_i, \boldsymbol{x}_j)$の値は計算の過程で全く変化しないので本来であれば再利用することができますが、ここでは毎回計算しています。一般によく使われているLIBSVMというSVMのライブラリでは、すでに計算した結果を覚えておいて、次に同じ値が必要なときに計算済みの結果を使うというテクニックが使われています。

また、すでに値が確定したa_kについては、後の計算でその部分の考慮を省くという高速化テクニックも使われています。ここで示した実装は説明のためのものであり、あまり大規模なデータでは実用的ではありません。

それでは実際に動かして可視化してみます。

List svm_kernel_test1.py

```
import numpy as np
import matplotlib.pyplot as plt
import svm

plt.axes().set_aspect("equal")
np.random.seed(0)
X0 = np.random.randn(100, 2)
X1 = np.random.randn(100, 2) + np.array([2.5, 3])
y = np.array([1] * 100 + [-1] * 100)
X = np.r_[X0, X1]

model = svm.SVC()
model.fit(X, y)

xmin, xmax = X[:, 0].min(), X[:, 0].max()
ymin, ymax = X[:, 1].min(), X[:, 1].max()

plt.scatter(X0[:, 0], X0[:, 1], color="k", marker="*")
plt.scatter(X1[:, 0], X1[:, 1], color="k", marker="+")
xmesh, ymesh = np.meshgrid(np.linspace(xmin, xmax, 200),
                           np.linspace(ymin, ymax, 200))
Z = model.predict(np.c_[xmesh.ravel(),
                 ymesh.ravel()]).reshape(xmesh.shape)
plt.contour(xmesh, ymesh, Z, levels=[0], colors="k")

print("正しく分類できた数:", (model.predict(X) == y).sum())
plt.show()
```

❶

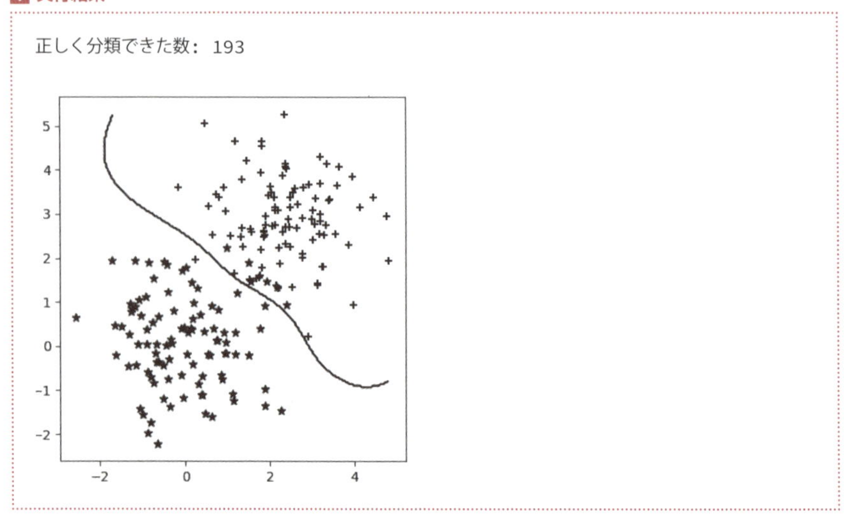

今回は点の数を増やして200個の点を分類してみました。分離のための線が曲線になっているのが確認できると思います。この曲線はMatplotlibの等高線の機能を使って描画しています(❶)。

文献に関するメモ

SVMのライブラリとして最もよく使われているのはLIBSVMであり、scikit-learnの内部でもLIBSVMが使われています。

LIBSM
https://www.csie.ntu.edu.tw/~cjlin/libsvm/

本書で紹介したアルゴリズムはLIBSVMと比べるとほんの一部の機能を実装したに過ぎません。LIBSVMの設計文書は論文として公開されており、詳細なアルゴリズムが説明されています。

C.-C. Chang and C.-J. Lin. LIBSVM : a library for support vector machines. ACM Transactions on Intelligent Systems and Technology, 2:27:1--27:27, 2011.

また、本書で紹介したSVMに出てくる2次計画法の解法のアイデアはPlattによるものです。その解法については、Fanによる論文が詳しいので参考にしました。

J.C. Platt, Fast training of support vector machines using sequential minimal optimization, Advances in kernel methods: support vector learning, MIT Press, Cambridge, MA, 1999

R.-E. Fan, P.-H. Chen, and C.-J. Lin. Working set selection using the second order information for training SVM. Journal of Machine Learning Research 6, 1889-1918, 2005.

05-08 k-Means法

この節ではクラスタリングのアルゴリズムである**k-Means法**のアルゴリズムを紹介します。クラスタリングは教師なし学習なので、特徴量行列$\boldsymbol{X}$のみが訓練データとして与えられます。$\boldsymbol{X}$以外にはクラスタの数としてkが入力として与えられます。$\boldsymbol{X}$の各サンプル$\boldsymbol{x}_i$を点だと思って、点群をk個の点のかたまりに分類します。k-Meansのアルゴリズムは次のようになります。

- 各点x_iに対してランダムにクラスタを割り振る。
- 収束するまで以下を繰り返す。
  1. 各クラスタに割り当てられた点について重心を計算する。
  2. 各点について、上記で計算された重心からの距離を計算し、距離が一番近いクラスタに割りあて直す。

ここでの収束条件は、点のクラスタへの所属情報が変化しない場合、または所属情報の変化が一定の割合以下である場合というのを使います。

まずは距離としてはユークリッド距離を採用するとします。j番目のクラスタに属する点のインデックスの集合をI_jとすると、アルゴリズム中で必要になるクラスタの重心G_jは次の式で表されます。

$$G_j = \frac{1}{|I_j|}\sum_{i \in I_j} \boldsymbol{x}_i$$

これは単純にクラスタに所属している点の平均値を求めているだけなので数学的に難しくはないと思いますが、実装する上ではちょっとした工夫が必要になります。クラスタへの所属は1つの配列のみで管理して、その配列を更新していくことで計算するものとします。k-Meansの実装に入る前に、簡単なデータでデータ構造を説明します。いま特徴量行列がXで与えられ、各点のクラスタへの所属がlabelsに入っているとします。

配列の作成

```
>>> X = np.array([[1, 2],
...               [2, 3],
...               [3, 4],
...               [4, 5],
...               [5, 6],
...               [6, 7],
...               [7, 9]])
>>> labels = np.array([0, 1, 2, 0, 1, 2, 0])
```

これはつまりクラスタが3つあり、クラスタ0には(1,2)、(4,5)、(7,8)の3つの点が属していて、クラスタ2には(2,3)、(5,6)の2つの点が属していて、クラスタ2には(3,4)、(6,7)の2つの点が属しているという意味です。この場合に重心を効率よく計算するには、インデクシングの仕組みをうまく使います。

ここから例えばクラスタ0に属する点のみを取り出すには次のようにします。

クラスタ0に属する点のみを取り出す

```
>>> X[labels == 0, :]
array([[1, 2],
       [4, 5],
       [7, 9]])
```

重心を計算するには、これの縦方向の平均値を求めればいいので次のようになります。

重心の計算

```
>>> X[labels == 0, :].mean(axis=0)
array([ 4.        ,  5.33333333])
```

次にクラスタの中心cluster_centersが、次のように与えられているとします。

クラスタの中心

```
>>> cluster_centers = np.array([[1, 1],
...                             [2, 2],
...                             [3, 3]])
```

つまり、3つの中心が与えられているということです。このときに、3つの中心とXで表される7つの点との距離を総当りで計算する必要がありますが、距離の2乗は次のようにすれば一気に計算できます。

距離の2乗

```
>>> ((X[:, :, np.newaxis]
     - cluster_centers.T[np.newaxis, :, :])**2).sum(axis=1)
array([[  1,   1,   5],
       [  5,   1,   1],
       [ 13,   5,   1],
       [ 25,  13,   5],
       [ 41,  25,  13],
       [ 61,  41,  25],
       [100,  74,  52]])
```

この配列の[i,j]成分は、X[i, :]とcluster_centers[j, :]の距離になります。この計算を説明のため、次のように処理を分けて変数に格納します。

処理を分割した場合

```
>>> p = X[:, :, np.newaxis] ········································ ❶
>>> q = cluster_centers.T[np.newaxis, :, :] ························ ❷
>>> r = (p - q)**2 ················································· ❸
>>> s = r.sum(axis=1) ·············································· ❹
```

この計算の結果はsに格納され、その値は前述の行列と同じになります。つまりs[i,j]はX[i, :]とcluster_centers[j, :]の距離になります。

❶によりXを添字が3つの配列に変換し、3つ目のインデックスは0しかないものと

しています。つまりXの[i,j]成分をp[i,j,0]に格納しています。また、❷でも同様に、添字を3つの配列に変換し、[k,l]成分を[0,l,k]に変換しています(.Tにより転置していることに注意)。

これらの差のブロードキャストは、前者の[i,k,0]成分と後者の[0,k,j]成分の差をすべてのkについて取ったものを[i,k,j]成分として持つ配列になります。この結果に**2がブロードキャストされ、すべての成分が2乗されます。つまり、r[i,k,j] = (p[i,k] - q[k,j])**2という関係が成り立ちます(❸)。

最後に❹により[i,k,j]成分のkについての和を取ります。

入力点とクラスタ中心の距離が格納されているsから、各入力点がどのクラスタ中心に一番近いかというラベル(クラスタ中心のインデックス番号)を計算するには、横方向にargminを取ればいいです。つまり次のようになります。

クラスタ中心のインデックス番号

```
>>> s.argmin(axis=1)
array([0, 1, 2, 2, 2, 2, 2])
```

それでは以上の計算例を踏まえた上でk-Meansの実装をしてみます。アルゴリズムの本体は次のようになります。

List kmeans.py

```
import numpy as np
import itertools



class KMeans:
    def __init__(self, n_clusters, max_iter=1000, random_seed=0):
        self.n_clusters = n_clusters
        self.max_iter = max_iter
        self.random_state = np.random.RandomState(random_seed)

    def fit(self, X):
        cycle = itertools.cycle(range(self.n_clusters))           ┐
        self.labels_ = np.fromiter(                               ├ ❶
            itertools.islice(cycle, X.shape[0]), dtype=np.int)    ┘
```

```
        self.random_state.shuffle(self.labels_)
        labels_prev = np.zeros(X.shape[0])
        count = 0
        self.cluster_centers_ = np.zeros(
            (self.n_clusters, X.shape[1]))
        while (not (self.labels_ == labels_prev).all()   ❷
                and count < self.max_iter):
            for i in range(self.n_clusters):
                XX = X[self.labels_ == i, :]   ❸
                self.cluster_centers_[i, :] = XX.mean(axis=0)
            dist = ((X[:, :, np.newaxis]
                     - self.cluster_centers_.T[np.newaxis, :, :])   ❹
                    ** 2).sum(axis=1)
            labels_prev = self.labels_   ❺
            self.labels_ = dist.argmin(axis=1)
            count += 1

    def predict(self, X):
        dist = ((X[:, :, np.newaxis]
                 - self.cluster_centers_.T[np.newaxis, :, :])
                ** 2).sum(axis=1)
        labels = dist.argmin(axis=1)
        return labels
```

__init__メソッドでは引数としてn_clustersが必要で、ここでクラスタ数を指定します。オプションとして引数にmax_iterを指定できて、この値は収束しないときの最大繰り返し回数を意味します。これは無限ループを防ぐためのものです。また、__init__内では乱数生成オブジェクトを用意しており、その種としてrandom_seedを引数で与えることもできます。これにより、内部で乱数を使っているにもかかわらず同じデータのときは同じ結果を得るようにしています。

fitメソッドでは学習を行います。教師なし学習なので引数は特徴量行列Xのみです。❶では初期値として乱数でラベルを決めています。**itertools.cycle**は与えられたiterableなオブジェクト（シーケンス型のように1つずつ値を取り出せるもの）を元にサイクリックな値を生成するジェネレータを作ります。つまり、変数cycleには、0から

self.n_clusters-1までの値を繰り返すことになります。例えばself.n_clustersが3ならば0,1,2,0,1,2,...という繰り返しです。

そしてこれにself.random_state.shuffleを作用させることで、シャッフルしています。サイクリックな設定により各ラベルに属す数は均等になります。メインの繰り返しの部分は❷のwhile文になります。

後は、クラスタ中心の計算(❸)、距離の計算(❹)、対応ラベルの計算(❺)は前述の解説のとおりです。1つ前のクラスタラベルをlabels_prevに覚えていて、新しく計算したラベルが1つ前と変化してないかどうか、または繰り返し数の上限に達していないかというのが繰り返しの終了条件になっています。

fitメソッドでの学習の結果は、属性labels_を見ることで利用することが多いと思います。labels_には、各点が何番目のクラスタに属するかという情報が入っています。一方で、predictメソッドを使って学習データに含まれない点群を与えて、それぞれをクラスタに分類するなら、どのクラスタに属するかという計算をすることもできます。predictメソッドの中では、単純に各点に一番近いクラスタ中心はどれかを計算するだけです。

それではこのKMeansクラスを、人工的なデータに適用してみます。

List kmeans_test1.py

```
import numpy as np
import matplotlib.pyplot as plt
import kmeans

np.random.seed(0)
points1 = np.random.randn(50, 2)
points2 = np.random.randn(50, 2) + np.array([5, 0])
points3 = np.random.randn(50, 2) + np.array([5, 5])      ❶

points = np.r_[points1, points2, points3]
np.random.shuffle(points)

model = kmeans.KMeans(3)
model.fit(points)
```

```
markers = ["+", "*", "o"] ❷
for i in range(3):
    p = points[model.labels_ == i, :] ❸
    plt.scatter(p[:, 0], p[:, 1], color="k", marker=markers[i]) ❹

plt.show()
```

実行結果

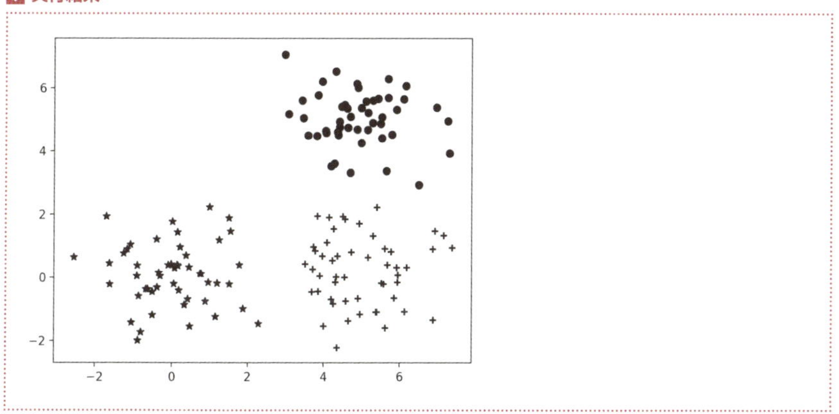

❶では乱数でデータを生成しています。np.random.randn(50,2)は、正規乱数を要素に持つようなサイズ50×2の行列を用意します。points1には正規乱数をそのまま入れています。points2には正規乱数にnp.array([5,0])を足していて、これはブロードキャストされるので、50個の点がすべて(0,5)方向に平行移動されます。つまり、points2は点(0,5)を中心とした乱数になります。同様にpoints3は点(5,5)を中心とした乱数になります。

points1、points2とpoints3でそれぞれ50個の点があるのですが、それらをnp.r_で合わせて150個の点として扱ってます。ただ並べただけだと同じクラスタの点が並んで不自然なので、np.random.shuffleを使って混ぜています。

❷以降では散布図の描画をしています。❸ではブロードキャストとインデクシングによりラベルがiである点を抽出していて、❹でそれに対応する点を描画しています。

実行結果を見ると、ラベルによって点の形を変えてあるので、それなりに妥当なラベル付けができていることがわかると思います。

05-09 主成分分析(PCA)

主成分分析(PCA)は教師なし学習の一種であり、次元圧縮の手法です。PCAは与えられたデータをより低次元の空間に射影し、射影後の点の散らばりができるだけ大きくなるようにします。それはつまり元データの特徴を最もよくとらえた射影を見つけるということにあたります。特に2次元に圧縮することは、多次元のデータを可視化するために役立ちます。

次元圧縮後の分散を最大化することを考えます。まずは簡単のために1次元に射影する場合を考えます。射影する先のベクトルを$\boldsymbol{w}_1$とします。射影先のベクトル大きさには意味がないので、$\|\boldsymbol{w}_1\|=1$と仮定します。つまり$\boldsymbol{w}_1^T\boldsymbol{w}_1=1$です。また、データ$\{\boldsymbol{x}_i\}_{i=1}^n$の平均を$\bar{\boldsymbol{x}}$とします。つまり$\bar{\boldsymbol{x}}$は次で定義されます。

$$\bar{\boldsymbol{x}} = \frac{1}{n}\sum_{i=1}^n \boldsymbol{x}_i$$

このとき$\{\boldsymbol{w}_1^T\boldsymbol{x}_i\}_{i=1}^n$の平均を計算すると、次のようになります。

$$\frac{1}{n}\sum_{i=1}^n \boldsymbol{w}_1^T\boldsymbol{x}_i = \frac{1}{n}\boldsymbol{u}_1^T\sum_{i=1}^n \boldsymbol{x}_i = \boldsymbol{w}_1^T\bar{\boldsymbol{x}}$$

したがって、$\{\boldsymbol{w}_1^T\boldsymbol{x}_i\}_{i=1}^n$の分散は次のようになります。

$$\begin{aligned}
&\frac{1}{n}\sum_{i=1}^n \|\boldsymbol{w}_1^T\boldsymbol{x}_i - \boldsymbol{w}_1^T\bar{\boldsymbol{x}}\|^2 \\
=&\frac{1}{n}\sum_{i=1}^n \left\{\boldsymbol{w}_1^T(\boldsymbol{x}_i - \bar{\boldsymbol{x}})\right\}\left\{(\boldsymbol{x}_i - \bar{\boldsymbol{x}})^T\boldsymbol{w}_1\right\} \\
=&\boldsymbol{w}_1^T\left\{\frac{1}{n}\sum_{i=1}^n (\boldsymbol{x}_i - \bar{\boldsymbol{x}})(\boldsymbol{x}_i - \bar{\boldsymbol{x}})^T\right\}\boldsymbol{w}_1
\end{aligned}$$

ここで$\frac{1}{n}\sum_{i=1}^n(\boldsymbol{x}_i - \bar{\boldsymbol{x}})(\boldsymbol{x}_i - \bar{\boldsymbol{x}})^T$は$\boldsymbol{x}_i$の共分散行列で、これを$\boldsymbol{S}$とおくと$\boldsymbol{S}$は$d \times d$行列になり($d$は$\boldsymbol{X}$の列数、つまり特徴量の次元であったことを思い出してく

ださい)、解くべき問題は次のような最適化問題になります。

$$\begin{aligned}\text{Maximize} \quad & \boldsymbol{w}_1^T \boldsymbol{S} \boldsymbol{w}_1 \\ \text{Subject to} \quad & \boldsymbol{w}_1^T \boldsymbol{w}_1 = 1\end{aligned}$$

これをラグランジュ未定乗数法(→P.255)で解くために、次のような関数を考えます。

$$\phi(\boldsymbol{w}_1, \lambda_1) = \frac{1}{2}\boldsymbol{w}_1^T \boldsymbol{S} \boldsymbol{w}_1 - \lambda_1(\boldsymbol{w}_1^T \boldsymbol{w}_1 - 1)$$

ここで$\frac{1}{2}$は計算の便宜のために付けた定数です。ϕを$\boldsymbol{w}_1$について勾配をとって=0とおきます。

$$\begin{aligned}\frac{\partial \phi}{\partial \boldsymbol{w}_1} = S\boldsymbol{w}_1 - \lambda_1 \boldsymbol{w}_1 = 0 \\ \therefore S\boldsymbol{w}_1 = \lambda_1 \boldsymbol{w}_1\end{aligned} \qquad \text{式05-23}$$

つまりλ_1は$\boldsymbol{S}$の固有値となります。これが満たされるときには$\boldsymbol{w}_1^T \boldsymbol{S} \boldsymbol{w}_1 = \boldsymbol{w}_1^T \lambda_1 \boldsymbol{w}_1 = \lambda_1$であるので、目的関数を最大化するためには$\lambda_1$を最大化する必要があります。つまり**式05-23**を満たす$\boldsymbol{w}_1$は複数ある可能性があるのですが、その中でも特に目的関数を最大化するのは、λ_1が最大のときということです。これはつまり固有値が最大のものを見つけるということに対応します。

多次元への射影と特異値分解

以上は1次元に射影する場合を見てきましたが、一般にc次元部分空間に圧縮するためには、同じような議論により固有値を大きい順にc個$\lambda_1, \ldots, \lambda_c$を選び、それに対応する固有ベクトル$\boldsymbol{w}_1, \ldots, \boldsymbol{w}_c$を利用すればよいことになります。

$\boldsymbol{w}_1, \ldots, \boldsymbol{w}_c$が決まったときに、この方向に$\boldsymbol{x}_1, \ldots, \boldsymbol{x}_n$を射影することで次元圧縮を得るのですが、射影されるベクトルを$\boldsymbol{z}$とします。通常は$\boldsymbol{z}$は$\boldsymbol{x}_1, \ldots, \boldsymbol{x}_n$のどれかなのですが、一般にはそれに限定しなくても「訓練データ$\boldsymbol{X}$の射影後の分散が最大になる方向に一般のベクトル$\boldsymbol{z}$を射影する」ということを考えることは可能です。

$\boldsymbol{w}_1, \ldots, \boldsymbol{w}_c$はすべて単位行列で互いに直行するので、それぞれを新しい座標軸だと考えることができます。元の空間のベクトル$\boldsymbol{z}$からその座標系への変換は、第j成分が$\boldsymbol{w}_j$への射影の大きさとみなすことができ、つまり$\boldsymbol{w}_j^T\boldsymbol{z}$だと考えることができます。ここで$\boldsymbol{w}_j^T$を縦に並べた行列を$\boldsymbol{W}^{(c)}$とおきます。つまり次のように定義します。

$$\boldsymbol{W}^{(c)} = \begin{pmatrix} \boldsymbol{w}_1^T \\ \boldsymbol{w}_2^T \\ \vdots \\ \boldsymbol{w}_c \end{pmatrix}$$

すると、$\boldsymbol{z}$の射影は次のようになります。

$$\begin{pmatrix} \boldsymbol{w}_1^T\boldsymbol{z} \\ \boldsymbol{w}_2^T\boldsymbol{z} \\ \vdots \\ \boldsymbol{w}_c^T\boldsymbol{z} \end{pmatrix} = \boldsymbol{W}^{(c)}\boldsymbol{z}$$

特に$c = d$つまりcが$\boldsymbol{X}$の列数と一致するとして$\boldsymbol{w}_1, \ldots, \boldsymbol{w}_d$を考え、これを横に並べたものを$\boldsymbol{W}$とします。つまり

$$\boldsymbol{W} = (\boldsymbol{w}_1\ \boldsymbol{w}_2 \cdots \boldsymbol{w}_d)$$

とします。$\boldsymbol{w}_j$が単位ベクトルであることと、直交性により$\boldsymbol{W}$は直行行列になります。ここで**式05-23**から次の式を得ます。

$$\boldsymbol{S}\boldsymbol{W} = \boldsymbol{W}\boldsymbol{\Lambda}$$

ただし、ここで$\boldsymbol{\Lambda}$は次で定義されるものです。

$$\boldsymbol{\Lambda} = \begin{pmatrix} \lambda_1 & & & \\ & \lambda_2 & & \\ & & \ddots & \\ & & & \lambda_d \end{pmatrix}$$

$\boldsymbol{W}$が直交行列であることにより次が成り立ちます。

$$\boldsymbol{S} = \boldsymbol{W}\boldsymbol{\Lambda}\boldsymbol{W}^{-1} = \boldsymbol{W}\boldsymbol{\Lambda}\boldsymbol{W}^T \qquad \text{式05-24}$$

このアルゴリズムを実装するために、SciPyの中にある特異値分解(Singular Value

Decomposition, SVD)の関数を利用することとします。ここでSVDとは何かを説明します。

$M \times N$ 行列 $\boldsymbol{A}$ が与えられたとします。M と N の大小関係については、どちらが大きい場合にも特異値分解を定義できるのですが、ここでは特に $M > N$ であると仮定します。$\boldsymbol{A}$ としてデータ行列を想定していて通常は列数より行数の方がはるかに大きいので、この場合について考えれば十分です。このとき $\|\boldsymbol{A}\boldsymbol{v}_1\|$ が最大になるような単位ベクトル $\boldsymbol{v}_1$ を求め、そのときの最大値を σ_1 とします。同様に $\boldsymbol{v}_i$ を次のように選ぶことにします。

$\boldsymbol{v}_i$ は $\|\boldsymbol{v}_i\| = 1$ かつ $\boldsymbol{v}_1, \ldots, \boldsymbol{v}_{i-1}$ に垂直という条件の元、$\|\boldsymbol{A}\boldsymbol{v}_1\|$ が最大になるようなもの

このように得られる $\boldsymbol{v}_i$ は特異ベクトルと呼ばれます。$\boldsymbol{A}$ のサイズ $M \times N (M > N)$ に対して一般には N 個の特異ベクトルが得られます。ここで $\|\boldsymbol{A}\boldsymbol{v}_i\| = \sigma_i$ とおくと、最大性により次のようになります。

$$\sigma_1 \geq \sigma_2 \geq \cdots \geq \sigma_M \qquad \text{式05-25}$$

また、

$$\boldsymbol{u}_i = \frac{1}{\sigma_i}\boldsymbol{A}\boldsymbol{v}_i$$

とおくと、σ_i の定義により $\|\boldsymbol{u}_i\|=1$ となります。以上の

$$\{\boldsymbol{u}_i\}_{i=1}^n, \{\boldsymbol{v}_i\}_{i=1}^n, \{\sigma_i\}_{i=1}^n$$

を得る操作を特異値分解と呼びます。ここで特異値分解の結果を行列で表すこともできるので、次のように表すことにします。

$$\boldsymbol{U} = \begin{pmatrix} \boldsymbol{u}_1^T \\ \boldsymbol{u}_2^T \\ \vdots \\ \boldsymbol{u}_N^T \end{pmatrix}, \boldsymbol{\Sigma} = \begin{pmatrix} \sigma_1 & & & \\ & \sigma_2 & & \\ & & \ddots & \\ & & & \sigma_M \end{pmatrix}, \boldsymbol{V} = \begin{pmatrix} \boldsymbol{v}_1^T \\ \boldsymbol{v}_2^T \\ \vdots \\ \boldsymbol{v}_M^T \end{pmatrix}$$

$\|\boldsymbol{v}_i\|=1$ であり $\boldsymbol{v}_i \perp \boldsymbol{v}_j \ (i \neq j)$ であったので、$\boldsymbol{V}$ は直交行列になります。また証明は省略しますが、$\boldsymbol{U}$ も直交行列であることがわかります。

次の式が成り立ちます。

$$A = \boldsymbol{U}\boldsymbol{\Sigma}\boldsymbol{V}^T$$

つまり、特異値分解の出力は$A = \boldsymbol{U}\boldsymbol{\Sigma}\boldsymbol{V}^T$を満たすような$\boldsymbol{U}$、$\boldsymbol{\Sigma}$、$\boldsymbol{V}$であるということができます。特異値分解のアルゴリズムにはここでは深入りせずに、SciPyの関数scipy.linalg.svdを使うこととします。

PCAのアルゴリズム

ここでPCAの話に戻ります。データ行列$\boldsymbol{X}$のすべての行から$\bar{\boldsymbol{x}}$を引いたものを$\boldsymbol{Y}$とします。つまり、$\boldsymbol{Y}$は次のように定義されます。

$$\boldsymbol{Y} = \begin{pmatrix} (\boldsymbol{x}_1 - \bar{\boldsymbol{x}})^T \\ (\boldsymbol{x}_1 - \bar{\boldsymbol{x}})^T \\ \vdots \\ (\boldsymbol{x}_n - \bar{\boldsymbol{x}})^T \end{pmatrix} = (x_{ij} - \frac{1}{n}\sum_{k=1}^{n} x_{kj}) \qquad \text{式05-26}$$

$\boldsymbol{X}$の共分散行列$\boldsymbol{S}$は次のように表されます。

$$\begin{aligned} \boldsymbol{S} &= \frac{1}{n}\sum_{i=1}^{n}(\boldsymbol{x}_i - \bar{\boldsymbol{x}})(\boldsymbol{x}_i - \bar{\boldsymbol{x}})^T \\ &= \frac{1}{n}\boldsymbol{Y}^T\boldsymbol{Y} \end{aligned}$$

このとき$\boldsymbol{Y}$の特異値分解を$\boldsymbol{U}, \boldsymbol{\Sigma}, \boldsymbol{V}$とします。

$\boldsymbol{Y} = \boldsymbol{U}\boldsymbol{\Sigma}\boldsymbol{V}^T$なので、次のようになります。

$$\begin{aligned} \boldsymbol{S} &= \frac{1}{n}\boldsymbol{Y}^T\boldsymbol{Y} \\ &= \frac{1}{n}(\boldsymbol{U}\boldsymbol{\Sigma}\boldsymbol{V}^T)^T(\boldsymbol{U}\boldsymbol{\Sigma}\boldsymbol{V}^T) \\ &= \frac{1}{n}\boldsymbol{V}\boldsymbol{\Sigma}\boldsymbol{U}^T\boldsymbol{U}\boldsymbol{\Sigma}\boldsymbol{V}^T \\ &= \boldsymbol{V}\begin{pmatrix} \sigma_1^2/n & & & \\ & \sigma_2^2/n & & \\ & & \ddots & \\ & & & \sigma_M^2/n \end{pmatrix}\boldsymbol{V}^T \end{aligned} \qquad \text{式05-27}$$

ここで、$\boldsymbol{U}$は直行行列なので$\boldsymbol{U}^T\boldsymbol{U} = I$であることを使いました。

$\boldsymbol{V}$が直交行列であるので$\boldsymbol{V}^T = \boldsymbol{V}^{-1}$であり、**式05-27**は共分散行列$\boldsymbol{S}$の固有値が$\sigma_1^2/n, \sigma_2^2/n, \ldots, \sigma_M^2/n$であることを示しています。**式05-25**により$\sigma_1^2/n, \sigma_2^2/n, \ldots, \sigma_M^2/n$は$\boldsymbol{S}$の固有値を大きい順に並べたものにもなっています。したがってSVDを計算する関数があればそれを使ってPCAの計算ができます。

式05-27と**式05-24**を見比べると次のようにすればいいことがわかります。

$$\boldsymbol{W} = \boldsymbol{V}, \boldsymbol{\Lambda} = \begin{pmatrix} \sigma_1^2/n & & & \\ & \sigma_2^2/n & & \\ & & \ddots & \\ & & & \sigma_M^2/n \end{pmatrix}$$

以上のことからPCAのアルゴリズムの概要は次のようになります。

・(入力として与えられた圧縮後の次元数をcとする)。

❶ 共分散行列$\boldsymbol{S}$を計算する。

❷ $\boldsymbol{S}$を特異値分解し$\boldsymbol{S} = \boldsymbol{U\Sigma V}$とし、$\boldsymbol{V}$の上から$c$行を取り出したものを$\boldsymbol{V}^{(c)}$とする。

❸ 与えられたベクトル$\boldsymbol{x}$に対して$\boldsymbol{V}^{(c)}\boldsymbol{x}$を計算する。

次にこれを実装します。アルゴリズムの❷にあたる操作をfitメソッドで実現しクラス内の状態として保持し、❸にあたる操作をtransformで実装します。アルゴリズム本体の実装は次のようになります。

List pca.py

```
import numpy as np
from scipy.sparse.linalg import svds


class PCA:
    def __init__(self, n_components, tol=0.0, random_seed=0):
```

```
        self.n_components = n_components
        self.tol = tol
        self.random_state_ = np.random.RandomState(random_seed)

    def fit(self, X):
        v0 = self.random_state_.randn(min(X.shape)) ❶
        xbar = X.mean(axis=0) ❷
        Y = X - xbar ❸
        S = np.dot(Y.T, Y) ❹
        U, Sigma, VT = svds(S, k=self.n_components,
                            tol=self.tol, v0=v0)
        self.VT_ = VT[::-1, :]

    def transform(self, X):
        return self.VT_.dot(X.T).T
```

pca.pyにおいて、コンストラクタの必須引数はn_componentsだけで、これは次元圧縮後の次元数を意味しています。tolはSVDを計算するライブラリに与えるトレランスと呼ばれる値で、どのくらいの計算誤差を許容するかという数値です。デフォルトでは0に設定していますが、これは計算機が扱えるぎりぎりの精度まで計算するということです。random_seedは乱数の種です。

fitメソッドの実装はほぼ前述の解説のとおりです。❶で計算しているv0はSVDの計算に与える初期値で、乱数を利用しています。❷ではXを縦方向に平均を取りxbarに格納しており、❸のブロードキャスティングにより、YにはXの各行から平均値xbarを引いたものになります。これは**式05-26**の$\boldsymbol{Y}$を示しています。そして❹で共分散行列を求めています。

では実際のデータで試してみます。線形回帰のときに出てきたワインのデータで、特徴量(11次元)を2次元に次元圧縮して可視化してみます。

List pca_test1.py

```
import matplotlib.pyplot as plt
import csv
import pca
```

```
# データ読み込み
Xy = []
with open("winequality-red.csv") as fp:
    for row in csv.reader(fp, delimiter=";"):
        Xy.append(row)
Xy = np.array(Xy[1:], dtype=np.float64)
X = Xy[:, :-1]

# 学習
model = pca.PCA(n_components=2)
model.fit(X)

# 変換
Y = model.transform(X)

# 描画
plt.scatter(Y[:, 0], Y[:, 1], color="k")
plt.show()
```

実行結果

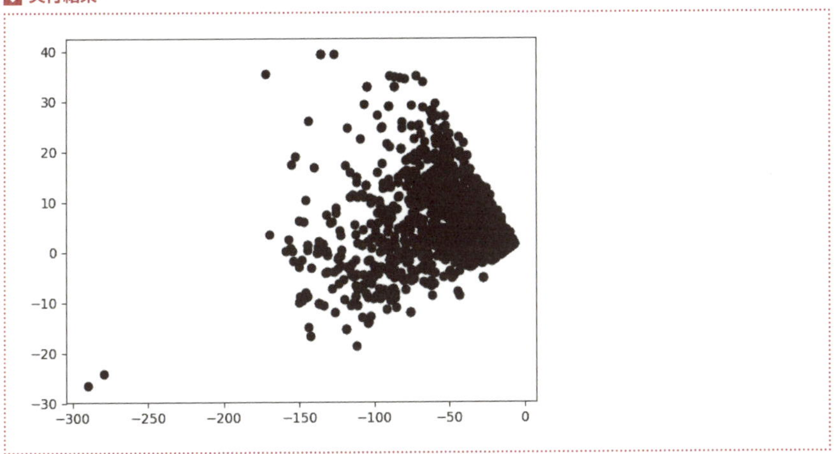

ここでは具体的な評価はしませんが、左下に離れた点が2つ出るなど、それなりに分散されているように見えます。

参考文献と読書案内

本書の執筆にあたり参考にした文献を紹介します。さらなる学習の際に参考にしていただきたいと思います。

数学

本書の執筆に際し、まず現在の高等学校で教えられている数学の内容を把握する必要があると思い以下の検定教科書を揃え参考にしました。

数研出版「数学Ⅰ」、「数学A」、「数学Ⅱ」、「数学B」、「数学Ⅲ」

以下に挙げるのは筆者が大学時代に教科書として学んだものですが、本書の執筆でも参考にしました。

齋藤正彦「線型代数入門」東京大学出版会
笠原晧司「微分積分学」サイエンス社

Python

最初にPythonを学ぶ必要が生じた際に筆者が読んだ本です。本書の執筆でも参考にしました。

Mark Lutz, “Learning Python” O'Reilly Media

筆者が読んだのは3rd editionですが、現在は5th editionも出ています。また翻訳も出ているので参考にしてください。

Mark Lutz「初めてのPython 第3版」オライリージャパン

数値計算

これらは筆者が大学院時代に学んだ本ですが、本書の執筆でも参考にしました。

伊理正夫、藤野和建「数値計算の常識」共立出版
高橋大輔「数値計算」岩波書店

機械学習

個別のアルゴリズムで参考にした論文は本文中に書きました。本書全体を通して、機械学習のアルゴリズムの説明では以下の本を参考にしています。

Christopher M. Bishop, "Pattern Recognition and Machine Learning" Springer
T. Hastie, R. Tibshirani, J. Friedman,"The Elements of Statistical Learning: Data Mining, Inference, and Prediction" Springer

前者については日本語訳も出ています。

C.M. ビショップ「パターン認識と機械学習(上・下)」丸善出版

INDEX

た行

機械学習のエッセンス

URL http://isbn.sbcr.jp/93965/

○本書をお読みいただいたご感想、ご意見を上記URLにお寄せください。

○本書に関する正誤情報など、本書に関する情報も掲載予定ですので、あわせてご利用ください。

機械学習のエッセンス

2018年9月30日　初版第一刷発行

著　者　加藤（かとう）　公一（きみかず）
発行者　小川　淳
発行所　SBクリエイティブ株式会社
〒106-0032 東京都港区六本木2-4-5 六本木Dスクエア
TEL 03-5549-1201（営業）
http://www.sbcr.jp/
印　刷　株式会社 シナノ

装　丁　大島　恵理子
組　版　三門　克二（株式会社コアスタジオ）
編　集　平山　直克（Albuquerque）

Printed in Japan　ISBN978-4-7973-9396-5